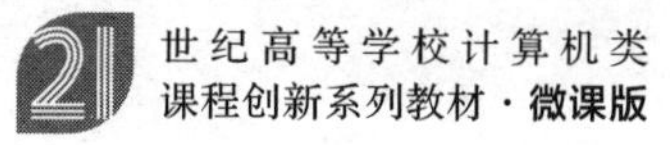
世纪高等学校计算机类
课程创新系列教材 · 微课版

Python程序设计
与数据分析项目实战

微课视频版

王世波 武志勇 / 主 编
李 明 陈学千 / 副主编

清华大学出版社
北京

内 容 简 介

本书将 Python 程序设计基础和数据分析案例相结合，循序渐进地介绍了 Python 基础知识和数据分析及可视化的全过程。全书分为两部分共 13 章，第一部分为 Python 程序设计基础篇，包括第 1～8 章，分别介绍了 Python 开发环境，Python 变量类型、运算符与表达式、内置函数，Python 程序控制结构，列表与元组，字典与集合，函数定义及使用，Python 数据分析基础，Python 数据可视化等知识；第二部分为数据分析综合案例篇，包括第 9～13 章，共 5 个数据分析案例，详细阐述了数据分析及可视化的步骤及内容并配有微视频，书中的每个知识点都有相应的实现代码和实例。

本书可作为全国高等学校计算机或非计算机专业"Python 程序设计""数据分析及可视化"等课程的教材，也可作为从事高等教育的专任教师的教学参考用书，以及有意向学习数据分析相关技术的研究生的参考用书。

图书在版编目（CIP）数据

Python 程序设计与数据分析项目实战：微课视频版/王世波，武志勇主编. —北京：清华大学出版社，2023.4（2024.8 重印）
21 世纪高等学校计算机类课程创新系列教材：微课版
ISBN 978-7-302-62967-2

Ⅰ. ①P… Ⅱ. ①王… ②武… Ⅲ. ①软件工具－程序设计－高等学校－教材 Ⅳ. ①TP311.561

中国国家版本馆 CIP 数据核字（2023）第 039887 号

责任编辑：陈景辉 薛 阳
封面设计：刘 键
责任校对：徐俊伟
责任印制：丛怀宇

出版发行：清华大学出版社
网 址：https://www.tup.com.cn，https://www.wqxuetang.com
地 址：北京清华大学学研大厦 A 座 **邮 编**：100084
社 总 机：010-83470000 **邮 购**：010-62786544
投稿与读者服务：010-62776969，c-service@tup.tsinghua.edu.cn
质量反馈：010-62772015，zhiliang@tup.tsinghua.edu.cn
课件下载：https://www.tup.com.cn，010-83470236
印 装 者：三河市龙大印装有限公司
经 销：全国新华书店
开 本：185mm×260mm **印 张**：17.5 **字 数**：437 千字
版 次：2023 年 4 月第 1 版 **印 次**：2024 年 8 月第 3 次印刷
印 数：3001～4000
定 价：59.90 元

产品编号：096077-01

前言

Python 的第一个版本诞生于 1991 年，因其开源特性，深受广大爱好者喜爱，截至目前，各领域的 Python 扩展库已超过 20 万个项目，语言应用范围广泛。随着人工智能技术的不断兴起，Python 在数据采集、数据分析及可视化领域的应用广受重视，考虑到 Python 在数据分析方面的诸多优点，兼顾广大读者更习惯于即学即用的学习方式，特将 Python 程序设计基础、数据分析及案例结合起来编写此书，希望可以为读者带来帮助。

本书主要内容

本书内容以问题为导向，非常适合初学者学习 Python，同时还可以详细了解数据分析具体流程。读者可以在短时间内学习本书中介绍的 Python 程序设计基础与数据分析案例。

作为一本介绍 Python 程序设计基础与数据分析案例的图书，本书共分为两部分 13 章。

第一部分为 Python 程序设计基础篇，包括第 1～8 章。

第 1 章 Python 开发环境。Python 简介部分主要介绍 Python 的发展历程、Python 的特点、Python 的应用领域、Python 的安装；Python IDLE 开发环境部分包括 IDLE 简介、使用 IDLE 环境创建 Python 程序；Anaconda 3 集成环境与 Jupyter Notebook 部分包括 Anaconda 下载与安装、Conda 命令用法以及 Jupyter Notebook；Jupyter Notebook 使用详解部分包括 Jupyter Notebook 的启动、编辑界面功能介绍；扩展库安装及导入使用；Python 编写规范。

第 2 章 Python 变量类型、运算符与表达式、内置函数。变量与数据类型部分重点介绍了变量和常量的概念、命名规则和数据类型；运算符与表达式部分详细阐述了算术运算符、关系运算符、逻辑运算符、赋值运算符、位运算符、成员运算符、集合运算符、运算符优先级以及表达式；函数部分介绍了 Python 中常用内置函数以及常用标准库函数。

第 3 章 Python 程序控制结构。选择结构部分包括单分支选择结构、双分支选择结构、多分支选择结构及嵌套选择结构；循环结构部分介绍了 for 循环、while 循环、嵌套循环及循环控制语句；异常处理部分介绍了异常的常见形式和异常处理结构语法。

第 4 章列表与元组。列表部分详细讲述了列表的创建及删除、列表元素访问与切片、列表常用方法、列表运算及列表推导式；元组部分讲述了元组的创建及元素访问、元组运算符、元组索引与切片、生成器推导式；最后介绍了列表与元组的区别与联系。

第 5 章字典与集合。字典部分介绍了字典的概念与特性、字典的创建与删除、字典元素访问、字典元素的增加、修改和删除、字典内置函数与方法；集合部分介绍了集合的概念、集合的创建与删除、集合元素的添加与删除、集合常用方法和综合例题。

第 6 章函数定义及使用。函数定义的语法格式与调用部分详细介绍了函数定义的语法格式与调用概述、递归函数的定义与调用；函数参数介绍了位置参数、默认参数、关键参数以及可变长度参数；Lambda 表达式；生成器函数与修饰器函数部分介绍了生成器函数与修饰器函数的定义与使用；Python 中的包部分介绍了包的创建与导入。

第 7 章 Python 数据分析基础。NumPy 库部分介绍了 NumPy 数据结构、ndarray 常见操作、常用的操作函数；Pandas 库部分介绍了 Pandas 数据结构、Pandas 数据读写及 Pandas 常用操作。

第 8 章 Python 数据可视化。Matplotlib 部分包括 Matplotlib 安装与设置、图形的基本构成、基本绘图流程、常用图形绘制；Pyecharts 部分包括 Pyecharts 概述、Pyecharts 图表配置项及 Pyecharts 常用图表绘制。

第二部分为数据分析综合案例篇，包括第 9～13 章。

第 9 章白葡萄酒品质分析案例，首先进行了数据集描述，然后从导入数据、数据描述性统计及数据分布、数据清洗、数据分析等方面展开白葡萄酒品质数据分析。

第 10 章药品销售数据分析案例，以某医院药房 2018 年销售数据为例，了解该医院 2018 年的药品销售情况。首先进行了案例介绍与数据集描述，之后进行了数据清洗，然后展开建模分析，最后进行了可视化分析。

第 11 章电商用户行为分析案例，先进行了数据集描述与用户行为分析过程，然后进行数据清洗，之后将数据保存到本地，导入 Pandas 进行数据分析，包括用户流量及购物情况、用户行为转化漏斗、购买率高低与人群特征、时间维度上了解用户行为习惯及商品维度分析。

第 12 章电商平台大数据消费分析案例，先描述案例背景与目标，进行了数据集描述，然后对数据导入并进行了描述性统计分析，对异常值进行检测和处理，详细分析了客户交易行为及客户标签画像。

第 13 章银行客户信用风险评估案例，介绍了项目背景与目标，进行了客户数据探索与预处理，构建了信用评估指标体系，最后构建了风控模型并应用。

本书特色

(1) 需求导向，讲解详细。结合 Python 基础知识与数据分析案例详细讲解数据分析过程。

(2) 夯实基础，案例丰富。基础篇各章节案例涵盖相应知识点，案例篇包括 5 个完整项目案例。

(3) 代码详尽，易于操作。全书提供各章节的详细代码与数据，方便读者实际操作。

(4) 风格简明，通俗易懂。由浅入深地带领读者学会 Python 语言基本内容以及数据分析基本流程。

配套资源

为便于教与学，本书配有微课视频(180 分钟)、源代码、教学课件、教学大纲、教学计划、习题题库。

(1) 获取微课视频方式：读者可以先刮开并扫描本书封底的文泉云盘防盗码，再扫描书中相应的视频二维码，观看视频。

(2) 获取源代码和全书网址方式：先扫描本书封底的文泉云盘防盗码，再扫描下方二维码，即可获取。

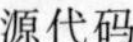
源代码

全书网址

(3) 其他配套资源可以扫描本书封底的"书圈"二维码，回复本书的书号即可下载。

读者对象

本书可作为全国高等学校计算机或非计算机专业"Python 程序设计""数据分析及可视化"等课程的教材，也可作为从事高等教育的专任教师的教学参考用书，以及有意向学习数据分析相关技术的研究生的参考用书。

本书由齐齐哈尔大学的王世波任第一主编，齐齐哈尔大学的武志勇任第二主编，牡丹江师范学院的李明、齐齐哈尔大学的陈学千任副主编。其中，王世波编写了第 5、6、9 章和第 11～13 章，武志勇编写了第 7、8 章，李明编写了第 1、3 章，陈学千编写了第 2、4、10 章。由王世波负责统稿。

在编写本书的过程中，作者参考了诸多相关资料，在此对相关资料的作者表示衷心的感谢。限于个人水平和时间仓促，书中难免存在疏漏之处，欢迎广大读者批评指正。

作 者

2023 年 1 月

第一部分　Python 程序设计基础篇

第一部分

Python程序设计基础篇

第1章 Python开发环境

学习目标

- 了解 Python 的产生和发展过程。
- 理解 Python 的特点并在以后的使用过程中加以体会。
- 掌握 Python IDLE 开发环境以及 Anaconda 环境的安装与使用。
- 重点掌握 Anaconda 环境下 Jupyter Notebook 的使用。
- 掌握扩展库的安装与导入方法。
- 了解 Python 的编写规范并在今后的程序编写过程中加以领会。

1.1 Python 简介

Python 的设计者是吉多·范罗苏姆(Guido van Rossum),如图 1-1 所示。1982 年,吉多·范罗苏姆毕业于阿姆斯特丹大学,在取得数学和计算机科学硕士学位后,曾在多家科研机构工作,2005—2012 年任职于 Google,之后加入 Dropbox。Python 是这位荷兰程序员在他 34 岁(1989 年)的圣诞节假期中设计出来的风靡世界的程序语言。虽然 Python 的中文翻译是"蟒蛇",但在编程语言中,它并不代表这个意思,关于 Python 的命名,吉多·范罗苏姆给出了如下解释。

图 1-1 Python 设计者吉多·范罗苏姆

1989 年 12 月,吉多·范罗苏姆在寻找一门课余的编程项目来打发圣诞节前后的假期时光。由于假期办公室关门,他利用一台计算机,为他当时正构思的一个新的脚本语言写一个解释器。该解释器是 ABC 语言的继承,对 UNIX / C 程序员具有吸引力。作为一个略有奇怪想法的人和《蒙提·派森的飞行马戏团》的狂热爱好者,他选择了 Python 作为项目的标题,Python 从此诞生。同时,Python 以两条盘在一起的蛇作为 Logo。

1.1.1 Python 的发展历程

1991 年,Python 发布了第一个公开的版本,语言底层采用 C 语言实现,能调用 C 语言的库文件,同时具有面向对象特点,支持类封装、继承、多态特性,也是一款开源软件。之后,Python 在广大程序员的共同建设下得到了快速发展。下面给出 Python 主要版本的发行情况。

- 1991 年 2 月，Python 代码对外发布，版本为 0.9.0。
- 1994 年 1 月，Python 1.0 版本发布，增加了一些函数，如 lambda、map、filter、reduce。
- 2000 年 10 月，Python 2.0 版本发布，引入了内存回收机制。
- 2004 年 11 月，Python 2.4 版本发布，出现了 Django 这个流行的 Web 框架。
- 2006 年 9 月，Python 2.5 版本发布。
- 2008 年 10 月，Python 2.6 版本发布。
- 2010 年 7 月，Python 2.7 版本发布。
- 2008 年 12 月，Python 3.0 版本发布。

……

- 2016 年 12 月，Python 3.6 版本发布，增加了标准库 secrets，用于生成安全的随机数，可用作密码、加密密钥。
- 2018 年 6 月，Python 3.7 版本发布。
- 2019 年 10 月，Python 3.8 版本发布，增加了赋值表达式的语法，可以给表达式中的变量赋值。在定义函数时，在"/"之前的参数都会被视作位置参数。
- 2020 年 10 月，Python 3.9 版本发布，是一个漏洞修补版。
- 2021 年 10 月，Python 3.10 版本发布，同样是一个漏洞修补版。
- 2022 年 6 月，Python 3.11 测试版本发布，相对于 3.10 版本增加了一些新功能。

从上面各版本的发布时间可以发现，Python 的版本更新升级相当频繁，大约每隔 6～18 个月就会发布一个新的主要版本，让更多的语言特性加入其中。注意：Python 的新版本都是"向下兼容"的，如一个在 3.6 版本上开发运行的程序，是能够在 3.7 版本中正常运行的，反过来，如果使用了新版本增加的语言特性的程序则不能在老的版本中运行。另外，Python 3.0 并不向下兼容 Python 2.0，目前，Python 核心团队不再对 2.0 的版本进行升级，慢慢地，Python 3.0 逐渐成为应用的主流。

1.1.2 Python 的特点

Python 受到众多开发人员的青睐，与语言本身的特点密不可分。下面看一下 Python 的特点。

1. 简单

Python 是一种代表简单主义思想的语言。阅读一个良好的 Python 程序就感觉像是在读英语一样，尽管这个英语的语法要求非常严格！Python 的这种伪代码本质是它最大的优点之一。

2. 易学

Python 很容易上手，因为 Python 的语法非常简单。

3. 开源

Python 是一款开源软件。简单地说，人们可以自由地发布这个软件的副本、阅读它的源代码、对它做改动、把它的一部分用于新的自由软件中。正是这种基于团体分享知识的概念才使得 Python 如此优秀，它是由希望看到一个更加优秀的 Python 的一群人创造并经常改进的。

4. 高层语言

Python 封装得比较深，对外屏蔽了很多底层细节，如 Python 会自动管理内存(需要时自动分配，不需要时自动释放)。因此，在使用 Python 语言编写程序的时候，无须考虑如何管理程序使用的内存一类的底层细节。高层语言的优点是使用方便，不用顾虑细枝末节；缺点是容易让人浅尝辄止，知其然不知其所以然。

5. 可移植性

由于 Python 开源的本质，Python 已经被移植在许多平台上(改动后的 Python 可以在不同平台上运行)。如果避免使用依赖于系统的特性，那么所有 Python 程序都无须修改就可以在下述任何平台上面运行，这些平台包括 Linux、Windows、FreeBSD、Macintosh、Solaris、OS/2、Amiga、AROS、AS/400、BeOS、OS/390、z/OS、Palm OS、QNX、VMS、Psion、Acom RISC OS、VxWorks、PlayStation、Sharp Zaurus、Windows CE 甚至还有 PocketPC、Symbian 以及 Google 基于 Linux 开发的 Android 平台。

6. 解释型语言

编译型语言(如 C 或 C++)编写的程序要执行的话，需要对源文件进行编译，然后生成字节码(二进制代码，即 0 和 1)文件方能执行。而 Python 语言是解释型语言，它编写的程序不需要编译成二进制代码，可以直接从源代码运行程序，Python 解释器会把源代码转换成称为字节码的中间形式，然后再把它翻译成计算机使用的机器语言并运行。由于不再需要担心如何编译程序，使得 Python 更加简单，只需要将 Python 程序复制到另外一台计算机上，它就可以工作了，程序更加易于移植。

7. 面向对象

Python 既支持面向过程的编程，又支持面向对象的编程。在“面向过程”的语言中，程序是由过程或仅仅是可重用代码的函数构建起来的。在“面向对象”的语言中，程序是由数据和功能组合而成的对象构建起来的。与其他主要的语言如 C++ 和 Java 相比，Python 以一种非常强大又简单的方式实现面向对象编程。

8. 可扩展性

如果需要一段关键代码运行得更快或者希望某些算法不公开，可以把部分程序用 C 或 C++ 编写，然后在 Python 程序中使用它们。

9. 库资源丰富

Python 标准库确实很庞大。它可以帮助程序员处理各种工作，包括正则表达式、文档生成、单元测试、线程、数据库、网页浏览器、CGI、FTP、电子邮件、XML、XML-RPC、HTML、WAV 文件、密码系统、GUI(图形用户界面)、Tk 和其他与系统有关的操作。只要安装了 Python，所有这些功能都是可用的，除了标准库以外，还有许多其他高质量的库，如 wxPython、Twisted 和 Python 图像库等第三方开发者提供的库。

10. 规范的代码

Python 采用强制缩进的方式使得代码具有极佳的可读性。

1.1.3 Python 的应用领域

Python 是一种解释型脚本语言，当初设计的目的是编写自动化脚本(Shell)，随着版本的不断更迭和新的语言特性增加，越来越多地被用于独立的大型项目开发，覆盖了 Web 应用开发、数据抓取、科学计算和统计、人工智能与大数据、系统运维、图形界面开发等诸多领域。

1. Web 应用开发

Python 包含标准的 Internet 模块，可用于实现网络通信及应用。例如，通过 mod_wsgi 模块，Apache 可以运行用 Python 语言编写的 Web 程序。Python 定义了 wSGI 标准应用接口来协调 HTTP 服务器与基于 Python 的 Web 程序之间的通信。Python 的第三方框架，如 Django、TurboGears、web2py、Zope、Flask 让程序员可以使用 Python 语言快速实现一个网站或 Web 服务，轻松地开发和管理复杂的 Web 程序。目前许多大型网站均是用 Python 开发的，如 Google 爬虫、豆瓣、视频网站 YouTube 、网络文件同步工具 Dropbox 等。

2. 科学计算和统计

Python 语言的简洁性、易读性和可扩展性使它被广泛应用于科学计算和统计领域。专用的科学计算扩展库包括 NumPy、SciPy、Matplotlib 等，它们分别为 Python 提供了快速数组处理、数值运算和绘图功能。因此，Python 语言及其众多的扩展库所构成的开发环境十分适合工程技术、科研人员处理实验数据、制作图表、绘制高质量的 2D 和 3D 图像，甚至开发科学计算应用程序。众多开源的科学计算软件包都提供了 Python 的调用接口，例如，著名的计算机视觉库 OpenCV、三维可视化库 VTK、医学图像处理库 ITK 等。

3. 人工智能与大数据

在大量数据的基础上，结合科学计算、机器学习等技术，对数据进行清洗、去重、规格化和针对性的分析是大数据行业的基石。随着人工智能、大数据的发展，Python 语言的地位正在逐步提高，其相对简单的代码编写促使越来越多的人选择学习，目前 Python 语言已成为数据分析的主流语言之一。

Python 语言在人工智能大范畴领域内的机器学习、神经网络、深度学习等方面都是主流的编程语言，得到广泛的支持和应用。基于大数据分析和深度学习发展出来的人工智能本质上已经无法离开 Python 语言的支持，目前世界优秀的人工智能学习框架如 Google 的 TensorFlow、Facebook 的 PyTorch 和开源社区的神经网络库 Karas 等都是用 Python 语言实现的。微软的 CNTK(认知工具包)也完全支持 Python 语言，而且微软的 VSCode 已经把 Python 语言作为第一级语言进行支持。

4. 系统运维

Python 语言是运维工程师首选的编程语言，Python 标准库包含多个调用操作系统功能的库。通过 pywin32 这个第三方软件包，Python 能够访问 Windows 的 COM 服务及其他 Windows API。使用 IronPython，Python 程序能够直接调用. NET Framework。一般来说，Python 语言编写的系统管理脚本在可读性、性能、代码重用度、扩展性几方面都优于普通的 Shell 脚本。在很多操作系统里，Python 是标准的系统组件。大多数 Linux 发行版以及 NetBSD、OpenBSD 和 macOS X 都集成了 Python，可以在终端下直接运行 Python。作为运维工程师首选的编程语言，Python 在自动化运维方面已经获得了广泛的应用，如 Saltstack 和 Ansible 都是大名鼎鼎的自动化平台。目前，几乎所有的互联网公司，自动化运维的标准配置就是 Python ＋ Django / Flask。另外，在虚拟化管理方面已经是事实标准的 OpenStack 也是由 Python 实现的，可以说，Python 语言是所有运维人员的必学语言之一。

5. 图形界面开发

从 Python 语言诞生之日起，就有许多优秀的 GUI 工具集整合到 Python 当中，使用 Tkinter、wxPython、PyQt 库等可以开发跨平台的桌面软件。这些优秀的 GUI 工具集使得 Python 也可以在图形界面编程领域大展身手。由于 Python 语言的流行，许多应用程序都是由 Python 结合那些优秀的 GUI 工具集编写的。

1.1.4 Python 的安装

了解了 Python 的特点和应用领域后，相信很多读者都想快点上手学习这一语言，接下来结合 Windows 操作系统演示 Python 的安装，其他系统如 UNIX 操作系统(具体可能有很多不同的发行版本，如 CentOS、Ubuntu、Debian 等)读者可以上网查看安装教程。

1. Python 官网下载

首先，进入 Python 官网。进入官网后找到 Downloads 下的 Windows，单击进入如图 1-2 所示的界面，发现 2022 年 6 月发布的最新版本 3.11，初学者尽量不要找最新的版本下载，而是选择相对稳定的版本即可，如 3.8 版本或者 3.7 版本都是当前比较稳定的版本。还有一个需要注意的地方，下载的时候要判断好自己的操作系统是 64 位的还是 32 位的，找到对应的单击下载。

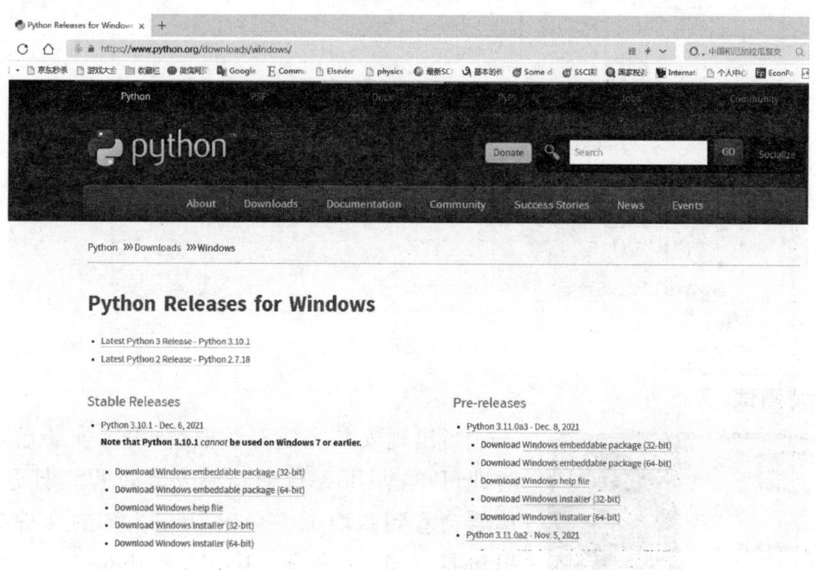

图 1-2 Python 下载页面

下载完毕后就会得到如图 1-3 所示的安装文件。本书中使用的是 3.7.4 版本，Windows 7 操作系统。

图 1-3 Python(Windows 64 位)安装文件

2. 安装 Python

双击下载的 Python-3.7.4-amd64.exe 文件，出现如图 1-4 所示的界面。在单击 Install Now 选项安装之前，要注意以下两项设置：①已安装的 Python 是否适用于所有用户；②查看是否已将 Python 的安装路径添加到环境变量 PATH 中。对于初学者来说，建议上述两项都选中，这样就不会因用户或环境变量没有配置好而导致后续使用 pip 工具时出现异常。

当然如果初始安装时没有选择 Add Python 3.7 to PATH 选项，则在安装完成后也可以修改环境变量。修改方法是在环境变量里加入 Python 的安装路径即可。在两个选项都选中后，就可以单击 Install Now 选项进行安装，系统会显示安装进度，如图 1-5 所示。

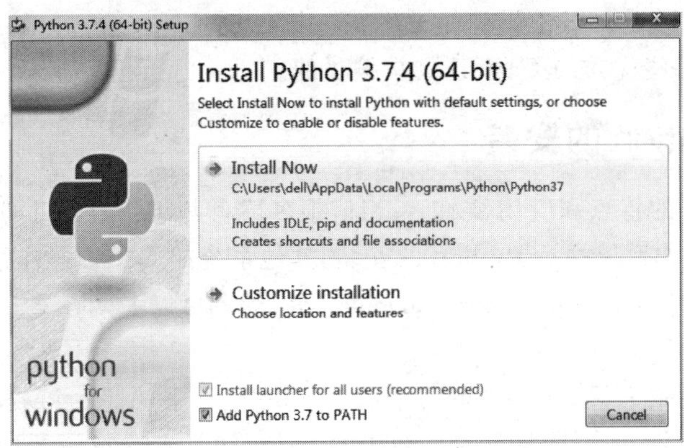

图 1-4　安装选项

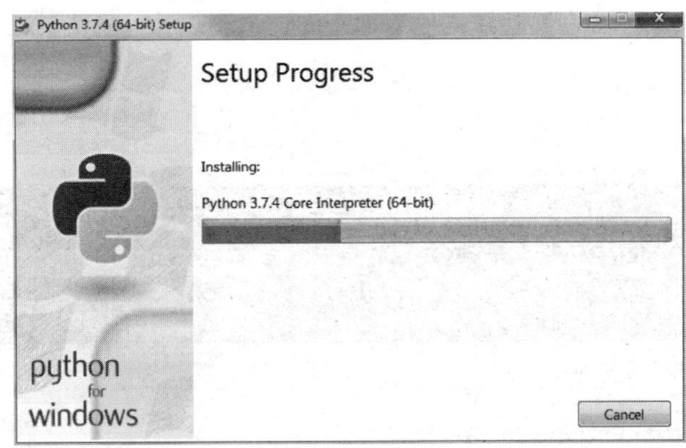

图 1-5　安装进度

3. 安装测试

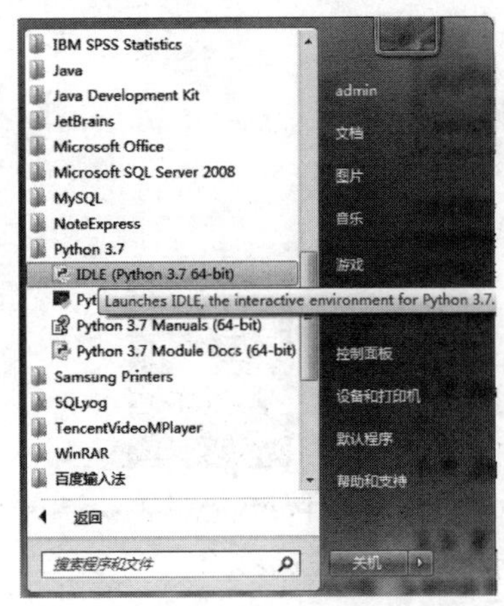

图 1-6　Python 安装完成后的“开始”菜单

当出现安装完成对话框后，表示安装已经完成，此时即可单击 Close 按钮结束安装过程。打开“开始”菜单就会看到新增了一个 Python 3.7 的文件夹，文件夹里包括 4 个程序项：IDLE、Python 3.7、Python 3.7 Manuals 和 Python 3.7 Module Docs，如图 1-6 所示。此时，可以单击 Python 3.7(64-bit)程序，出现如图 1-7 所示的界面，表示安装的 Python 可以正常运行了。此时的提示符是“>>>”，这个符号称为 Python Shell 提示符，在这个提示符后面就可以输入 Python 程序，同时可以看到每一条程序的运行结果。

下面通过简单的程序，带领读者体会 Python 编程的魅力。

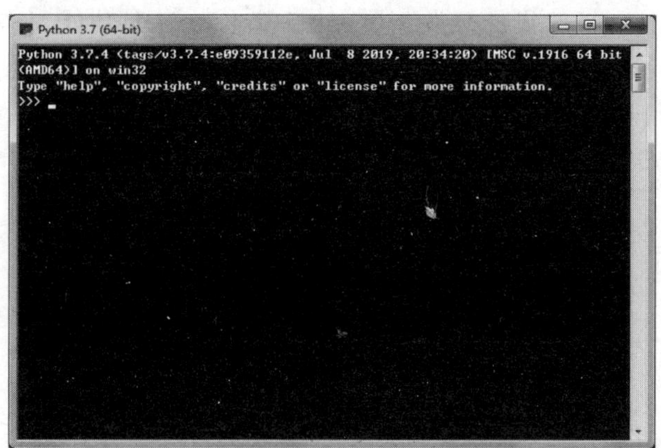

图 1-7　Windows 7 中 Python 3.7 运行界面

【例 1-1】 计算 1～100 中的偶数和。

```
i = 1
n = 0
while i < = 100:
    if (i % 2) == 0:
        n + = i
    i + = 1
print('1 到 100 的偶数和为: ',n)
```

运行结果如图 1-8 所示。

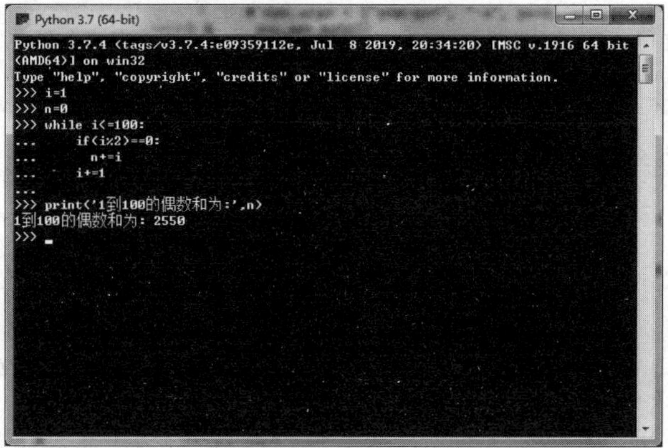

图 1-8　例 1-1 运行结果

1.2　Python IDLE 开发环境

1.2.1　IDLE 简介

Python 安装完成后，选择“开始”菜单→Python 3.7→Python 3.7(64-bit)选项，即可在虚拟 DOS 环境下运行 Python。这是一个 Python Shell 窗口，这种编写程序的方式不仅效率很低，而且写好的程序也不能保存和再次使用。因此，建议使用程序提供的开发环境更为方便。选择“开始”菜单→Python 3.7→IDLE (Python 3.7 64-bit)选项，即可打开 Python 的 IDLE。

IDLE是Python自带的集成开发环境，具备基本的IDE功能，是一个增强的Python Shell窗口，能实现代码剪切、粘贴、换行等功能，同时它具有一个用于编辑程序或脚本的编辑器，一个用于解释执行语句的交互式解释器，一个用于调试脚本的调试器。除此之外，IDLE还提供语法高亮、缩进、制表位、函数提示、程序调试等功能。IDLE环境窗口如图1-9所示。

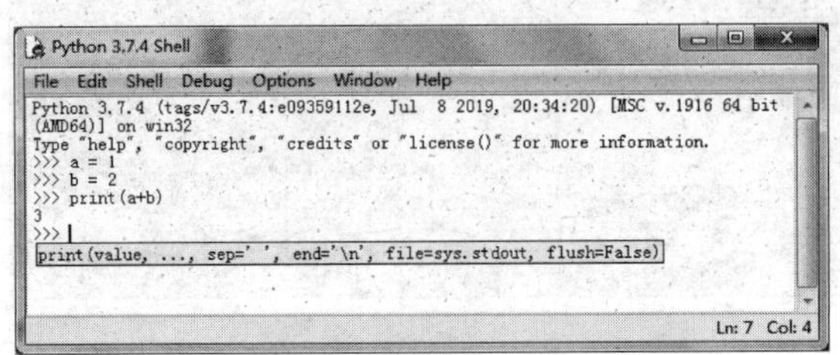

图1-9　IDLE环境窗口

1.2.2　使用IDLE环境创建Python程序

1. 新建文件

在IDLE环境的Python Shell窗口中，选择File→New File选项就会打开一个程序编辑窗口，如图1-10所示。

在这个窗口里即可按照Python的语法规则来编写Python程序，会发现编辑器能自动实现代码缩进、语法高亮显示等功能。

2. 编写程序

IDLE编辑窗口中输入程序代码会自动进行语法高亮和缩进，在如图1-10所示窗口中输入Python Shell窗口中的程序，如图1-11所示。

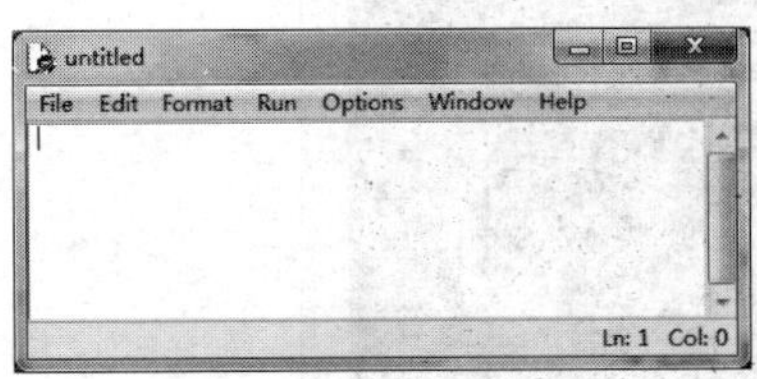

图1-10　新建文件编辑窗口

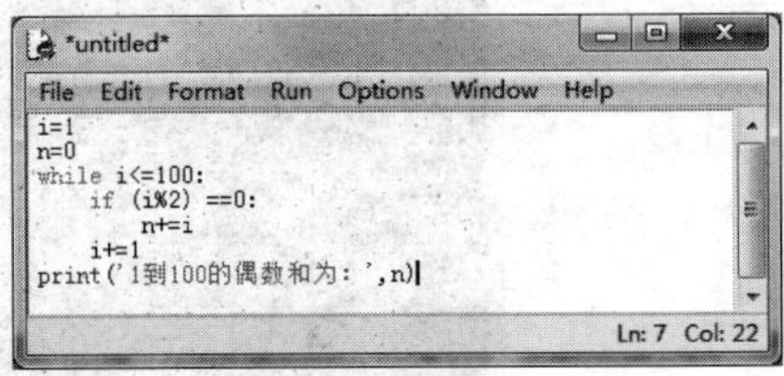

图1-11　IDLE编辑窗口输入程序代码

在图1-11中可以发现有的代码带有不同的颜色，这就是语法高亮显示。默认设置中，关键字显示为橘色，注释显示为红色，字符串显示为绿色，内置函数显示为紫色，定义和解释器的输出显示为蓝色，控制台输出显示棕色。在输入程序代码时，会自动应用这些颜色突出显示。语法高亮显示使开发人员更容易区分不同的语法元素，从而提高可读性，降低出错的可能，如定义的变量名显示为橘色，此时要注意变量名称与程序预留关键字冲突，应该变换名称。

IDLE还提供了自动缩进功能。当程序中输入与控制结构相对应的关键字，如if、while等，或者定义函数关键字def时，在这些关键字所在行最后会输入一个冒号“:”，此时按回车键IDLE就会自动进行缩进。

3. 保存程序文件

当在编辑窗口中输入完程序后,可以使用 File 菜单中的 Save as 命令(初次保存使用)或者 Save 命令将代码保存到磁盘的某一个程序文件中,如图 1-12 所示,文件名已经由原来的 untitled 变成 first. py,同时显示文件的存放路径。

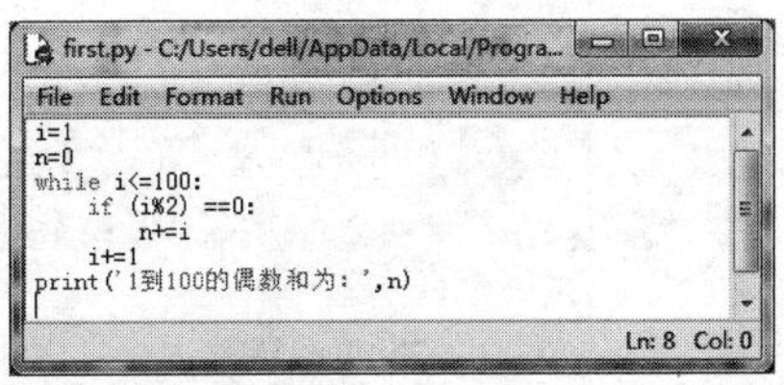

图 1-12 保存程序文件

4. 程序运行

在程序保存完以后,可以选择 Run→Run Module 选项(或者使用快捷键 F5)运行程序,此时,程序会打开 IDLE 的 Python Shell 窗口完成程序的交互、输出,如图 1-13 所示。

5. 退出 IDLE 环境

在 Python Shell 编辑窗口中,输入 exit()或者 quit()命令就可以退出 IDLE 环境。当有程序在编辑、运行的时候,系统会出现如图 1-14 所示的提示对话框,询问是否终止程序。

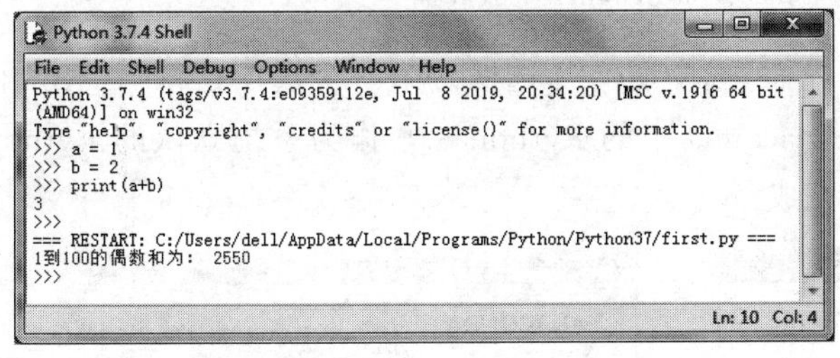

图 1-13 IDLE 运行程序结果

图 1-14 终止程序对话框

1.3 Anaconda 3 集成环境与 Jupyter Notebook

Anaconda 是一个开源的 Python 发行版本,其包含 Conda、Python 等 180 多个科学包及其依赖项。因为包含大量的科学包,Anaconda 的下载文件比较大(约 500MB),如果只需要某些包,或者需要节省带宽或存储空间,也可以使用 Miniconda 这个较小的发行版(仅包含 Conda 和 Python)。Conda 是一个开源的包、环境管理器,可以用于在同一个机器上安装不同版本的软件包及其依赖,并能够在不同的环境之间切换。Anaconda 包括 Conda、Python 以及许多安装好的工具包,如 NumPy、Pandas 等。

1.3.1 Anaconda 下载与安装

打开浏览器,进入下载地址(网址详见前言二维码)。将页面拉到最下方,会发现针对不同操作系统的安装包下载链接,如图 1-15 所示。Anaconda 是跨平台的,有 Windows、macOS、Linux 版本,这里以 Windows 版本为例,单击 Windows 图标下方的 64-Bit Graphical Installer(510MB)。当然,如果操作系统是 32 位版本的那就对应选择 32-Bit Graphical Installer(404MB)版本。

安装 Anaconda 则比较简单,双击下载好的 Anaconda3-2021. 11-Windows-x86_64. exe 文件,出现如图 1-16 所示界面,单击 Next 按钮出现如图 1-17 所示界面,单击 I Agree 按钮,然后在出现的如图 1-18 所示界面中选择 All Users 单选按钮,单击 Next 按钮选择安装路径

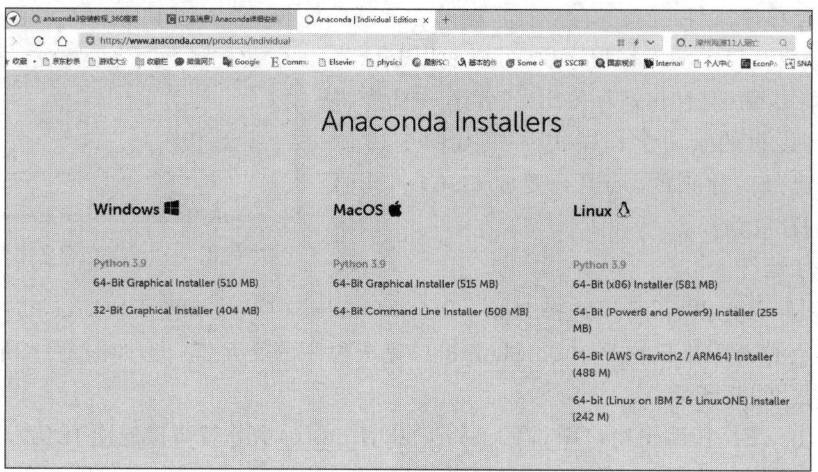

图 1-15　Anaconda Installer 下载界面

后出现如图 1-19 所示高级安装选项界面，选中所有复选框。第一个选项是将 Anaconda 添加到环境变量中，第二个选项是将 Anaconda 中的 Python 3.9 作为系统默认的 Python 版本。然后单击 Install 按钮等待安装完成。

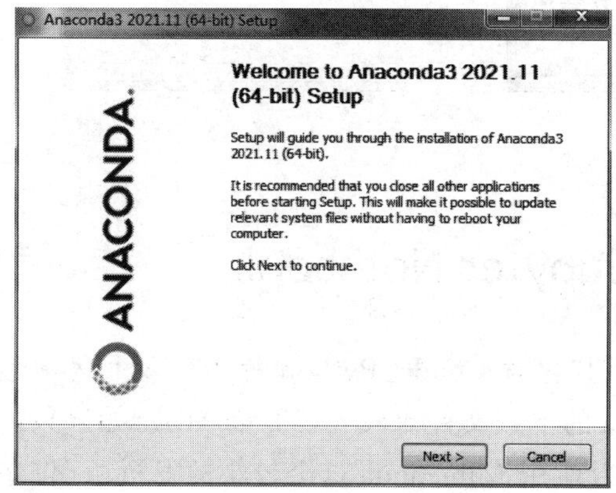

图 1-16　Anaconda 3 安装界面

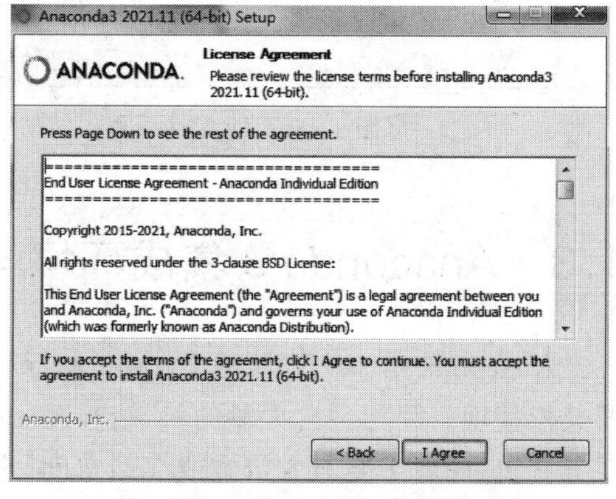

图 1-17　Anaconda 3 License Agreement 界面

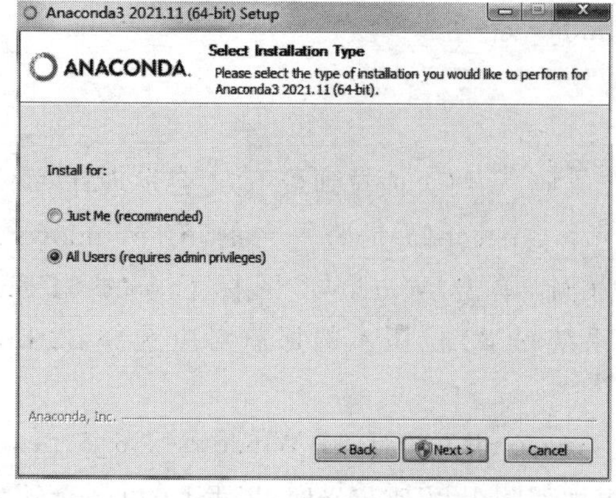

图 1-18　Select Installation Type 界面

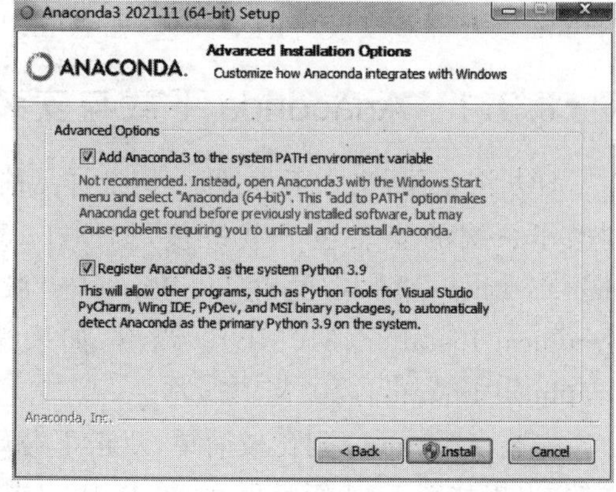

图 1-19　高级安装选项

安装完 Anaconda 后,"开始"菜单中就会出现如图 1-20 所示的选项。

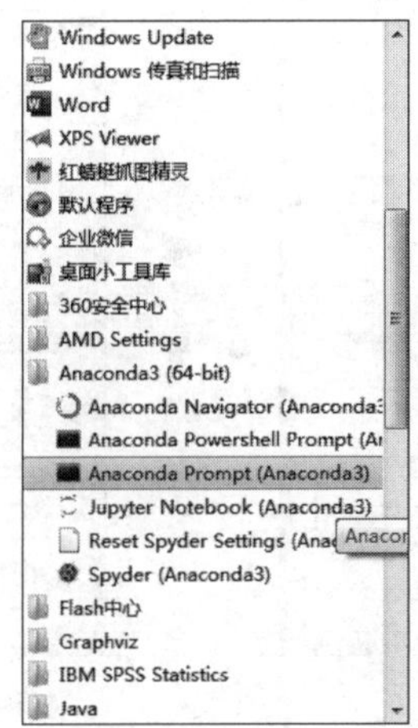

图 1-20 安装 Anaconda 后的"开始"菜单

1.3.2 Conda 命令用法

1. 配置环境变量

若 Anaconda 3 在安装时没有选中添加环境变量复选框,则需要手动配置环境变量。为了能够在 cmd 的任意路径下使用 Conda 命令,应当至少将 Anaconda 的安装路径、该路径下的 Scripts 目录以及 Library\bin 目录一同添加到环境变量中。

Windows 系统添加步骤:首先找到"控制面板",选择"系统和安全"选项,再选择"系统"选项,选择"高级系统设置"选项,如图 1-21 所示。接下来进入如图 1-22 所示的"系统属性"对话框,单击"环境变量"按钮,打开如图 1-23 所示的"环境变量"对话框,选择 PATH 行后,单击"编辑"按钮,将 Anaconda 的安装路径、该路径下的 Scripts 目录以及 Library\bin 目录都添加进来。注意:不同的路径要使用";"分隔。

图 1-21 高级系统设置

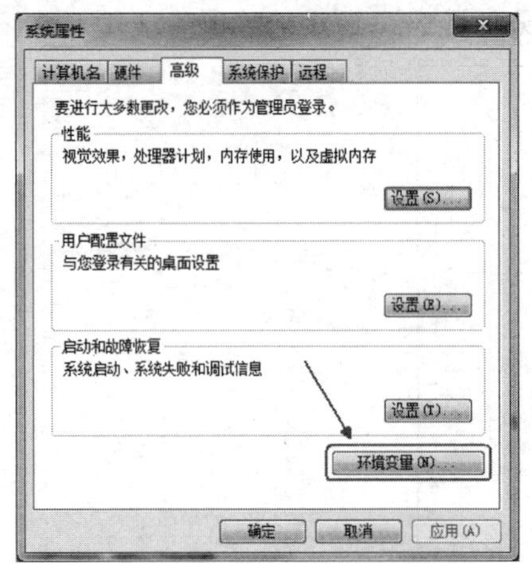

图 1-22 “系统属性”对话框

图 1-23 “环境变量”对话框

经过上述步骤后，就可以在 cmd 的任意路径下使用 Conda 命令了，也解决了 Anaconda 3 安装时没有选中添加环境变量复选框的问题，此时 Anaconda 才算真正安装配置完毕。

2. Conda 命令

找到“开始”菜单里 Anaconda3(64-bit)选项下的 Anaconda Prompt 选项，单击运行后出现一个 Windows 提示符命令窗口，可以在提示符下运行 Conda 命令。如图 1-24 所示，即使用“conda -V”命令(或者 conda --version)查看 Conda 的版本情况。

图 1-24 Conda 命令查看版本信息

Conda 命令主要用于 Python 虚拟环境和扩展库的管理。常见的 Conda 命令见表 1-1。使用 Conda 命令安装扩展库和使用 pip 安装扩展库的区别在于 Conda 会自动检查要安装的库依赖关系，并自动安装所有依赖项，从而保证扩展库安装后的可用性。

表 1-1 Conda 命令

命令形式	命令功能
conda info	显示 Anaconda 信息
conda list	查看当前程序已经安装的扩展库
conda install 扩展库	安装某一指定的扩展库
conda remove 扩展库	删除指定的扩展库
conda update 扩展库	更新指定的扩展库
conda create	创建一个虚拟环境
conda activate	激活虚拟环境
conda deactivate	关闭当前虚拟环境，返回默认环境

1.3.3 Jupyter Notebook

1. 简介

Jupyter Notebook 官网介绍中指出，Jupyter Notebook 是基于网页的用于交互计算的应用程序。其可被应用于全过程计算：开发、文档编写、运行代码和展示结果。

简单来讲，Jupyter Notebook 是以网页的形式打开，可以在网页中直接编写代码和运行代码，代码的运行结果也会直接在代码块下显示。如在编程过程中需要编写说明文档，可在同一个页面中直接编写，以便于及时说明和解释。

Anaconda 3 安装完成后就包含 Jupyter Notebook（Anaconda 3），不必另行安装，当然如果觉得 Anaconda 占用过多的磁盘空间，Jupyter Notebook 也支持独立安装(读者自行测试)。

2. 组成部分

Jupyter Notebook 包括网页应用和文档两个部分。

网页应用即基于网页形式的、结合了编写说明文档、数学公式、交互计算和其他富媒体形式的工具。简单来说，网页应用是可以实现各种功能的工具。

文档即 Jupyter Notebook 中所有交互计算、编写说明文档、数学公式、图片以及其他富媒体形式的输入和输出，都是以文档的形式体现的。这些文档是保存为后缀名为.ipynb 的 JSON 格式文件，不仅便于版本控制，也方便与他人共享。此外，文档还可以导出成 HTML、LaTeX、PDF 等格式。

3. Jupyter Notebook 的主要特点

(1) 编程时具有语法高亮、缩进、Tab 补全的功能。

(2) 可直接通过浏览器运行代码，同时在代码块下方展示运行结果。

(3) 以富媒体格式展示计算结果。富媒体格式包括 HTML、LaTeX、PNG、SVG 等。

(4) 对代码编写说明文档或语句时，支持 Markdown 语法。

(5) 支持使用 LaTeX 编写数学性说明。

1.4　Jupyter Notebook 使用详解

1.4.1　Jupyter Notebook 的启动

单击“开始”菜单中的 Anaconda3(64-bit)文件夹下的 Jupyter Notebook 选项，如图 1-25 所示，就会首先出现一个控制台服务窗口，如图 1-26 所示，这个窗口在 Jupyter Notebook 退出前不可关闭，否则会造成 Jupyter Notebook 到后台服务的连接失败。随着如图 1-26 所示的后台连接服务建立完成，在浏览器中就会打开 Jupyter Notebook，如图 1-27 所示。

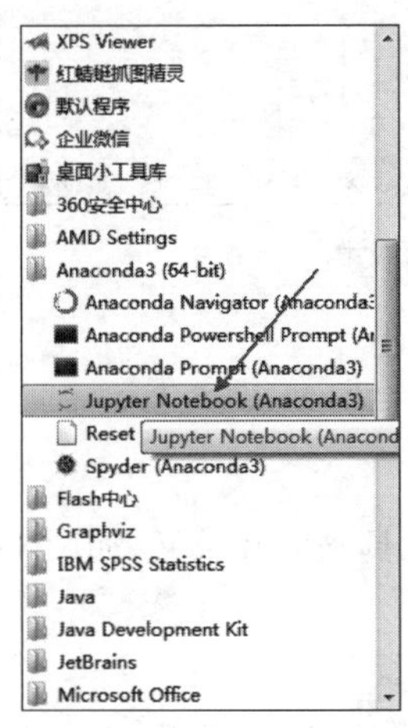

图 1-25　Jupyter Notebook 选项

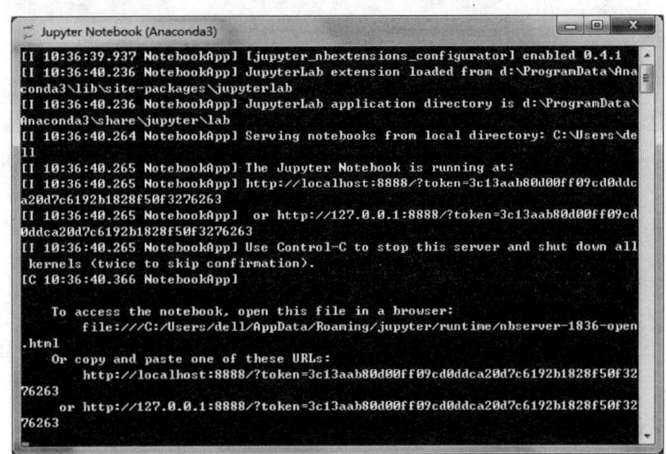

图 1-26　控制台服务窗口

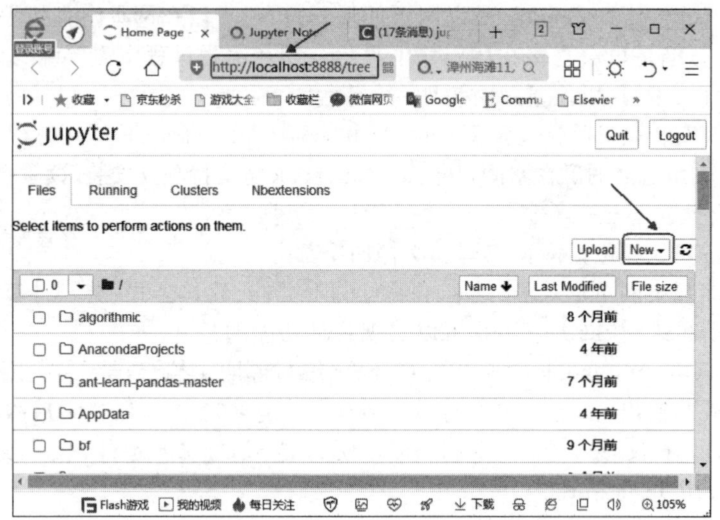

图 1-27　Jupyter Notebook 窗口

在图 1-27 内看到地址栏中写着 http://localhost:8888/tree，表示正在本机上使用 8888 端口，单击右侧的 New 按钮出现如图 1-28 所示选项，选择 Python 3 选项即可进入如图 1-29 所示界面。

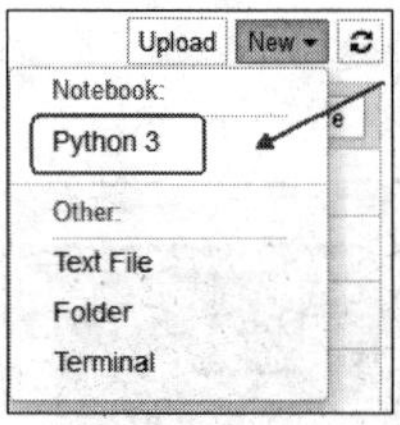

图 1-28　新建一个 Python 3 程序

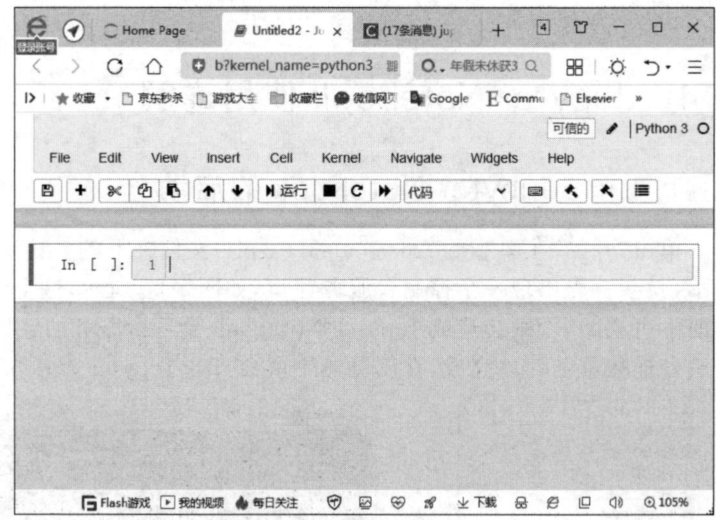

图 1-29　新建 Python 3 文档

1.4.2　Jupyter Notebook 的编辑界面

一个 Notebook 的编辑界面主要由四部分组成：名称、菜单栏、工具条以及单元，如图 1-30 所示。

1. 名称

在“名称”这里，可以在“请输入代码名称”输入框中修改文档的名字，弹出对话框如图 1-31 所示。

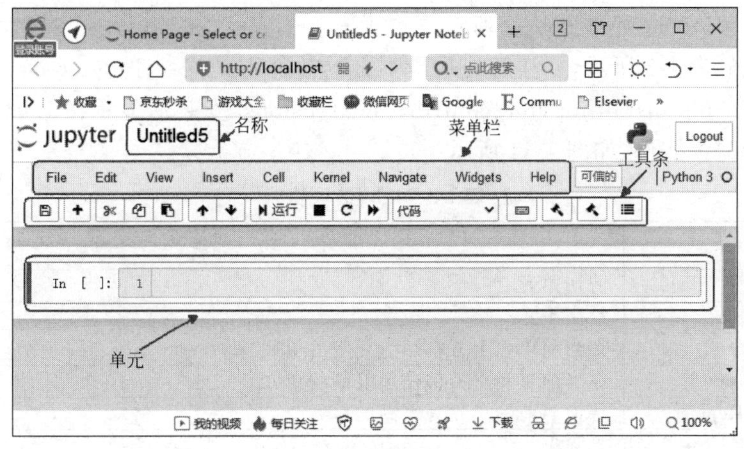

图 1-30 编辑界面组成

2. 菜单栏

菜单栏中主要有 File、Edit、View、Insert、Cell、Kernel、Help 等命令，下面逐一介绍。

(1) File。File 中的按钮选项如图 1-32 所示。

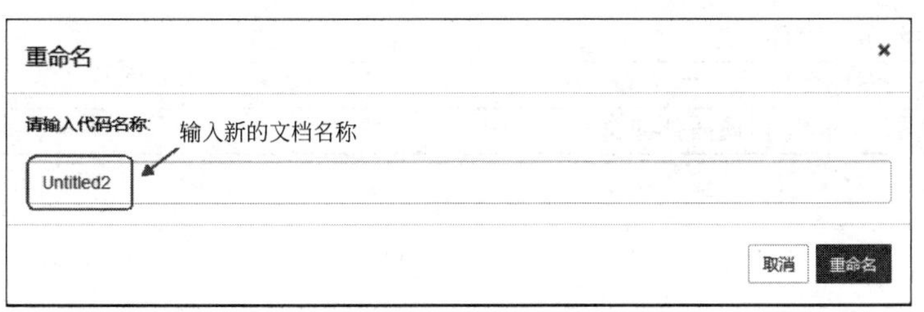

图 1-31 文档重命名

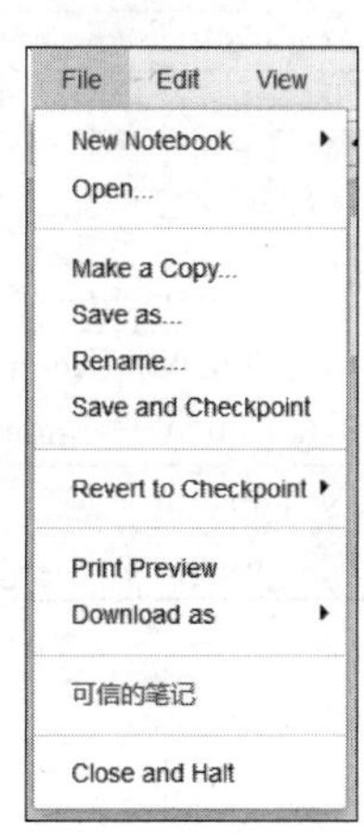

图 1-32 File 选项

File 选项功能如表 1-2 所示。

表 1-2 File 选项功能

选　　项	功　　能
New Notebook	新建一个 Notebook
Open	在新的页面中打开主面板
Make a Copy	复制当前 Notebook 生成一个新的 Notebook
Save as	文件另存为
Rename	Notebook 重命名
Save and Checkpoint	将当前 Notebook 状态存为一个 Checkpoint
Revert to Checkpoint	恢复到此前存过的 Checkpoint
Print Preview	打印预览
Download as	下载 Notebook 存为某种类型的文件
Close and Halt	停止运行并退出该 Notebook

（2）Edit。Edit 选项如图 1-33 所示。

具体功能如表 1-3 所示，要注意的是最下方的插件不是安装 Jupyter Notebook 时就有的，是通过命令“pip install jupyter_contrib_nbextensions”安装后显示在 Edit 菜单中的，它的功能是用于配置插件，如图 1-34 所示。

表 1-3　Edit 选项功能

选　　项	功　　能
Cut Cells	剪切单元
Copy Cells	复制单元
Paste Cells Above	在当前单元上方粘贴上复制的单元
Paste Cells Below	在当前单元下方粘贴上复制的单元
Paste Cells & Replace	替换当前的单元为复制的单元
Delete Cells	删除单元
Undo Delete Cells	撤回删除操作
Split Cell	从鼠标位置处拆分当前单元为两个单元
Merge Cell Above	当前单元和上方单元合并
Merge Cell Below	当前单元和下方单元合并
Move Cell Up	将当前单元上移一层
Move Cell Down	将当前单元下移一层
Edit Notebook Metadata	编辑 Notebook 的元数据
Find and Replace	查找替换，支持多种替换方式：区分大小写、使用 JavaScript 正则表达式、在选中单元或全部单元中替换
Cut Cell Attachments	剪切单元附件
Copy Cell Attachments	复制单元附件
Paste Cell Attachments	粘贴单元附件
Insert Image	插入图像
nbextensions config	nbextensions 扩展插件配置

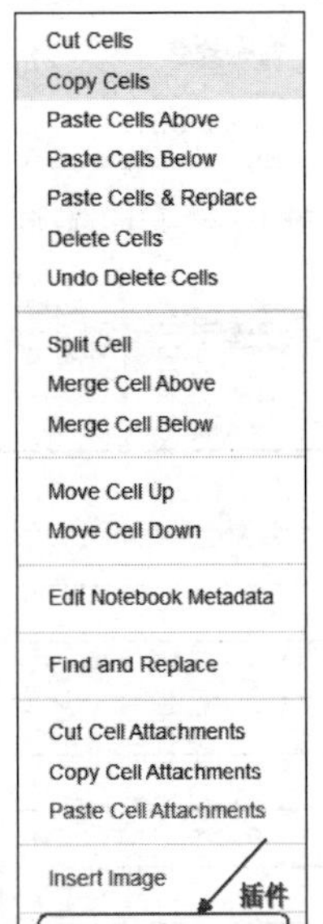

图 1-33　Edit 选项

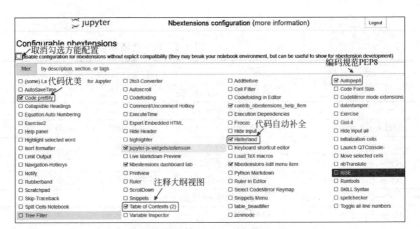

图 1-34　Nbextensions 插件配置

（3）View。View 选项如图 1-35 所示。View 中的功能可以让用户更好地展示自己的 Notebook，但对编写代码、实现功能没有影响。

具体功能如表 1-4 所示。

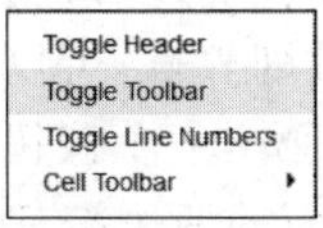

图 1-35　View 选项

表 1-4　View 选项功能

选　　项	功　　能
Toggle Header	隐藏/显示 Jupyter Notebook 的 Logo 和名称
Toggle Toolbar	隐藏/显示 Jupyter Notebook 的工具条
Toggle Line Numbers	隐藏/显示 Jupyter Notebook 单元代码行数
Cell Toolbar	更改单元展示式样

（4）Insert。Insert 只包括两个功能：在当前单元上方/下方插入新的单元。

（5）Cell。Cell 选项如图 1-36 所示，功能如表 1-5 所示。

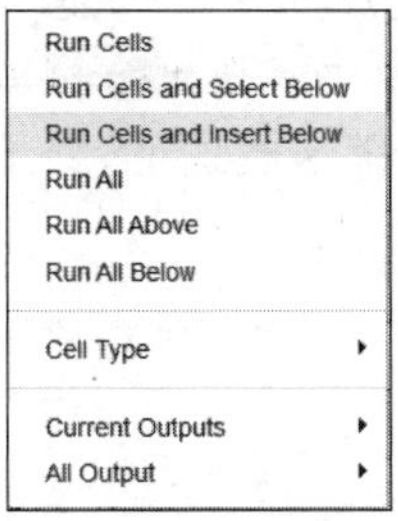

图 1-36　Cell 选项

表 1-5　Cell 选项功能

选　　项	功　　能
Run Cells	运行单元内代码
Run Cells and Select Below	运行单元内代码并将光标移动到下一单元
Run Cells and Insert Below	运行单元内代码并在下方新建一单元
Run All	运行所有单元内的代码
Run All Above	运行该单元(不含)上方所有单元内的代码
Run All Below	运行该单元(含)下方所有单元内的代码
Cell Type	选择单元内容的性质
Current Outputs	对当前单元的输出结果进行隐藏、显示、滚动、清除
All Output	对所有单元的输出结果进行隐藏、显示、滚动、清除

（6）Kernel。Kernel 选项如图 1-37 所示，功能如表 1-6 所示。

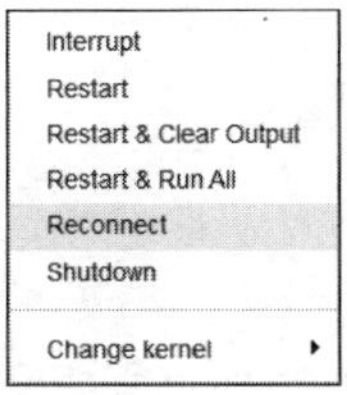

图 1-37　Kernel 选项

表 1-6　Kernel 选项功能

选　　项	功　　能
Interrupt	中断与内核连接(等同于按 Ctrl+C 组合键)
Restart	重启内核
Restart & Clear Output	重启内核并清空现有输出结果
Restart & Run All	重启内核并重新运行 Notebook 中的所有代码
Reconnect	重新连接到内核
Change kernel	切换内核

（7）Help。Help 选项和功能如表 1-7 所示。

表 1-7　Help 选项功能

选　　项	功　　能
User Interface Tour	用户使用指南
Keyboard Shortcuts	快捷键大全
Notebook Help	Notebook 使用指南
Markdown	Markdown 使用指南
Python…Pandas	各类使用指南
About	关于 Jupyter Notebook 的一些信息

3. 工具条

工具条中的功能基本上在菜单中都可以实现，这里是为了能更快捷地操作，将一些常用按钮展示出来，如图 1-38 所示。第一个按钮为磁盘保存；第二个“+”按钮为添加一个 Cell；第三个按钮为剪切一个 Cell；第四、五个按钮分别为复制和粘贴；第六、七个按钮分别为上下移动 Cell；第八、九个按钮分别为运行和中断服务；第十个按钮为重启服务（带窗口）；第十一个按钮为重启服务，然后重新运行整个代码；第十二个按钮是个下拉列表框，可以调整当前选定的 Cell 是代码、Markdown、原生 NBConvert、标题当中的一种；第十三个按钮可以查看命令群组信息（可实现相应的功能，有的带有快捷键提示操作）；后面的两个按钮是安装了 Nbextensions 插件并选中 Code prettify、autopep8 后出现的功能按钮。

图 1-38　工具条按钮

4. 单元

在单元中可以编辑文字、编写代码、绘制图片等。单元有两种模式，分别是命令模式（Command Mode）与编辑模式（Edit Mode），在不同模式下可以进行不同的操作。在编辑模式下，右上角出现一支铅笔的图标，单元左侧边框线呈现绿色，如图 1-39 所示。按 Esc 键或运行单元格（Ctrl+Enter 组合键）就切换回命令模式，如图 1-40 所示，在命令模式下，铅笔图标消失，单元左侧边框线呈现蓝色，按 Enter 键或者双击单元变为编辑状态。

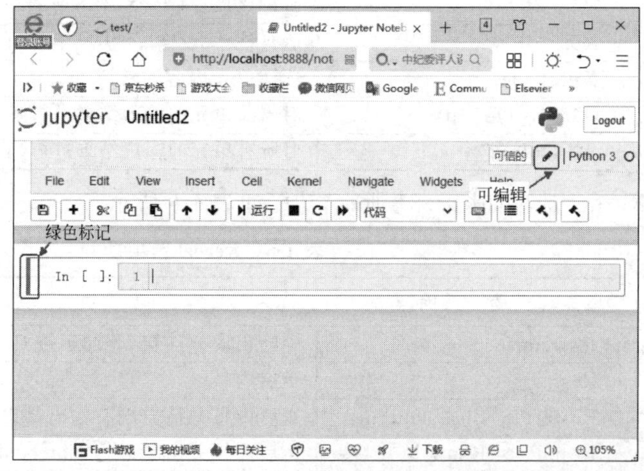

图 1-39　编辑模式

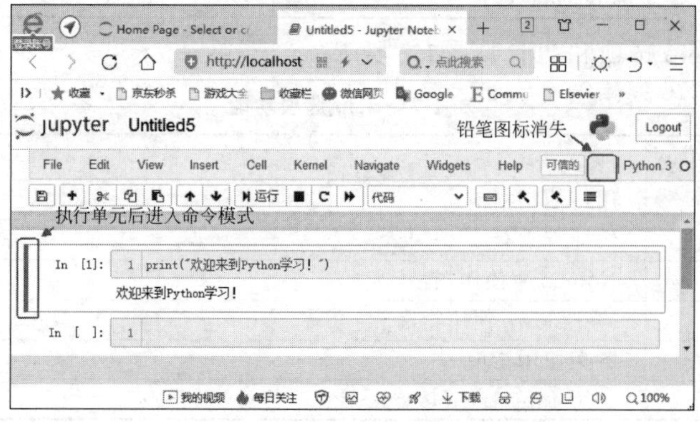

图 1-40　命令模式

命令模式下的快捷键见表1-8，编辑模式下的快捷键见表1-9。

表1-8　命令模式快捷键

快　捷　键	功　　能
Enter键	转入编辑模式
Shift＋Enter组合键	运行当前单元并选中下一个单元
Ctrl＋Enter组合键	运行当前单元
Alt＋Enter组合键	运行当前单元在其下方插入新单元
Y键	选中的单元转入代码状态
M键	选中的单元转入Markdown状态
R键	选中的单元转入Raw状态
1、2、3、4、5、6	设定1、2、3、4、5、6级标题
A键	在选定单元上方插入新单元
B键	在选定单元下方插入新单元
X键	剪切选定的单元
C键	复制选定的单元
Shift＋V组合键	粘贴到上方单元
V键	粘贴到下方单元
Z键	恢复删除的最后一个单元
Shift＋M组合键	合并选中的单元
S键或Ctrl＋S组合键	文件存盘
H键	显示快捷键帮助

表1-9　编辑模式快捷键

快　捷　键	功　　能
Tab键	代码补全或缩进
Shift＋Tab组合键	提示
Ctrl＋]组合键	缩进
Ctrl＋[组合键	解除缩进
Ctrl＋Y组合键	再做
Ctrl＋A组合键	全选
Ctrl＋Z组合键	复原(或者撤销上一步操作)
Ctrl＋Up组合键或Home键	跳到单元开头
Ctrl＋End组合键或Down键	跳到单元末尾
Esc键	进入命令模式
Shift＋Enter组合键	运行选定的单元，同时选中下一单元
Ctrl＋Enter组合键	运行选定的单元，光标不动
Alt＋Enter组合键	运行选定的单元，在下面插入一个单元
Ctrl＋Shift＋-组合键或Substract键	分隔单元
Shift键	忽略

注意：不同模式下的快捷键不需要死记硬背，在使用过程中，多查询几次就能记住了。

前面在介绍工具条的时候指出了单元的四种功能，分别是代码、Markdown、原生NBConvert和标题，这四种功能可以互相切换。Code用于写代码，Markdown用于文本编辑(注释)，原生NBConvert中的文字或代码等都不会被运行，标题则是用于设置标题，但一般很少使用标题，因为这个功能已经包含在 Markdown 中了，如设置某个单元为 Markdown，在单元内输入“# 一级标题”或“## 二级标题”则反映出了不同等级的标题。需要注意，“#”和后面的文字要有一个空格才会显示标题设计，否则按普通文本处理，关于 Markdown 的语法规则，读者可在其官网自行了解。四种功能的切换可以使用快捷键或者工具条实现。

单元处于代码功能下会有三类提示符，其含义如表 1-10 所示。

表 1-10 Cell 代码功能下提示符含义

提 示 符	含 义
In[ ]	程序未运行
In[num]	程序运行后
In[*]	程序正在运行

1.5 扩展库安装及导入使用

Python 扩展库是指由第三方软件开发者开发的用于扩展 Python 标准功能的程序包。虽然 Python 也提供了非常丰富的功能，但不同开发者在面对不同问题、开发不同用途程序时总会用到一些非标准的功能，如操作 Excel 文档、下载视频、网页爬取解析等，由于 Python 标准库不能面面俱到地提供所有功能的程序包，所以互联网上的开发者们出于自身需求或爱好开发出了很多的 Python 扩展库，并将其放在互联网上供广大开发者下载使用。

本书后面章节会用到一些 Python 扩展库，如 NumPy、Pandas、Matplotlib、Pyecharts 等。要使用这些扩展库，只需要将其安装到自己的开发环境中就可以了。注意：Anaconda 集成了很多工具包，可以在 Anaconda Prompt (Anaconda3)程序中使用“conda list”命令查看当前 Anaconda 环境都集成了哪些扩展库，此时如果没有需要的扩展库，则可以使用命令“conda install 扩展库”来安装，同时对扩展库依赖的库一并安装，这也是为什么建议初学者使用 Anaconda 开发环境的原因。安装完成后，在程序代码中使用“import 扩展库”命令即可使用该扩展库的所有功能。

如果使用 Python 的 IDLE 开发环境，那么可以使用 pip 工具进行所需扩展库的安装，在 DOS 命令窗口中使用“pip install 扩展库”命令，如图 1-41 所示。

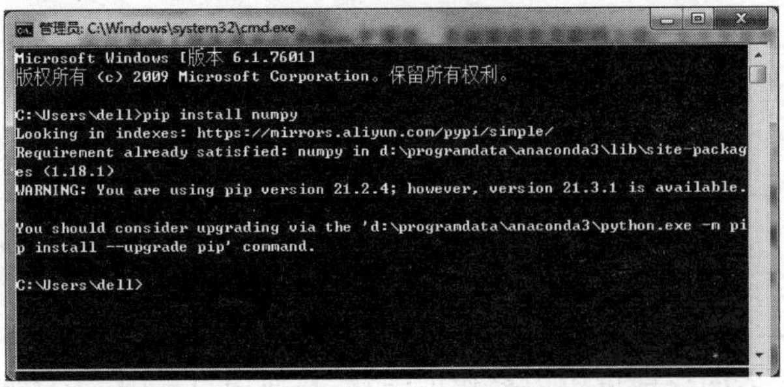

```
管理员: C:\Windows\system32\cmd.exe
Microsoft Windows [版本 6.1.7601]
版权所有 (c) 2009 Microsoft Corporation。保留所有权利。

C:\Users\dell>pip install numpy
Looking in indexes: https://mirrors.aliyun.com/pypi/simple/
Requirement already satisfied: numpy in d:\programdata\anaconda3\lib\site-packag
es (1.18.1)
WARNING: You are using pip version 21.2.4; however, version 21.3.1 is available.

You should consider upgrading via the 'd:\programdata\anaconda3\python.exe -m pi
p install --upgrade pip' command.

C:\Users\dell>
```

图 1-41 DOS 窗口安装扩展库

图 1-41 显示环境中已经完成了该扩展库的安装。一个需要注意的问题是，有一个警告信息，这是因为 pip 工具总在不断更新，建议定期在提示符下运行“python -m pip installupgrade pip"命令更新 pip，当然这并不影响扩展库的安装使用。另一个需要注意的问题是，有的时候安装不成功是因为 pip 默认访问国外的网址（详见前言二维码），但是很多包因为网速问题经常安装不上，这时候就需要选择国内的一些安装源安装相应的包，建议使用清华大学的源。

更换下载源分为临时更换源地址和永久更换源地址两种情况。如果是临时更换，只需要在安装扩展库的时候指定下载源即可，如下面的命令就是指定下载源为清华大学。

```
pip install 包名 -i https://pypi.tuna.tsinghua.edu.cn/simple
```

如果要永久更换源地址，可以在资源管理器的地址栏中输入"%appdata%"，找到 pip 目录下的 pip.ini，修改其内容如下，即可在以后的扩展库安装时使用指定下载源安装。

```
[global]
timeout = 6000
index-url = https://mirrors.aliyun.com/pypi/simple/        这里修改下载源地址
trusted-hot = mirrors.aliyun.com
```

1.6 Python 编写规范

好的代码宛如艺术品，是具有工匠精神的，需要精雕细琢，能给读者带来美的享受，下面介绍一下 Python 的语言编写风格规范。

1. 编码

所有的 Python 脚本文件都应在文件头标上。例如，下段代码用于设置编辑器，默认保存为 utf-8 格式。

```
# -*- coding:utf-8 -*-
```

2. 分号

不要在行尾加分号，也不要用分号将两条命令放在同一行。

3. 行长度

一般每行不要超过 80 个字符，这在 PyCharm 和 Spyder 工具里面都是有提示的，原因是过长不易阅读，并且建议不要使用反斜杠连接行。如果确有需要，可以在表达式外围增加一对额外的圆括号。

4. 括号

不可滥用括号，除非是用于实现行连接，否则不要在返回语句或条件语句中使用括号，不过在元组两边使用括号是可以的。

5. 缩进

用 4 个空格来缩进代码，绝对不要按 Tab 键，也不要 Tab 键和空格键混用。对于行连接的情况，应该要么垂直对齐换行的元素，要么使用 4 空格的悬挂式缩进（这时第一行不应该有参数）。

6. 空行

顶级定义之间空两行，如函数或者类定义、方法定义；类定义与第一个方法之间都应该空一行。函数或方法中，某些地方要是觉得合适，就空一行。

7. 空格

按照标准的排版规范来使用标点两边的空格。括号内不要有空格，如[1]，不能写成[1]，不要在逗号、分号、冒号前面加空格，但应该在它们后面加(除了在行尾)；参数列表、索引或切片的左括号前不应加空格；在二元操作符两边都加上一个空格，如赋值(=)、比较(==、<、>、!=、<>、<=、>=、in、not in、is、is not)、布尔(and、or、not)；当“=”用于指示关键字参数或默认参数值时，不要在其两侧使用空格；不要用空格来垂直对齐多行间的标记，因为这会成为维护的负担。

8. 注释

注释分为块注释和行注释。一般最需要写注释的是代码中那些技巧性的部分。为了便于阅读或者防止忘记当时写这段代码的用意，应该当时就给它写注释。对于复杂的操作，应该在其操作开始前写上若干行注释。对于不是一目了然的代码，应在其行尾添加注释。为了提高可读性，注释应该至少离开代码两个空格。块注释一般采用三重双引号的文档字符串的形式进行。

9. 导入格式

每个导入应该独占一行，如 import os，sys 就不好，应该每个库使用一行 import 命令。另外，导入总应该放在文件顶部，位于模块注释和文档字符串之后，模块全局变量和常量之前。导入应该按照从最通用到最不通用的顺序分组。

(1) 标准库导入。

(2) 第三方库导入。

(3) 应用程序指定导入。

导入的分组中，应该根据每个模块的完整包路径按字典序排序，忽略大小写。例如，下段代码就非常整齐。

```
import foo
from foo import bar
from foo.bar import baz
from foo.bar import Quux
from Foo import bar
```

10. 语句

通常每个语句应该独占一行，不过，如果测试结果与测试语句在一行放得下，也可以将它们放在同一行，但如果是 if 语句，则只能在没有 else 时才能这样做。特别地，绝不要对 try…except 语句这样做，因为 try 和 except 不能放在同一行。

11. 命名

Python 中应该避免的名称如单字母名称(除了计数器和迭代器)、包/模块名中的连字符(-)以及双下画线开头并结尾的名称(因为多为 Python 保留，例如_ _init_ _)。在命名时应遵守下述约定。

(1) 内部(Internal)表示仅模块内可用，或者在类内是保护或私有的。

(2) 用单下画线“_”开头表示模块变量或函数是 protected 的(使用 import * from 时不会包含)。

(3) 用双下画线“_ _”开头的实例变量或方法表示类内私有。

(4) 将相关的类和顶级函数放在同一个模块里。不像 Java,没必要限制一个类一个模块。

(5) 对类名使用大写字母开头的单词(如 CapWords,即 Pascal 风格),但是模块名应该用小写加下画线“_”的方式(如 lower_with_under.py)。尽管已经有很多现存的模块使用类似于 CapWords.py 这样的命名,但现在已经不鼓励这样做,因为如果模块名碰巧和类名一致,这会让人困扰。

感兴趣的读者可以看一下 Python 之父 Guido 推荐的命名规范。

习题

一、选择题

1. 以下选项中,(　　)不是 Python 的特点。

A. Python 语言能够集成 C、C++等语言编写的代码

B. Python 语言通过强制缩进来体现语句间的逻辑关系

C. Python 程序可以在任何安装了解释器的操作系统环境中执行

D. Python 只支持面向对象的编程

2. 以下选项中,(　　)不是 Python 语言的特点。

A. 语法简洁　　B. 依赖平台　　C. 支持中文　　D. 类库丰富

3. Python 解释器在语法上不支持(　　)编程方式。

A. 面向过程　　B. 面向对象　　C. 语句　　D. 自然语言

4. Python 是一种(　　)类型的编程语言。

A. 机器语言　　B. 解释　　C. 编译　　D. 汇编语言

5. 关于 Python 语言的特点,以下选项中描述错误的是(　　)。

A. Python 语言是多模型语言　　B. Python 语言是脚本语言

C. Python 语言是跨平台语言　　D. Python 语言是非开源语言

6. 关于 Python 语言的注释,以下选项中描述错误的是(　　)。

A. Python 语言的多行注释以'''(三个单引号)开头和结尾

B. Python 语言有两种注释方式:单行注释和多行注释

C. Python 语言的单行注释以单引号()开头

D. Python 语言的单行注释以#开头

7. 以下关于 Python 版本的说法中,(　　)是正确的。

A. Python 3.x 是 Python 2.x 的扩充,语法层无明显改进

B. Python 3.x 代码无法向下兼容 Python 2.x 的既有语法

C. Python 2.x 和 Python 3.x 一样,依旧不断发展和完善

D. 以上说法都正确

8. Python 语言通过(　　)来体现语句之间的逻辑关系。

A. { }　　B. ()　　C. 缩进　　D. 自动识别

9. IDLE 环境的退出命令是(　　)。

A. Enter 键　　B. exit()　　C. close()　　D. esc()

10. 在 Jupyter Notebook 中要完成输入完毕后运行本单元,并必须在下方创建一个新单元格,应当采取的操作为(　　)。

A. 按 Enter 键　　B. 按 Ctrl+Enter 组合键

C. 按 Shift+Enter 组合键　　D. 按 Alt+Enter 组合键

二、操作题

1. 练习在 Windows 下安装 Python 3.9。通过 import this 命令查看运行结果。

2. 练习使用 pip 工具安装 NumPy 扩展包。并查有已安装的扩展包,试查看当前所用 Python 的版本号。

3. 使用 Jupyter Notebook 输入以下程序,练习程序运行方法:

```
name = input()
print('加油! %s 学习 Python 是最棒的!' % name)
```

第2章 Python变量类型、运算符与表达式、内置函数

学习目标

- 了解 Python 中变量及数据类型,常量、变量的概念及赋值方法。
- 理解 Python 基于值的内存管理方式。
- 掌握运算符的分类、运算符的优先顺序以及表达式的用法。
- 掌握常用内置函数和标准库函数的使用方法。

2.1 变量与数据类型

任何程序都会用到变量。变量通常是用来存放临时数据的,例如,在计算学生平均成绩的程序中,会首先声明若干变量用来存放英语、高等数学、数据库原理、数据分析等科目的成绩,然后进行平均值运算处理得到最终需要的结果。应用程序可能要处理多种数据,这些数据的类型不同,使用时分配的内存大小也不相同,这样可以使变量达到最佳的运行效率。以往的高级语言如 C、C++、Java 等都是首先声明一个变量及其类型,系统就会在内存空间为其分配一块空间(大小取决于变量的数据类型),Python 则不同,在 Python 中认为一切皆对象,变量也是对象,对象是 Python 中最基本的概念之一。

2.1.1 变量

计算机在进行数据处理的时候,需要先将其装载到内存,这样做的目的是利用内存强大的运算速度进行计算。计算机内存是以 Byte 为单位的存储区域,每个内存单元都有自己的编号,称为内存地址,是以十六进制表示的,不易记忆,所以在高级语言中使用变量来描述内存单元及存储在其内的数据。变量名与内存单元地址相对应,值为存储在该内存单元中的数据,通过变量名来访问变量。变量,顾名思义是一个随时可能会改变的量,变量赋值的时候实际上是将该值与变量对象绑定,因此不需要声明变量的类型,系统会根据赋值自动判断变量在某一时刻的数据类型。如图 2-1 所示,变量 a 与数值 1 捆绑,变量 b 与数值 3.14 捆绑,此时变量 a、b 的数据类型可以使用 type()函数获取,其中,a 为 int 类型,如果再为变量 a 赋值为 1.0,那么 a 的类型就变成 float 类型。读者也可以自己测试,如将 a 和 b 都赋值 1,使用 id()函数看二者是不是同一个对象,再试试将 a 和 b 都赋值为 257,然后用 id()函数看二者是不是同一个对象。

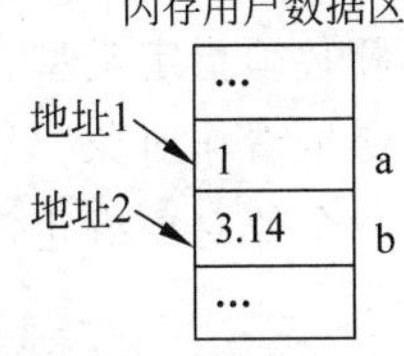

图 2-1 变量在内存中的存储

经过测试会有不一样的发现,Python 采用基于值的内存管理

方式，如果为不同变量赋值为相同值，这个值在内存中只保存一份，多个变量指向同一个值的内存空间首地址，这样可以减少内存空间的占用，提高内存利用率。

Python 启动时，会对[−5,256]的整数进行缓存，不会对实数进行缓存。也就是说，如果多个变量的值相等且介于[−5,256]区间内，那么这些变量共用同一个值的内存空间。

对于[−5,256]区间之外的整数，同一个程序中或交互模式下，同一个语句中的同值不同名变量会共用同一个内存空间，不同程序或交互模式下，不同语句不遵守这个约定。**注意：不同版本的解释器结果可能会有差异。**

1. 变量命名

Python 中为变量命名必须要遵守一定规则，目的是保证程序的正确性及易读性，否则可能在程序执行时发生错误。变量命名规则如下。

(1) 变量名称以字母或下画线或中文(3.x 后支持)开头。

(2) 只能由大小写字母、数字、“_”、中文组成变量名称，变量中不能有其他符号(如空格、“～”等)。

(3) 变量名称区分大小写(大小写敏感)。

(4) 变量名称不能使用系统关键字或内置函数名命名。

图 2-2 列出了 Python 3.7.6 版本中的关键字(不同版本会略有变化)。

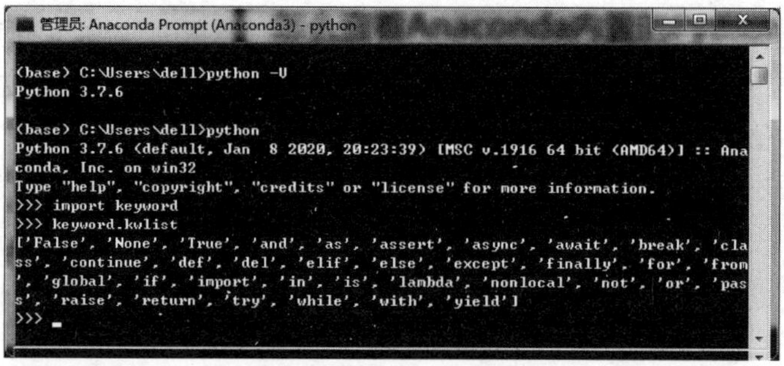

```
管理员: Anaconda Prompt (Anaconda3) - python

(base) C:\Users\dell>python -V
Python 3.7.6

(base) C:\Users\dell>python
Python 3.7.6 (default, Jan  8 2020, 20:23:39) [MSC v.1916 64 bit (AMD64)] :: Ana
conda, Inc. on win32
Type "help", "copyright", "credits" or "license" for more information.
>>> import keyword
>>> keyword.kwlist
['False', 'None', 'True', 'and', 'as', 'assert', 'async', 'await', 'break', 'cla
ss', 'continue', 'def', 'del', 'elif', 'else', 'except', 'finally', 'for', 'from
', 'global', 'if', 'import', 'in', 'is', 'lambda', 'nonlocal', 'not', 'or', 'pas
s', 'raise', 'return', 'try', 'while', 'with', 'yield']
>>>
```

图 2-2　Python 关键字

注意：虽然 Python 3.x 支持中文作为变量名称，但建议最好不使用，一是输入不方便，二是会降低程序的可移植性。另外，除了遵守上述变量命名规则以外，变量名应该尽量用有实际意义的英文单词，这样更容易阅读，慎用小写字母 l 和大写字母 O，容易被当作数字 1 和 0。

2. 变量赋值

Python 中的变量不需要事先声明，也无须指定数据类型，直接赋值即可创建所需类型变量，而且变量类型可以随时改变，这在其他高级语言中是不可以的，因为在其他高级语言里变量必须指定类型，然后系统才会为其分配内存空间大小，类型也不能变化，而 Python 中将变量看作对象，只是与内存中某一个值对象绑定，在改变类型的时候解除这个绑定，并与另一个值对象绑定。变量的赋值方式主要包括普通赋值、链式赋值、增强赋值以及多元赋值。

(1) 普通赋值。普通赋值的语句格式如下。

```
<变量名> = <值或表达式>
```

这条赋值语句的作用是将左侧的变量指向右侧的值或者表达式结果。

【例 2-1】 创建变量并赋值。

```
>>> a = 3
>>> b = 5.0
>>> type(a)
<class 'int'>
>>> type(b)
<class 'float'>
>>> b = 3
>>> type(b)
<class 'int'>
>>> c = a + 1.0
>>> type(c)
<class 'float'>
```

从例 2-1 就可以发现,变量在赋值的时候类型就确定了,后期重新赋值类型会根据赋予的值的类型变化而变化。注意:变量没经过赋值就直接访问会报错。

【例 2-2】 变量的删除。

```
>>> a = 3
>>> del a
>>> print(a)
Traceback (most recent call last):
  File "<pyshell#10>", line 1, in <module>
    print(a)
NameError: name 'a' is not defined
```

从结果看出,del 命令将变量 a 删除掉了,打印 a 的值提示该变量没有定义。

(2) 链式赋值。链式赋值的语句格式如下。

```
<变量名 1> =<变量名 2> = …<变量名 n> =<值或表达式>
```

链式赋值可以为多个变量赋予同一个值或表达式。语句的作用是各个变量指向最右侧的值或表达式结果。例如:a=b=c=5,a、b、c 三个变量都指向对象 5,三个变量的值都是 5。

(3) 增强赋值。

Python 提供增强赋值方式,如 a+=1,等价于 a=a+1。增强赋值具有书写简洁、执行速度快(或者多了一个 a 的赋值)等特点。

(4) 多元赋值。多元赋值的语句格式如下。

```
<变量名 1>,<变量名 2>, …,<变量名 n> =<值或表达式 1>,<值或表达式 2>, …,<值或表达式 n>
```

赋值号两边的变量与值或表达式的数量要一致,相对应进行赋值。

2.1.2 常量

与变量相对应的是常量,常量是在程序运行过程中不发生改变的量。在基本数据类型中,常量按值的类型分为整型常量、浮点型常量、字符串常量、布尔型常量、复数型常量。例如,1、-1 为整型常量,“ABC”为字符串常量。

2.1.3 数据类型

Python 的数据类型有基本数据类型和组合数据类型两种。基本数据类型包括数值类型、字符串类型，组合数据类型包括列表、元组、字典和集合。本节介绍基本数据类型，组合数据类型在第 4 章和第 5 章中介绍。

1. 数值类型

数值类型是数值数据的类型，明确数值数据在内存中的存储空间，以便进行数值存储和运算。Python 的数值类型包括整型、浮点型、布尔型和复数型。

(1) 整型(int)。

整型是带有正负号的整数数据。Python 3 里不再区分整型和长整型，对整型不进行长度限制，只要内存允许，整型取值范围几乎包括全部整数，这为计算带来了极大便利。

整型数据有二进制、八进制、十进制和十六进制四种表示形式。

① 二进制整数：由数字 0 和 1 组成，以 0b 开头，如 0b101(十进制为 5)。

② 八进制整数：由数字 0～7 组成，以 0o 开头，如 0o25(十进制为 21)。

③ 十进制整数：由数字 0～9 组成，如－10,255 等。

④ 十六进制整数：由数字 0～9 以及 A～F(或者 a～f)组成，以 0x 开头，如 0x5F(十进制为 95)。

(2) 浮点型(float)。

浮点型数据用于表示实数，包括整数和小数两部分。浮点型数据有十进制小数形式和科学记数形式两种表示。

① 十进制小数形式：由数字和小数点组成，如 3.14、10.0 等。

② 科学记数形式：科学记数法适合表示很大或很小的数，以字母 e 表示以 10 为底的指数，如 2.58e100 表示 2.58×10^{100}。

注意：浮点数参与运算时，如果数值超出其表示范围会产生"溢出"错误。其表示范围可以用下面的语句查看。

```
>>> import sys
>>> sys.float_info.max
1.7976931348623157e+308
>>> sys.float_info.min
2.2250738585072014e-308
```

(3) 布尔型(bool)。

布尔型数据表示逻辑的真(用 True 表示)或假(用 False 表示)。布尔型数据在数值计算中相当于整数(1 代表真，0 代表假)，Python 里任何为 0 或空的数据，如 0、0.0、None、空字符串、空序列、空元组等，其布尔值均为 False，其他的布尔值为 True。

注意：True、False、None 都是系统关键字，首字母大写，否则系统会报错。

(4) 复数型(complex)。

复数型数据用于表示数学中的复数，包括实数部分和虚数部分，用 a＋bj 或者 complex(a,b)表示。a、b 分别表示复数的实部和虚部，均为浮点数。对于一个复数 x，可以使用 x.real 和 x.imag 来获取 x 的实部和虚部。

2. 字符串类型

字符串类型指用引号引起来的一个或多个字符。一般单行字符串用单引号(')或者双引号('')引起来，而多行字符串使用三引号(''')引起来。

字符串使用单引号或者双引号都是可以的，没有区别，但如果字符串本身包括单引号，一般字符串使用双引号引起来，又或者字符串本身包括双引号，那么字符串使用单引号引起来，这样引用字符串更便捷。例如：

```
>>> "I'm a student"
"I'm a student"
>>> '"Python 3.7.4" is a version'
'"Python 3.7.4" is a version'
```

对于上面的情况，也可以使用转义字符来解决。所谓转义，就是在指定字符前添加反斜杠(\)用来取消其后紧跟着的字符的本来含义，当成普通字符对待。例如：

```
>>> 'I\'m a student'
"I'm a student"
>>> print('I\'m a student')
I'm a student
```

这里可以发现，使用 print()函数才能将转义后的结果正确输出成想要的形式。

常见的转义字符如表 2-1 所示。

表 2-1　常见转义字符

转义字符	描　　述	转义字符	描　　述
\(在行尾)	续行符号	\v	纵向制表符
\\	后一个为反斜杠而非转义字符	\t	横向制表符
\'	单引号	\r	回车
\"	双引号	\f	换页
\a	响铃	\o	八进制数代表的字符
\b	退格	\x	十六进制数代表的字符
\n	换行	\000	终止符，\000 后的字符全部忽略

如果在一个字符串中存在多个转义字符，那么将给书写和阅读带来不便，这里建议使用原始字符串的方式解决，即在字符串前加一个字母 r，这样就会对后面的字符串中出现的转义字符当成普通字符对待。示例代码如下。

```
>>> print("c:\windows\two\a\n1")
c:\windows wo
1
>>> print(r"c:\windows\two\a\n1")
c:\windows\two\a\n1
```

Python 支持格式化字符串的输出。尽管这样可能会用到非常复杂的表达式，但最基本的用法是将一个值插入一个有字符串格式符“%s”的字符串中。Python 字符串格式化符号如表 2-2 所示。

表 2-2 字符串格式化符号

符　号	描　述
%c	格式化字符及其 ASCII 码
%s	格式化字符串
%d	格式化整数
%u	格式化无符号整型
%o	格式化无符号八进制数
%x	格式化无符号十六进制数
%X	格式化无符号十六进制数(大写)
%f	格式化浮点数字,可指定小数点后的精度
%e	用科学记数法格式化浮点数
%E	作用同%e,用科学记数法格式化浮点数
%g	%f 和%e 的简写
%G	%F 和%E 的简写
%p	用十六进制数格式化变量的地址

2.2 运算符与表达式

运算符是用于表示对象支持的行为和对象之间的操作,其功能和对象类型密切相关。Python 中支持的运算符包括算术运算符、关系运算符、逻辑运算符、赋值运算符、位运算符、成员运算符和集合运算符。

2.2.1 算术运算符

算术运算符可以实现数学运算,具体如表 2-3 所示。

表 2-3 算术运算符

运 算 符	功能描述	示　例
+	算术加法	9+6 的结果为 15
-	算术减法	9-6 的结果为 3
*	算术乘法	9*6 的结果为 54
/	算术除法	9/6 的结果为 1.5
%	求余数	9%6 的结果为 3
//	求整商	9//6 的结果为 1
**	幂运算	2**10 的结果为 1024

上述部分算术运算符还可以实现其他功能。例如,"+"运算符除了可以实现算术加法外,还可以实现字符串、列表、元组的连接合并;"-"还可以对数值取反,进行集合差集运算(进行实数之间的运算,由于精度问题可能会导致误差,所以一般并不直接判断两个实数差值与一个实数的等值关系,而是改用与另一个很小的数的比较来判断是否相等);"*"还可以用于字符串、序列元素的重复。示例代码如下。

```
>>> "I'm" + 'a student'
"I'm a student"
>>> -2
-2
```

```
>>> print({3,4,5} - {1,4,6})
{3, 5}
>>>( 5.14 - 3.04) == 2.1
False
>>> (5.14 - 3.04) - 2.1 < 1e - 10
True
>>> "I'm a student " * 2
"I'm a student I'm a student "
```

2.2.2 关系运算符

关系运算符用来比较两个对象值的大小，因此也叫比较运算符，运算的结果为 True 或者 False。Python 中支持的关系运算符如表 2-4 所示。

表 2-4　关系运算符

运算符	功能描述	示例
==	判断两个操作数是否相等	5==3,'b'=='B' 结果均为 False
!=	判断两个操作数是否不相等	3!=3.0 结果为 False
>	判断左边操作数是否大于右边操作数	5>3 结果为 True
<	判断左边操作数是否小于右边操作数	5<3 结果为 False
>=	判断左边操作数是否大于或等于右边操作数	5>=3 结果为 True
<=	判断左边操作数是否小于或等于右边操作数	5<=3 结果为 False

使用关系运算符首先要确定操作数之间是可以比较大小的，如果两操作数都是数值型就按数值大小比较，如果两操作数都是字符型则按照字符的 ASCII 码值比较。另外，关系运算符可以连用，如 3 < 5 > 2 等价于 3 < 5 and 5 > 2，其意义与日常理解相同。

2.2.3 逻辑运算符

逻辑运算符是对关系表达式或逻辑值进行运算，运算结果为 True 或者 False。Python 中的逻辑运算符如表 2-5 所示。

表 2-5　逻辑运算符

运算符	功能描述
not	非，对操作数取非操作
and	与，对操作数取与操作
or	或，对操作数取或操作

逻辑运算符示例代码如下。

```
>>> not(1 > 2)
True
>>> 1 > 2 and 3 < 5
False
>>> 1 > 2 or 3 < 5
True
```

当多个逻辑运算符在一个表达式中出现时，要注意运算符的优先级由高到低的顺序为 not、and、or。

2.2.4 赋值运算符

赋值运算符在前面的示例中已经有所表述，是用来给变量赋值的。赋值运算符如表2-6所示。

表2-6 赋值运算符

运 算 符	功能描述	示 例
=	直接赋值	a=5
+=	加法赋值	a+=5 相当于 a=a+5
-=	减法赋值	a-=5 相当于 a=a-5
*=	乘法赋值	a*=5 相当于 a=a*5
/=	除法赋值	a/=5 相当于 a=a/5
//=	整除赋值	a//=5 相当于 a=a//5
%=	取模赋值	a%=5 相当于 a=a%5
**=	幂赋值	a**=5 相当于 a=a**5

注意：在Python 3.8以后的版本中新增“:=”作为赋值运算符，用来在选择结构和循环结构的条件表达式中直接创建变量并为其赋值，但不能在普通语句中直接使用，普通语句仍使用“=”进行赋值。

2.2.5 位运算符

位是计算机表示信息的最小单位，位运算的规则是先将数字转换为二进制数，再进行运算，然后再将运算的结果转换为原来的进制。位运算符如表2-7所示。

表2-7 位运算符

运 算 符	功能描述
&	按位与，按位将两个操作数对应的二进制数一一对应，只有对应两个数位都为1，该位结果才为1，否则为0
|	按位或，按位将两个操作数对应的二进制数一一对应，只要对应两个数位有一个为1，该位结果就为1
^	按位异或，当两个对应的二进制位相异时，结果为1
~	按位取反，将数据的每个二进制位取反，1变成0，0变成1
<<	左移，将数据的二进制位一次全部左移若干位，由符号“<<”右边的数指定移动的位数，高位丢弃，低位补0
>>	右移，将数据的二进制位一次全部右移若干位，由符号“>>”右边的数指定移动的位数，高位补0

位运算示例代码及结果如下。

```
>>> a = 36        (a 的二进制为 0010 0100)
>>> b = 13        (b 的二进制为 0000 1101)
>>> a&b           (结果的二进制为 0000 0100,对应十进制数为 4)
4
>>> a|b           (结果的二进制为 0010 1101,对应十进制数为 45)
45
>>> a^b           (结果的二进制为 0010 1001,对应十进制数为 41)
41
>>> ~a            (结果的二进制为 1101 1011,对应十进制数为 - 37)
- 37
```

2.2.6 成员运算符

成员运算符 in 和 not in 是用于判断一个对象是否存在于另一个序列中，序列可以是字符串、列表、元组、集合、字典以及 range 对象、zip 对象、filter 对象等容器类对象。两个运算符具有惰性求值的特点，即一旦得出准确结论就不会再继续检查容器对象后面的元素。示例代码如下。

```
>>> print(3 in [1,2,3])
True
>>> print('aaa' in 'a1a1a1a2a2a2')
False
>>> print(5 not in range(5))
True
>>> print('1' in map(str,range(3)))
True
```

2.2.7 集合运算符

集合运算符包括交集、并集和对称差集等，分别使用“&”“|”和“^”运算符来实现，差集使用算术运算符中的“-”实现。示例代码如下。

```
>>> A = {1,2,3,4,5,6}
>>> B = {3,4,5,6,7,9}
>>> print(A|B)
{1, 2, 3, 4, 5, 6, 7, 9}
>>> print(A&B)
{3, 4, 5, 6}
>>> print(A - B)
{1, 2}
>>> print(B - A)
{9, 7}
>>> print(A^B)
{1, 2, 7, 9}
```

2.2.8 运算符优先级

如果在一个表达式中包含多个运算符，那么要先执行优先级高的运算符，后执行优先级低的运算符，同优先级的运算符按照从左向右的顺序来执行。Python 中的运算符优先级顺序如表 2-8 所示。

表 2-8 运算符优先级

优先级顺序	运 算 符	功 能 描 述
1	**	幂运算
2	~、+、-	按位取反、一元加号、一元减号
3	*、/、%、//	乘、除、取模、整除
4	+、-	算术加法、算术减法
5	<<、>>	左移、右移
6	&	按位与

续表

优先级顺序	运算符	功能描述
7	^、|	按位异或、按位或
8	<=、<、>、>=	关系运算符
9	==、!=	关系运算符
10	=、%=、+=、-=、*=、**=、/=、//=	赋值运算符
11	is、is not	身份运算符
12	in、not in	成员运算符
13	not、and、or	逻辑运算符

2.2.9 表达式

表达式由变量、常量、运算符、函数和圆括号等按照一定的规则组成。表达式运算要严格按照运算符优先级规则进行运算并得到确定的值。

表达式在书写过程中要注意两个问题，一是表达式中的“*”不能省略，如 a^2-4a 应该写成 a*a-4*a；另一个是在表达式中如果要改变运算的优先级顺序必须使用成对出现的圆括号。

2.3 函数

Python 为开发者提供了丰富的函数，分为内置函数、标准库函数和第三方库函数。本书只介绍内置函数和常用的标准库函数，第三方库函数因各库提供的函数功能不同就不在本书中介绍了，感兴趣的读者在用到第三方库时可以自行查阅了解。

2.3.1 常用内置函数

Python 提供的内置函数可以直接在程序中使用，不需要导入任何模块，在命令行中使用 print(dir(__builtins__))语句就可以查看所有内置函数和内置对象，使用 help(函数名)来查看某个函数的用法。下面的代码即是打印显示所有内置函数、内置对象以及使用 help 函数来查看 abs()函数的用法。

```
>>> print(dir(__builtins__))
['ArithmeticError', 'AssertionError', 'AttributeError', 'BaseException', 'BlockingIOError',
'BrokenPipeError', 'BufferError', 'BytesWarning', 'ChildProcessError', 'ConnectionAbortedError',
'ConnectionError', 'ConnectionRefusedError', 'ConnectionResetError', 'DeprecationWarning',
'EOFError', 'Ellipsis', 'EnvironmentError', 'Exception', 'False', 'FileExistsError',
'FileNotFoundError', 'FloatingPointError', 'FutureWarning', 'GeneratorExit', 'IOError',
'ImportError', 'ImportWarning', 'IndentationError', 'IndexError', 'InterruptedError',
'IsADirectoryError', 'KeyError', 'KeyboardInterrupt', 'LookupError', 'MemoryError',
'ModuleNotFoundError', 'NameError', 'None', 'NotADirectoryError', 'NotImplemented',
'NotImplementedError', 'OSError', 'OverflowError', 'PendingDeprecationWarning',
'PermissionError', 'ProcessLookupError', 'RecursionError', 'ReferenceError', 'ResourceWarning',
'RuntimeError', 'RuntimeWarning', 'StopAsyncIteration', 'StopIteration', 'SyntaxError',
'SyntaxWarning', 'SystemError', 'SystemExit', 'TabError', 'TimeoutError', 'True', 'TypeError',
'UnboundLocalError', 'UnicodeDecodeError', 'UnicodeEncodeError', 'UnicodeError',
'UnicodeTranslateError', 'UnicodeWarning', 'UserWarning', 'ValueError', 'Warning', 'WindowsError',
```

```
'ZeroDivisionError', '__build_class__', '__debug__', '__doc__', '__import__', '__loader__', '__
name__', '__package__', '__spec__', 'abs', 'all', 'any', 'ascii', 'bin', 'bool', 'breakpoint',
'bytearray', 'bytes', 'callable', 'chr', 'classmethod', 'compile', 'complex', 'copyright', 'credits',
'delattr', 'dict', 'dir', 'divmod', 'enumerate', 'eval', 'exec', 'exit', 'filter', 'float', 'format',
'frozenset', 'getattr', 'globals', 'hasattr', 'hash', 'help', 'hex', 'id', 'input', 'int', 'isinstance',
'issubclass', 'iter', 'len', 'license', 'list', 'locals', 'map', 'max', 'memoryview', 'min', 'next',
'object', 'oct', 'open', 'ord', 'pow', 'print', 'property', 'quit', 'range', 'repr', 'reversed', 'round', 'set',
'setattr', 'slice','sorted', 'staticmethod', 'str', 'sum', 'super', 'tuple', 'type', 'vars', 'zip']
>>> help(abs)
Help on built-in function abs in module builtins:
abs(x, /)
    Return the absolute value of the argument.
```

常用的内置函数及功能描述如表 2-9 所示。

表 2-9　常用的内置函数及功能描述

类　别	函　　数	功 能 描 述
数学运算函数	abs(x)	求 x 的绝对值
	complex()	创建复数
	divmod(a,b)	分别取 a 与 b 的商和余数构成一个元组
	pow(x,y)	返回 x 的 y 次幂
	round(x,[n])	对 x 四舍五入,保留 n 位小数(可省略)
集合操作函数	all(iterable)	元素都为真时返回 True,元素为空时返回 False
	any(iterable)	元素有一个为真时返回 True,元素为空时返回 False
	max(x)	返回序列 x 中的最大值
	min(x)	返回序列 x 中的最小值
	sum(x)	返回序列 x 中的所有元素和,要求元素为数字
	range([start,] end[,step])	产生一个[start,end]区间的整数序列,默认从 0 开始,step 代表步长,默认为 1
	list(iterable)	产生一个列表
	tuple(iterable)	产生一个元组
	dict()	创建数据字典
	set(iterable)	创建集合
	sorted(iterable[,cmp[,key[,reverse]]])	对列表、元组、字典、集合或其他可迭代的对象进行排序并返回新列表
反射函数	getattr(object,name[,default])	获取一个类的属性
	globals()	返回一个描述当前全局符号表的字典
	hasattr(object,name)	判断对象 object 是否包含名为 name 的特性
	hash(object)	如果有就返回对象 object 的哈希值
	id(object)	返回对象的唯一标识
	isinstance(object,classinfo)	判断 object 是否是类 class 的实例
	issubclass(object,classinfo)	判断是否是类 class 的子类
	locals()	返回当前的变量列表
	map(function,iterable,…)	遍历每个元素,执行 function 操作
	memoryview(obj)	返回一个内存镜像类型的对象
	next(iterator[,default])	类似于 iterator.next()

续表

类　别	函　　数	功能描述
反射函数	object()	基类
	property(fget[,fset[,fdl[,doc]]])	属性访问的包装类，设置后可通过 c. x=value 等来访问 setter 和 getter
	reload(module)	重新加载模块
	setattr(object,name,value)	设置属性值
	repr(object)	将一个对象变换为可打印的格式
	staticmethod	声明静态方法，是个注解
	super(type[,object-or-type])	引用父类
	type(object)	返回 object 的类型
	vars(object)	返回对象的变量，若无参数与 dict()方法类似
I/O 函数	input([prompt])	接收用户输入，输入内容作为字符串处理
	print()	打印函数
	open(anme[,model[,buffering]])	打开文件

2.3.2 常用标准库函数

Python 提供的标准库常用的有 math、random、time 以及 calender，各个库提供的函数如表 2-10 所示。这些函数在使用前需将对应的标准库导入程序中。

表 2-10　常用标准库函数

类　别	函　　数	功能描述
math 模块函数	math. e	自然常数 e
	math. pi	圆周率
	math. ceil(x)	向上取整，返回大于或等于 x 的最小整数
	math. floor(x)	向下取整，返回小于或等于 x 的最大整数
	math. trunc(x)	返回 x 的整数部分
	math. fabs(x)	返回 x 的绝对值
	math. fmod(x)	返回 $x\%y$(取余数)
	math. factorial(x)	返回 x 的阶乘
	math. gcd(x,y)	返回 x、y 的最大公约数
	math. exp(x)	返回 e 的 x 次幂
	math. log(x[,base])	返回 x 的以 base 为底的对数
	math. log10(x)	返回 x 的以 10 为底的对数
	math. pow(x,y)	返回 x 的 y 次方
	math. sqrt(x)	返回 x 的平方根
	math. degrees(x)	把 x 从弧度转换为角度
	math. radians(x)	把 x 从角度转换为弧度
	math. sin(x)	返回 x(弧度)的正弦值
	math. cos(x)	返回 x(弧度)的余弦值
	math. tan(x)	返回 x(弧度)的正切值

续表

类　别	函　　数	功 能 描 述
random 模块函数	random. choice(seq)	从序列的元素中随机挑选一个元素
	random. randrange([start,] stop[,step])	在指定范围内，从按指定 step 递增的集合中获取一个随机数，step 默认为 1
	random. random()	返回一个[0,1)范围内的实数
	random. seed([x])	改变随机数生成器的种子
	random. shuffle(list)	将序列的所有元素随机打乱排序
	random. uniform(x,y)	随机生成一个[x,y]范围内的实数
	random. randint(x,y)	随机生成一个[x,y]范围内的整数
time 模块函数	time. asctime(tupletime)	将时间元组转换为时间字符串
	time. ctime([secs])	将以秒数表示的时间转换为时间字符串
	time. gmtime([secs])	接收时间戳并返回时间元组
	time. localtime([secs])	接收时间戳并返回当前时间的时间元组
	time. strftime(format[,t])	将时间元组格式化为指定格式的时间字符串
	time. time()	返回当前时间的时间戳(1970 纪元后经过的浮点秒数)
calendar 模块函数	calendar. calendar(year, w=2, l=1,c=6)	返回一个多行字符串格式的 year 年的年历，3 个月一行，间隔距离为 c，每日宽度间隔为 w 字符，每行长度为 $21\times w+18+2\times c$，1 是每星期行数
	calendar. firstweekday()	返回当前每周起始日期的设置，默认返回 0
	calendar. isleap(year)	返回是否是闰年，是为 True，否为 False
	calendar. leapdays(y1,y2)	返回在 y1 和 y2 两年间的闰年总数
	calendar. month(year, month, w=2,l=1)	返回指定年月的日历。两行标题，一周一行，每日宽度间隔为 w 字符，每行的长度为 $7\times w+6$，1 是每星期的行数
	calendar. monthcalendar(year, month)	返回一个证书列表，每个子列表代表一个星期
	calendar. monthrange(year, month)	返回两个整数，第一个是该月的星期几的日期码，第二个是该月的日期码，日从 0～6，月从 1～12
	calendar. weekday(year, month, day)	返回给定日期的日期码

习题

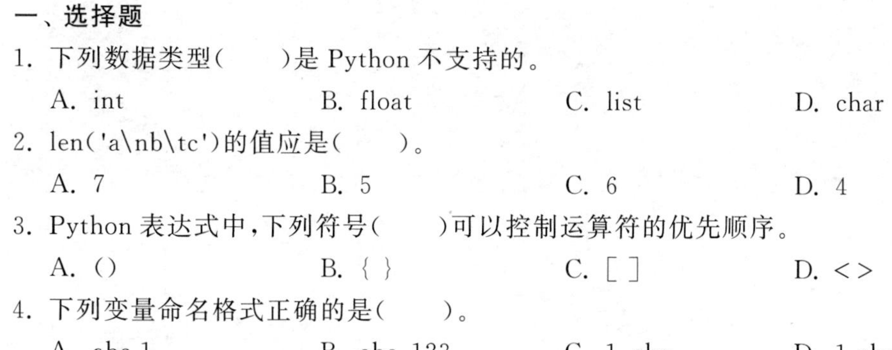

一、选择题

1. 下列数据类型(　　)是 Python 不支持的。

A. int　　B. float　　C. list　　D. char

2. len('a\nb\tc')的值应是(　　)。

A. 7　　B. 5　　C. 6　　D. 4

3. Python 表达式中，下列符号(　　)可以控制运算符的优先顺序。

A. ()　　B. { }　　C. [ ]　　D. < >

4. 下列变量命名格式正确的是(　　)。

A. abc 1　　B. abc_123　　C. 1_abc　　D. 1 abc

5. 下列在变量名中不能出现的字符是(　　)。

A. 大小写字母　　B. 数字　　C. 下画线　　D. &

6. 若 $x=3, y=2$，则表达式 x<y or y==2 的值为(　　)。

A. 1　　B. 0　　C. True　　D. False

二、操作题

试根据用户输入的圆半径，计算圆的面积，结果保留两位小数。

第3章 Python程序控制结构

学习目标

- 理解表达式的逻辑值。
- 熟练掌握选择结构的语法及应用。
- 熟练掌握循环结构的语法及应用。
- 熟练掌握异常处理结构的语法及应用。

写计算机程序代码类似于用自然语言写文章，对特定的事物运动状态及规律进行描述，只不过计算机程序是送给计算机阅读执行的一个任务书。计算机程序无须描写与修饰，单纯按照设定的逻辑顺序执行人们事先编写好的动作语句序列，完成整个程序工作。任何编程语言为了描述语句的执行过程，都会提供一套描述的机制，这种机制称为“控制结构”，用来控制语句的执行过程。

Python 提供的控制结构有顺序结构、选择结构和循环结构 3 种。顺序结构是最基本的执行流程，也是默认的程序执行流程，即在一个没有其他控制结构的程序中，语句的执行顺序为从第一条语句依次执行到最后一条语句，这种结构很好理解，但是如果是复杂的问题，这种结构就不能很好地处理了。选择结构是程序的执行流程分为多条路径，程序运行时会根据条件判断执行哪一条路径下面的程序代码。循环结构多用于在满足条件时反复执行某项任务，有了这种结构计算机就能反复、快速地执行某些计算任务，但要注意的是，每次循环过后，循环主体变量会发生变化，程序会根据循环条件判断是否继续执行循环语句。

顺序结构是构成程序的主要结构，Python 中描述顺序结构的语句包括输入语句、计算语句和输出语句三种，这在后续的内容中都有涉及，这里不再进行单独描述。

3.1 选择结构

生活中处处充满选择，如大学生毕业是选择继续深造考取研究生还是直接就业；期末考试有多个科目，如何确定适合自己的科目复习顺序等。编写程序时，选择结构是根据不同条件来决定是否执行某些特定的代码，依据解决问题逻辑不同，选择结构分为单分支结构、双分支结构、多分支结构以及嵌套结构。

在介绍选择结构之前，有一个内容需要了解，那就是条件表达式，也称为条件语句。在 Python 中，条件语句是经常用到的语句，如在选择结构、循环结构中，经常会根据条件表达式的值来确定下一步的动作（或执行流程），选择结构会根据条件的不同而执行不同的代码，循环结构则根据条件的真假判断是退出当前的循环，还是继续执行循环体代码。Python 中所有的合法表达式都可以作为条件表达式。

3.1.1 单分支选择结构

单分支选择结构是用来描述只有一个条件来决定程序是否执行。语法格式如下。

```
if <条件表达式>:
   语句块
```

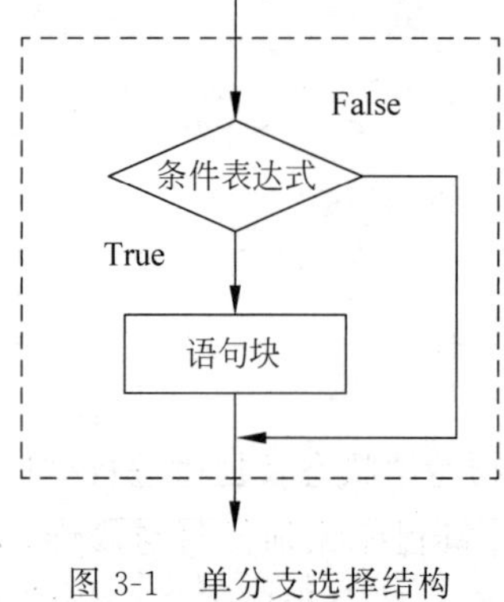

图 3-1 单分支选择结构

在这个语法中，if 是关键字，用“< >”括起来的条件表达式是必有项，为一个逻辑表达式或者其值可以转换为逻辑值的其他类型表达式。语句块由一条或多条语句组成，如果是多条语句，则使用回车进行语句分隔，代表当条件表达式为真时要执行的程序内容，应注意语句块与 if 的语法缩进（标准为 4 个字符）。另外，条件表达式后面的“:”是必需的。

单分支选择结构语句执行流程如图 3-1 所示。如果条件表达式值为 True，则执行语句块内容；否则即为 False，不执行语句块中的任何内容，跳过语句块继续执行下一条语句。

【例 3-1】 根据输入数值判断，如果输入的是偶数则输出该偶数。

```
a = input("请输入一个整数")
if int(a) % 2 == 0:
    print("您输入的数是偶数",a)
```

根据输入的整数值判断是奇数还是偶数，当输入 34 时，结果为：

```
请输入一个整数 34
您输入的数是偶数 34
```

当输入 3 时，结果为：

```
请输入一个整数 3
```

可见，当输入 3 时，程序后续没有任何结果提示，原因是不满足 if 条件表达式为真值的条件，不会执行语句块里的 print()函数内容，语句块后面也没有其他语句，因此不会有其他输出内容。

注意：input 语句输入的内容都是字符串类型，进行数值运算时需要转换为所需的数值类型，本例中将输入的整数赋给 a，运算时使用内置函数 int()变为整型后除以 2 取余数判断是否与 0 相等。

3.1.2 双分支选择结构

双分支选择结构也是描述只有一个条件的情况，与单分支选择结构不同的是，其程序的执行流程包含当条件表达式为 False 时要执行的语句内容。语法格式如下。

```
if <条件表达式>:
   语句块 1(条件表达式为 True 时执行的语句块)
else:
   语句块 2(条件表达式为 False 时执行的语句块)
```

双分支选择结构语句执行流程如图 3-2 所示。if 和 else 都是关键字，后面都带有“:”，根据条件表达式的真假判断来执行语句块 1 还是语句块 2，两个语句块必定有一个会被执行。

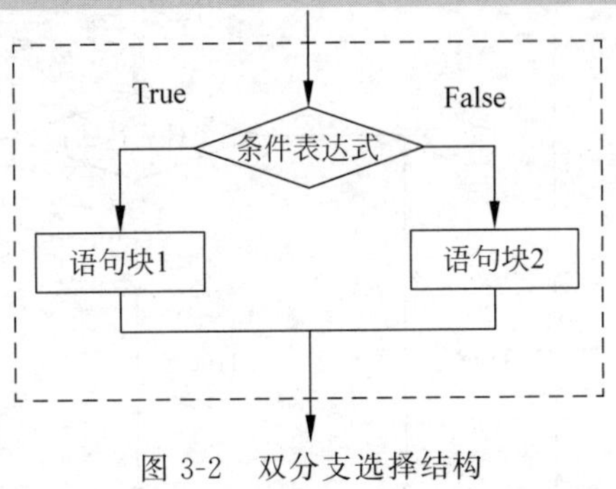

图 3-2　双分支选择结构

【例 3-2】　根据输入数值判断，如果输入的是奇数则打印“您输入的数是奇数”，否则打印“您输入的数是偶数”，同时无论奇偶，都将该数显示出来。

```
a = input("请输入一个整数")
if int(a) % 2 == 0:
    print("您输入的数是偶数",a)
else:
    print("您输入的数是奇数",a)
```

当输入 3 时，结果为：

```
请输入一个整数 3
您输入的数是奇数 3
```

当输入 2 时，结果为：

```
请输入一个整数 2
您输入的数是偶数 2
```

3.1.3　多分支选择结构

多分支选择结构是为了解决多条件判断而设计的，适用于多情况讨论问题。语法格式如下。

```
if <条件表达式 1>:
   语句块 1(条件表达式 1 为 True 时执行的语句块)
elif  <条件表达式 2>:
     语句块 2(条件表达式 2 为 True 时执行的语句块)
…
elif  <条件表达式 n>:
     语句块 n(条件表达式 n 为 True 时执行的语句块)
[else:
     语句块 n+1(不满足上述任何条件时执行的语句块)]
```

多分支选择结构如图 3-3 所示。当程序执行 if…elif…else…语句的时候，首先判断条件表达式 1 是否为 True，如果为 True 则执行语句块 1，然后结束整个选择结构，如果为 False 则继续判断条件表达式 2 是否为 True，如果条件表达式 2 为 True，则执行语句块 2，然后结束整个选择结构，如果为 False 则继续判断条件表达式 3 是否为 True，以此类推，直到判断所有的条件表达式都不满足，则执行 else 里的语句块 $n+1$，然后结束整个选择结构。注意 else 语句不是必需的，可根据实际需要决定是否有这个语句。另外，所有的条件最多只执行一次，不要将 elif 写成 else 或者 elseif。

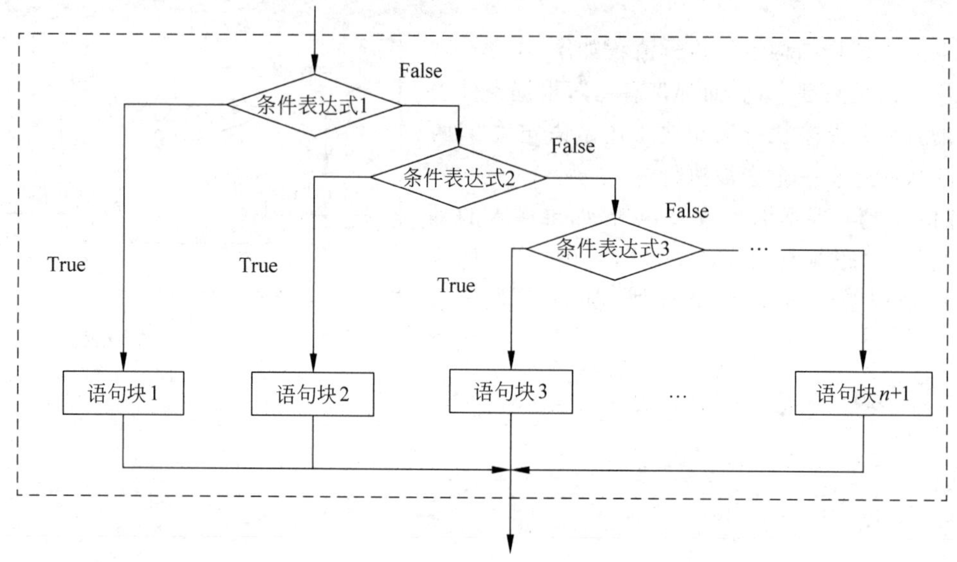

图 3-3　多分支选择结构

【例 3-3】 根据输入的 0～100 的整型数，给出五级分制的结果输出。

```
score = eval(input("请输入课程的成绩数值"))
if score>=90:
    print("优秀")
elif score>=80:
    print("良好")
elif score>=70:
    print("中等")
elif score>=60:
    print("及格")
else:
    print("不及格")
```

这个例子是先从大于或等于 90 分开始判断的，当然也可以先从大于或等于 60 分开始判断，也可以从小于 60 分判断，方法可以任选。此问题相当于对 0～100 的数进行归类，共分成优秀、良好、中等、及格和不及格 5 类。注意：此例题中用到了内置 eval()函数，确保 score 为数值数据。

3.1.4 嵌套选择结构

现实中往往存在着条件中又带有条件、决策判断中又有决策判断的情况，Python 提供了嵌套选择结构来描述此种情况，前面介绍的多分支选择结构可以理解为简单的嵌套选择。嵌套选择结构的语法格式如下。

```
if <条件表达式 1>:                    #第 1 层判断
    语句块 1
```

```
    if  <条件表达式 2>:                        # 第 2 层判断
        语句块 2
        if  <条件表达式 3>                     # 第 3 层判断
            语句块 3
        else:                                  # 第 3 层判断
            语句块 4
    elif <条件表达式 4>:                       # 第 2 层判断
        语句块 5
        if  <条件表达式 5>:                    # 第 3 层判断
            语句块 6
        elif  <条件表达式 6>:                  # 第 3 层判断
            语句块 7
        else:                                  # 第 3 层判断
            语句块 8
else:                                          # 第 1 层判断
    语句块 9
    if  <条件表达式 7>:                        # 第 2 层判断
        语句块 10
```

3.2　循环结构

循环结构是在一定条件下,重复执行某段代码的一种编码结构。Python 提供的循环结构有两种形式:一种是事先知道循环次数的编码结构,使用 for 循环;另一种是事先不知道循环次数,只能等到条件达到退出循环时才停止循环的编码结构,使用 while 循环。

3.2.1　for 循环

for 循环是一种遍历循环(也称迭代循环),重复执行相同的操作。此种循环需要事先知道循环的次数,因此也称为记数循环。经常用于遍历字符串、列表、字典等数据结构时。基本语法如下。

```
for  <循环变量>  in  <遍历结构>:
    语句块
```

for 和 in 是遍历循环的关键字,< >中的部分是必有项,不可省略,彼此间使用空格进行分隔。循环变量可以有一个,也可以有多个(彼此有关联,同时递进),但必须是 Python 的合法标识符。for 循环流程图如图 3-4 所示。

首先确定循环变量,为循环变量指定遍历的范围,将遍历指针指向第一个元素,之后判断循环变量是否存在于遍历结构中(也可以理解为是否超出遍历范围),如果在,就执行循环体语句块,同时推进循环变量向前移动;否则结束循环,继续执行循环结构后面的语句。

【例 3-4】 计算 1～100 所有数的和。

```
sum = 0
for i in range(1,101):
    sum + = i
print('1～100 所有数的和为: ',sum)
```

结果为:

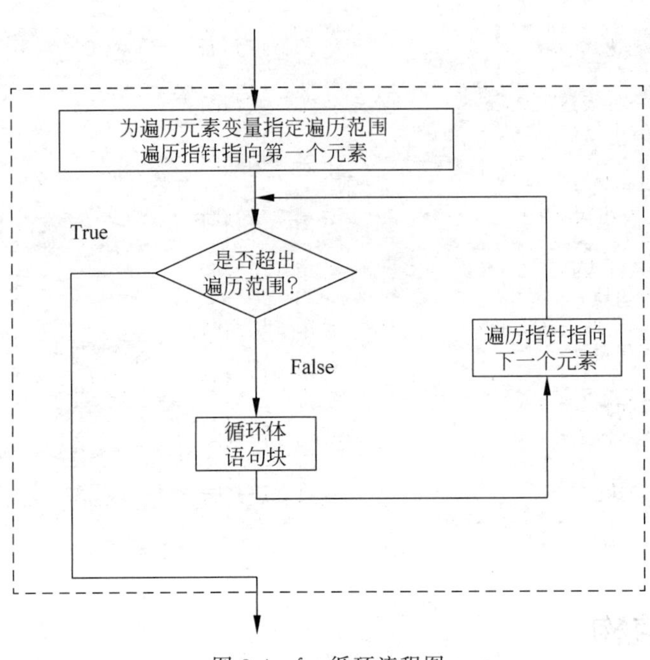

图 3-4　for 循环流程图

```
1～100 所有数的和为：5050
```

例 3-4 用到了 range()函数，要注意这个函数的右侧边界问题，计算 1～100 所有数的和，因此右侧的边界设置为 101，sum+=i 为循环体。

【例 3-5】 打印输出下面的图形。

```
    &
   & &
  & & &
 & & & &
& & & & &
```

分析要求：图案主要是由 & 和空格组成，总共 5 行，所以要执行 5 次循环，每一次要确定打印几个 & 和几个空格。细心观察发现，第一行有四个空格，一个 &；第二行有三个空格，两个 &；第三行有两个空格，三个 &；第四行有一个空格，四个 &；第五行无空格，五个 &。设计程序代码如下。

```
for i in range(1,6,1):             #确定遍历范围 1～5，步长为 1(默认)，可不写
    print(" " * (6-i),end = "")    #确定每行空格数
    print("& " * i,end = "")       #确定每行 & 个数
    print()
```

3.2.2　while 循环

while 循环是一种事先不知道循环次数的无限循环，但知道循环的终止条件。语法格式如下。

```
while <循环条件>:
    <语句块>
```

while 是关键字，循环条件和语句块都是必有项，while 和循环条件之间有一个空格，循环语句执行时，首先判断循环条件，当条件为 True 时执行语句块；当条件为 False 时，循环终止。while 循环流程图如图 3-5 所示。

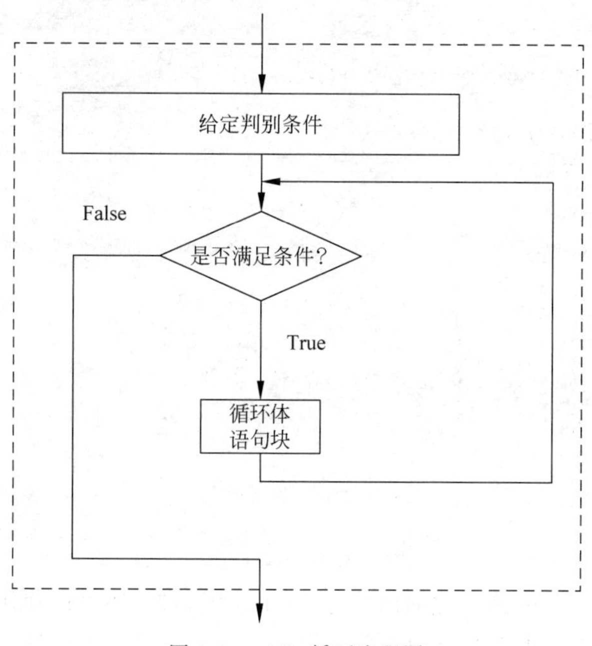

图 3-5 while 循环流程图

从图 3-5 可以看出 while 循环的流程，首先需要给出判别条件，然后进行条件判断，如果满足判别条件就执行循环体语句，否则就跳出循环，执行后面的语句。注意：如果循环条件一直为 True，那么就会陷入死循环，可以使用 Ctrl+C 组合键来终止死循环或者关闭开发环境。

【例 3-6】 使用 while 循环实现例 3-4。

```
sum = 0
i = 1
while i<=100:
    sum +=i
    i +=1
print('1～100 数的和为: ',sum)
```

从程序可以看出，首先对循环变量 i、求和变量 sum 赋初值，之后判断 while 循环条件是否为 True，如果为 True 则执行循环体语句，更新变量 sum 的值，同时推进循环变量 i 前进(加 1)，当 i 为 101 时，循环条件为 False，则退出循环，执行 print()函数，将 1～100 的和显示出来。

while 循环还有一种扩展模式。语法格式如下。

```
while <循环条件>:
    <语句块 1>
else:
    <语句块 2>
```

此种模式较前一种多了一个 else 语句，当 while 循环正常执行之后，程序会继续执行 else 语句中的内容。

【例 3-7】 while 循环扩展模式计算 1～10 的和。

```
sum = 0
i = 1
while i<=10:
    sum += i
    i += 1
    print('1 到 %d 之间数的和为: %d' % (i-1,sum))
else:
    print('求和完毕!')
```

结果为：

```
1 到 1 之间数的和为: 1
1 到 2 之间数的和为: 3
1 到 3 之间数的和为: 6
1 到 4 之间数的和为: 10
1 到 5 之间数的和为: 15
1 到 6 之间数的和为: 21
1 到 7 之间数的和为: 28
1 到 8 之间数的和为: 36
1 到 9 之间数的和为: 45
1 到 10 之间数的和为: 55
求和完毕!
```

本例中用到了 Python 格式化输出功能，除了使用%外，还可以使用 format 或者 f 方法来实现格式化输出，读者可自行学习相关知识。

3.2.3 嵌套循环

嵌套循环是指在一个循环中往往会因程序需要嵌入另外一个或多个完整的循环结构，这样就形成了一个多层循环。Python 也支持循环嵌套机制，for 循环和 while 循环可以互相嵌套，两种循环的嵌套组合的四种形式如图 3-6 所示。

for <循环变量> in <遍历结构>:
…
for <循环变量> in <遍历结构>:
…
	for <循环变量> in <遍历结构>:
	…
	while <循环变量>:
	…

while <条件>:
…
for <循环变量> in <遍历结构>:
…
	while <条件>:
	…
	while <条件>:
	…

图 3-6 循环嵌套的四种形式

循环嵌套的逻辑流程和代码与分支结构的嵌套类似，都可以多重嵌套，类型相同或不同的循环结构可以互相嵌套，但要注意各重循环不能逻辑交叉，所以在实际编程过程中一定要格外注意各重循环的冒号与缩进，保证逻辑清晰。

【例 3-8】 鸡兔同笼问题：鸡兔共有 35 只，脚 94 只，求鸡有多少只？兔子有多少只？

```
chicken = 0
while chicken <= 35:
    rabbit = 0
    while rabbit <= 35:
        if (2 * chicken + 4 * rabbit == 94) and (chicken + rabbit == 35):
            print("鸡有 %d 只,兔有 %d 只" % (chicken, rabbit))
        rabbit += 1
    chicken += 1
```

结果为:

```
鸡有 23 只,兔有 12 只
```

本例使用 while 循环嵌套完成求解,程序并不难理解,首先将鸡的数量设置为初值 0,执行 while 循环,条件是鸡的数量小于或等于 35 只,然后在循环体里设置兔子初值为 0,执行嵌套的 while 循环,条件是兔子的数量也小于或等于 35 只,判断鸡和兔子的脚之和如果等于 94,同时二者数量和为 35,就找到了答案,将 chicken 和 rabbit 两个变量的值输出即可,不满足条件则在内循环推进 rabbit 变量加 1,再次执行内循环,直到 rabbit 不满足小于或等于 35 的条件退出内循环,进入外层循环,执行后面的 chicken 变量加 1,如此往复直到找到最终结果。要注意的是,要严格执行语句缩进,否则容易出现死循环或错误。如果将上面的例子改用 for 循环嵌套来解决,代码如下,相对简洁,但其实二者的原理是一样的。

```
for chicken in range(1,35):
    for rabbit in range(1,35):
        if (2 * chicken + 4 * rabbit == 94) and (chicken + rabbit == 35):
            print("鸡有 %d 只,兔有 %d 只" % (chicken, rabbit))
```

3.2.4 循环控制语句

循环结构有两个辅助循环控制的语句,分别是 break 语句和 continue 语句。break 语句是用来跳出最内层循环(for 循环或者 while 循环),执行该循环后续代码;continue 语句用来结束当前当次循环,即跳过循环体中尚未执行的语句,但不会跳出当前的循环。二者的区别在于 continue 语句只是结束本次循环,而不是终止整个循环的执行,而 break 语句则会结束整个当前的循环。

【例 3-9】 用户输入一个 1～100 的整数,根据这个整数,计算出 1 到这个整数间的偶数之和。

```
n = eval(input('请输入一个 1～100 的整数'))
sum = 0
for i in range(1,n+1):
    if (i%2!=0):
        continue
    sum += i
print(sum)
```

当输入 10 的时候,输出结果为 30,表示 1～10 中的偶数和为 30。这里的 continue 语句的作用是当循环变量 i 为奇数的时候跳过本次循环,推进循环变量 i 向前,当 i 为偶数的时候对 sum 变量做值的修改累加，最后得到 1～10 中的偶数和 30。

如果将例 3-9 中的 continue 语句换成 break 语句，那么上述程序无论用户输入 1～100 中的哪个整数，都会在刚一执行循环时就跳出，然后输出 sum 变量的值为 0，读者可自行尝试，领会两个语句的不同之处。

3.3 异常处理

3.3.1 异常的常见形式

异常通常是指代码运行的时候，因输入数据不合法或者某条件临时不满足发生的错误。异常常见的形式包括将 0 作为除数、变量不存在或拼写错误、打开一个不存在的文件、数据表操作 SQL 命令错误或访问的字段不存在、要求输入整数但经 input()函数输入的内容无法使用 int()函数转换为整数、要访问的属性不存在、文件传输过程中网络连接突然断开等。这些情况都会引发代码异常，代码一旦引发异常就会使程序出现问题，如果得不到正确的处理就会使整个程序中止运行。下面的代码在 IDLE 交互模式下演示了常见的异常表现形式。

```
>>> 5/0
Traceback (most recent call last):
  File "<pyshell#0>", line 1, in <module>
    5/0
ZeroDivisionError: division by zero
>>> print(a)
Traceback (most recent call last):
  File "<pyshell#1>", line 1, in <module>
    print(a)
NameError: name 'a' is not defined
>>> with open(r'c:\a.txt',encoding = 'utf-8') as fp:
    content = fp.read
Traceback (most recent call last):
  File "<pyshell#4>", line 1, in <module>
    with open(r'c:\a.txt',encoding = 'utf-8') as fp:
FileNotFoundError: [Errno 2] No such file or directory: 'c:\\a.txt'
>>> import pymysql
>>> conn = pymysql.connect(host = "localhost",user = "root",password = "wang",db = "test")
>>> cursor = conn.cursor()
>>> cursor.execute("select * from student limit 1")
Traceback (most recent call last):
  File "<pyshell#9>", line 1, in <module>
    cursor.execute("select * from student limit 1")
  File "C:\Users\dell\AppData\Local\Programs\Python\Python 37\lib\site-packages\pymysql\
cursors.py", line 148, in execute
    result = self._query(query)
  File "C:\Users\dell\AppData\Local\Programs\Python\Python 37\lib\site-packages\pymysql\
cursors.py", line 310, in _query
    conn.query(q)
  File "C:\Users\dell\AppData\Local\Programs\Python\Python 37\lib\site-packages\pymysql\
connections.py", line 548, in query
    self._affected_rows = self._read_query_result(unbuffered = unbuffered)
  File "C:\Users\dell\AppData\Local\Programs\Python\Python 37\lib\site-packages\pymysql\
connections.py", line 775, in _read_query_result
```

```
    result.read()
  File "C:\Users\dell\AppData\Local\Programs\Python\Python 37\lib\site-packages\pymysql\connections.py", line 1156, in read
    first_packet = self.connection._read_packet()
  File "C:\Users\dell\AppData\Local\Programs\Python\Python 37\lib\site-packages\pymysql\connections.py", line 725, in _read_packet
    packet.raise_for_error()
  File "C:\Users\dell\AppData\Local\Programs\Python\Python 37\lib\site-packages\pymysql\protocol.py", line 221, in raise_for_error
    err.raise_mysql_exception(self._data)
  File "C:\Users\dell\AppData\Local\Programs\Python\Python 37\lib\site-packages\pymysql\err.py", line 143, in raise_mysql_exception
    raise errorclass(errno, errval)
pymysql.err.ProgrammingError: (1146, "Table 'test.student' doesn't exist")
>>> a = int(input('请输入一个正整数'))
请输入一个正整数 35,000
Traceback (most recent call last):
  File "<pyshell#10>", line 1, in <module>
    a = int(input('请输入一个正整数'))
ValueError: invalid literal for int() with base 10: '35,000'
>>> b = [2,4,6,8,10]
>>> b.rindex(3)
Traceback (most recent call last):
  File "<pyshell#12>", line 1, in <module>
    b.rindex(3)
AttributeError: 'list' object has no attribute 'rindex'
```

上面的代码中加粗的内容就是提示语句发生的异常，当出现异常时不要惊慌失措，仔细阅读错误提示，通过提示发现问题的原因，之后尝试修改直至解决异常问题。细心的读者可能已经发现，异常提示往往在最后一行给出了错误的类型，如 ZeroDivisionError、NameError、FileNotFoundError、pymysql.err.ProgrammingError、ValueError、AttributeError 等，倒数第二行给出了导致错误的那一行代码。

3.3.2　异常处理结构语法

一个设计质量高的 Python 程序代码应该是充分考虑可能发生的错误并进行预防处理，可以给出相应提示信息或者忽略异常继续执行，代码足够健壮，这就要用到异常处理了。异常处理结构的一般思路是首先尝试运行代码，如果不出现异常就正常执行，如果发生异常就根据异常类型的不同采取应对的处理方案。异常处理结构语法格式如下。

```
try:
    #可能引发异常的代码块
except 异常类型 1 as 变量 1:
    #处理异常类型 1 的代码块
except 异常类型 2 as 变量 2:
    #处理异常类型 2 的代码块
…
[else:
    #如果 try 块中的代码没有引发异常,就执行这里的代码块
]
[finally:
    #不管 try 块中的代码是否引发异常,也不管异常是否被处理
    #总是最后执行这里的代码块
]
```

上面的语法格式里，else 和 finally 是可选项，根据程序需要决定是否书写在代码中，except 语句的数量也要根据具体业务逻辑确定。

【例 3-10】 要求用户输入一个正整数，求 1 到这个正整数的累加和，对用户输入进行有效性检查判断，如果输入的是正整数就继续完成功能，否则给出相应提示。

```
sum = 0
try:
    n = int(input('请输入一个正整数'))
    assert n > 0
except:
    print('您输入的数据有误,必须输入正整数')
else:
    for i in range(1,n + 1):
        sum + = i
print('1 到 % d 之间的数的累加和为 % d' % (n,sum))
```

结果为：

```
请输入一个正整数 10
1 到 10 之间的数的累加和为 55
```

再次运行，输入一个负整数则会给出错误提示。

```
请输入一个正整数 - 3
您输入的数据有误,必须输入正整数
```

3.4 综合例题

(1) 编写程序判断"水仙花数"，若是水仙花数，则输出"Yes"，若不是则输出"No"。所谓水仙花数，是指 1 个 3 位的十进制数，其各位数字的立方和等于该数本身。例如，153 是水仙花数，因为 $153=1^3+5^3+3^3$。

```
def daffodil (n):
    if n > 99 and n < 1000:
        a = n//100
        b = n//10 % 10
        c = n % 10
        if n == a ** 3 + b ** 3 + c ** 3:
            return 'Yes'
        else:
            return 'No'
    else:
        print('please enter a three-digit number')
>>> daffodil (153)
'Yes'
>>> daffodil (995)
'No'
>>> daffodil (15)
please enter a three-digit number
```

上例通过定义一个带有参数 n 的函数 daffodil()来判断 n 是否为水仙花数，使用到了多分支嵌套。关于函数的内容会在第 6 章中详细介绍。

(2) 编写程序,计算百钱买百鸡问题。假设公鸡 5 元一只,母鸡 3 元一只,小鸡 1 元三只,现在有 100 元钱,想买 100 只鸡,问有多少种买法?

```
for x in range(0,20):                    #20 表示公鸡最大购买数
    for y in range(0,33):                #33 表示母鸡最大购买数
        z = 100 - x - y                  #z 表示除了公鸡和母鸡外的小鸡数量
        if z % 3 == 0 and 5 * x + 3 * y + z/3 == 100:
            print('公鸡: {}只,母鸡: {}只,小鸡: {}只.'.format(x,y,z))
```

结果为:

```
公鸡: 0 只,母鸡: 25 只,小鸡: 75 只.
公鸡: 4 只,母鸡: 18 只,小鸡: 78 只.
公鸡: 8 只,母鸡: 11 只,小鸡: 81 只.
公鸡: 12 只,母鸡: 4 只,小鸡: 84 只.
```

上面的例子是 for 循环嵌套,注意用到了 format 格式化输出。

(3) 输入一个正整数,统计该数的各位数字中零的个数,并求各位数字中的最大者。例如,输入 10032,则输出为: 零的个数为 2,最大值为 3。

```
n = int(input('请输入一个正整数 n = '))
count = 0
imax = 0
while n:
    t = n % 10
    if t == 0:
        count + = 1
    if t > imax:
        imax = t
    n = n//10                              #是求整商,需要注意
print("该数各位数字中零的个数为 %d,最大值为 %d" % (count,imax))
```

结果为:

```
请输入一个正整数 n = 10032
该数各位数字中零的个数为 2,最大值为 3
```

(4) 猜数字游戏: 随机生成一个 1~100 的数字 randnum,用户猜测一个数字 guess,如果 guess > randnum,打印“太大了”,如果 guess < randnum,打印“太小了”,如果 guess 等于 randnum,打印“恭喜”,并且退出。用户总共有 5 次猜数字的机会,超过 5 次就打印“失败”,并且退出。

```
import randnum
for i in range(1,6):
    randnum = random.randint(1,100)     #randint()函数生成随机数字
    guess = int(input('共 5 次机会,请第 %i 次输入你所猜之数(1~100): ' % i))
    if guess > randnum:
        print('太大了')
    elif guess < randnum:
        print('太小了')
    else:
```

```
        print('恭喜')
        break
print('失败')
```

习题

一、选择题

1. 下列属于非法 Python 语句的是(　　)。

A. a=b=c=1　　B. a=(b=c+1)　　C. a,b=b,a　　D. a+=b

2. 下列哪一个表达式的值是 True?(　　)

A. ('c','b')>('1','2')　　B. '123'>'abc'

C. 3>2>2　　D. False>True

3. 下面代码的输出结果是(　　)。

```
a = 1
for i in range(4,0, -1):
    b = (a + 1) * 2
    a = b
print(b)
```

A. 23　　B. 46　　C. 92　　D. 106

二、操作题

输入一个由数字和字母组成的字符串,统计数字个数和字母个数。

第4章 列表与元组

学习目标

- 熟练掌握列表、元组的概念。
- 熟练掌握列表、元组提供的常用方法。
- 熟练掌握列表推导式、元组生成器推导式的应用。

Python 包含 6 种内建的序列，即列表、元组、字符串、Unicode 字符串、buffer 对象和 xrange 对象。序列通用的操作包括索引、长度、组合（序列相加）、重复（乘法）、分片、检查成员、遍历、最小值和最大值。关于字符串已经在第 2 章中有过介绍，本章只对序列类型中常用的列表和元组进行介绍。

4.1 列表

列表是一个有序连续的内存空间，里面包含若干元素，这些元素放在一对方括号中，相邻元素使用逗号进行分隔，元素的数据类型可以是整数、字符串、实数、复数等基本类型，也可以是列表、元组、字典、集合、函数或其他对象，各元素的类型可以相同，也可以不同。下面通过列表创建及删除、列表元素访问与切片、列表常用方法、列表运算以及列表推导式五个方面对列表这一序列类型进行介绍。（下面的语句均在 Jupyter Notebook 单元中书写运行。）

4.1.1 列表的创建及删除

1. 列表创建

列表的创建有两种方法：一种是直接使用一对方括号创建一个列表；另一种是使用 list() 函数对诸如元组、range 对象、字符串、字典、集合或其他可以迭代的对象进行转换，称为列表。

(1) 使用[ ]创建列表。

```
list1 = ['physics', 'chemistry', 90, 100]
list2 = ["a", "b", "c", "d"]
```

list1 列表中有 4 个元素，前两个是字符串类型，后两个是整数类型；list2 列表也包括四个元素，都是字符串类型。注意：字符串使用单引号或是双引号均可，用户可根据具体情况决定，这一点在前面的内容中已经说明。

(2) 使用 list()函数创建列表。

```
list3 = list(range(10))
print(list3)
```

结果为：

```
[0, 1, 2, 3, 4, 5, 6, 7, 8, 9]
```

又如：

```
list4 = list((1,2,3,4,5))
print(list4)
```

结果为：

```
[1, 2, 3, 4, 5]
```

再如：

```
list5 = list('I love python!')
print(list5)
```

结果为：

```
['I', ' ', 'l', 'o', 'v', 'e', ' ', 'p', 'y', 't', 'h', 'o', 'n', '!']
```

上面的三个列表 list3、list4、list5 都是使用 list()函数创建的，list3 将一个 range 对象转换为列表，list4 将一个元组转换为列表，list5 将一个字符串转换为列表。从 list5 的打印输出结果可以看出，元素中包括两个空字符' '，各元素间使用逗号分隔，也印证了列表元素可以相同，也可以不同，list1 列表也说明了列表元素类型可以不同。

2. 列表删除

当一个列表不再使用时，可以使用 del 命令把它删除掉。如将上面的 list5 删除，然后打印输出 list5，看一下会有什么结果。另外，del 命令也可以删除列表中指定下标位置的元素。

```
del list5
print(list5)
```

结果为：

```
---------------------------------------------------------------------------
NameError                                 Traceback (most recent call last)
<ipython-input-6-1ad2c5dfdbf6> in <module>
      1 del list5
----> 2 print(list5)
NameError: name 'list5' is not defined
```

根据运行结果提示 list5 没有定义，这是因为前面使用了 del 命令将列表 list5 删除了。除了使用 del 命令删除列表元素外，后面提到的列表常用方法 pop()、remove()、clear()也可以实现列表元素删除。

4.1.2 列表元素访问与切片

本章开头已经指出,列表、元组、字符串是有序序列,其中的元素是有严格先后顺序的,每个元素都对应一个索引位置,因此可以使用下标索引来访问列表中的元素。同时,有序序列也支持切片访问的方式。

1. 使用下标索引访问

```
list4 = list((1,2,3,4,5))
print(list4[0],list4[4])
```

结果为:

```
1 5
```

这个例子针对由元组(1,2,3,4,5)转换的列表 list4,通过下标访问了第一个元素和第五个元素,结果是 1 和 5 两个元素值。使用下标访问列表要注意下标越界问题,如 list4 只包括 5 个元素,正向索引下标是从 0 开始的,所以 list4[4]是没有错误的,但 list4[5]则会发生下标越界。

另外,使用下标索引访问列表除了支持正向索引外,还支持逆向索引,如下面的访问:

```
list4 = list((1,2,3,4,5))
print(list4[-1],list4[-5])
```

结果为:

```
5 1
```

注意:列表最后一个元素的逆向索引下标是−1,第一个元素逆向索引下标为−5,因此,list4[−5]并不属于下标越界。

通过上面的内容可以发现,列表的下标索引范围是$[-L,L-1]$,这里的 L 为列表长度。

2. 切片

使用下标索引可以访问列表里的任意一个或几个元素,但有的时候可能会遇到这样的情况,如要访问多个相邻的元素,这时候使用下标就比较麻烦,Python 提供了切片的访问方式。

```
list6 = list('python language')
print(list6[2:5])
```

结果为:

```
['t', 'h', 'o']
```

上面的例子就是使用列表切片的方式访问列表元素,起始下标为 2,对应列表中的第三个元素't',结束下标为 5,但要注意切片访问列表时,下标区间是左闭右开的,即不包括右边的下标,如本例要想取到元素'n',那么切片下标范围应该是[2:6]。

列表切片与下标访问一样，也支持逆向索引。注意：起始下标要小于终止下标。

```
list6 = list('python language')
print(list6[-5:-2])
```

结果为：

```
['g', 'u', 'a']
```

4.1.3 列表常用方法

列表对象常用的方法如表4-1所示。

表4-1 列表对象常用的方法

方法	功能描述
append(object, /)	将object追加到调用此方法的列表的尾部，既不影响列表中原有元素的位置，也不影响列表在内存中的起始地址
extend(iterable, /)	将可迭代对象iterable中的所有元素追加到调用此方法的列表的尾部，既不影响列表中原有元素的位置，也不影响列表在内存中的起始地址
insert(index, object, /)	在调用此方法的列表的index位置前插入对象object，该位置及其后面的元素自动后移
remove(value, /)	对调用此方法的列表中第一个值为value的元素删除，被删除元素后面的所有元素自动前移。如列表中不存在值为value的元素则会抛出异常
pop(index=-1, /)	删除并返回调用此方法的列表中下标为index的元素，该位置后面的所有元素自动前移，index默认为-1，表示删除并返回列表中的最后一个元素。当列表为空或者指定的index位置错误会引发异常
clear()	清空调用此方法的列表中所有元素
index(value,start=0, stop=9223372036854775807, /)	返回调用此方法的列表指定范围中第一个值是value的元素索引，若不存在则抛出异常
count(value, /)	统计调用此方法的列表中value元素出现的次数
reverse()	对调用此方法的列表进行逆序操作
sort(*, key=None, reverse=False)	对调用此方法的列表中的元素进行排序。参数key指定排序规则，reverse默认值为False表示升序，如果是True则表示降序，*表示该位置后的所有参数必须使用关键参数形式，即调用时必须指定参数名称(第6章中会介绍函数参数)
copy()	对调用此方法的列表进行浅复制
len(列表对象)	返回列表对象的长度
max(列表对象)、min(列表对象)	返回列表对象中所有元素的最大值和最小值，要求该列表所有元素之间是可以进行大小比较的
sum(列表对象)	对列表对象的元素进行求和，如果存在非数值型元素会抛出异常
sorted(列表对象)	对列表对象元素进行排序，默认升序，返回一个新列表
reversed(列表对象)	对列表对象元素逆序排列，不排序

表 4-1 已经对列表常用的方法功能进行了描述，下面结合实例进一步理解各个方法的用法。

【例 4-1】 使用 append()、extend()和 insert()方法实现列表元素增加。

```
list7 = [1,2,3,4,5,6,7,8,9,10]
list8 = []
for i in list7:
    list8.append(i + 10)
list8.insert(0,100)
list8.insert(2,200)
list8.extend(range(30,35))
print(list8)
```

结果为：

```
[100, 11, 200, 12, 13, 14, 15, 16, 17, 18, 19, 20, 30, 31, 32, 33, 34]
```

本例中，首先建立了两个列表 list7 和 list8，其中，list8 是一个空列表，里面没有任何元素，通过 for 循环对 list7 中的任意元素加 10 后追加到列表 list8 中，然后在列表 list8 的 0 索引下标处插入元素 100，在 2 索引下标处插入元素 200，将 range(30,35)对象追加到列表 list8 尾部，最后将列表 list8 输出。这个例子很好地演示了 append()、extend()以及 insert() 3 个方法的具体使用。

【例 4-2】 使用 remove()、pop()和 clear()方法实现列表元素删除。

```
list9 = list(range(10))
print(list9)
print(list9.pop())
print(list9.pop(2))
print(list9)
list9.remove(8)
print(list9)
list9.clear()
print(list9)
```

结果为：

```
[0, 1, 2, 3, 4, 5, 6, 7, 8, 9]
9
2
[0, 1, 3, 4, 5, 6, 7, 8]
[0, 1, 3, 4, 5, 6, 7]
[]
```

本例中，使用 list()方法将 range(10)对象转换为列表赋值给 list9，这样 list9 里就存放了 0～9 这十个元素，直接调用 pop()函数并未指定参数 index，所以使用默认的－1，就将列表 list9 最后一个元素 9 弹出，然后指定参数 index 为 2，就将列表的索引下标为 2 的元素 2 弹出，此时的列表 list9 就比初始时缺少了 9 和 2 两个元素，之后使用 remove()方法将数值为 8 的第一个元素删除(注意：如果有多个一样的值只删除第一个)，最后使用 clear()方法将列表清空。

【例 4-3】 使用 count()、index()方法统计某元素在列表中的个数以及第一次出现该元素的列表下标。

```
lista = ['a','a','b','b','b','c','c','c','d','d']
print(lista.count('b'),lista.count('d'))
b = ['a','f']
L = len(b)
for i in range(L):
    if b[i] in lista:
        print(lista.index(b[i]))
    else:
        print('列表 lista 中不存在这个元素 %s' % b[i])
```

结果为：

```
3 2
0
列表 lista 中不存在这个元素 f
```

本例中首先建立了一个列表 lista，元素都是字符，先使用 count()方法统计'b'和'd'在列表中的个数，得到的结果分别为 3 和 2，之后对列表 b 中的每个元素'a'和'f'判断其在列表 lista 中的索引位置，如果元素在列表 lista 中就返回该元素的索引下标，不存在就给出该元素不在列表 lista 中的提示。

【例 4-4】 使用 sort()、reverse()和 copy()方法实现列表排序及复制。

```
from random import shuffle
listb = list(range(10))
print('listb 列表原始数据：',listb)
shuffle(listb)
print('随机打乱后的 listb 列表数据：',listb)
listb.sort(key = str)
print('排序后的 listb 列表数据：',listb)
listb.reverse()
print('原地逆序后的 listb 列表数据：',listb)
x = listb.copy()
print(x)
listb[0] = 'a'
print(x)
print(listb)
```

结果为：

```
listb 列表原始数据：[0, 1, 2, 3, 4, 5, 6, 7, 8, 9]
随机打乱后的 listb 列表数据：[0, 1, 7, 9, 2, 4, 5, 8, 6, 3]
排序后的 listb 列表数据：[0, 1, 2, 3, 4, 5, 6, 7, 8, 9]
原地逆序后的 listb 列表数据：[9, 8, 7, 6, 5, 4, 3, 2, 1, 0]
[9, 8, 7, 6, 5, 4, 3, 2, 1, 0]
[9, 8, 7, 6, 5, 4, 3, 2, 1, 0]
['a', 8, 7, 6, 5, 4, 3, 2, 1, 0]
```

本例中首先引入了 random 库的 shuffle 包，使用 list()函数将 range(10)对象转换成列表赋值给 listb，输出列表 listb，然后调用 shuffle()函数将列表 listb 元素随机打乱并显示打乱后的结果，然后调用 sort()方法进行排序并显示排序结果，对列表调用 reverse()方法逆序输出，对列表 listb 调用 copy()方法进行浅复制赋给 x，对列表 listb 第一个元素修改为字符 a，再次打印 x，发现 x 没有变化，注意这一点与 copy 库中的 deepcopy()深复制的区别。

4.1.4　列表运算

列表对象支持加法、乘法、成员测试以及关系运算等多种运算。其中，加法运算使用加法运算符“+”来连接两个列表，得到一个新的列表对象。注意：如果使用这种方式对多个列表进行连接会涉及大量的元素赋值，效率较低。乘法运算使用乘法运算符“*”对序列中的元素进行重复，返回一个新列表。成员测试运算使用成员测试运算符“in”来测试列表中是否包含某个元素，如果包含就返回 True，反之返回 False。关系运算使用关系运算符来比较两个列表的大小，逐个比较两个列表中对应位置上的元素，直到能够得出明确的结论为止，当得到表达式的值则后面的元素就不再进行比较。

【例 4-5】　加法运算符“+”示例。

```
from time import time
start = time()
listc = []
for i in range(10000):
    listc.append(i)
print(f'append 方法用时{time()-start}秒')
start = time()
listd = []
for i in range(10000):
    listd = listd + [i]
print(f'+ 运算符用时{time()-start}秒')
```

结果为：

```
append 方法用时 0.0 秒
+ 运算符用时 0.14779996871948242 秒
```

本例演示了使用列表 append()和加法运算符“+”来生成新列表的速度，发现加法运算符更耗时。本例中用到了字符串格式化的另外一种方法，即{ }方法，请读者仔细体会。

【例 4-6】　乘法运算符“*”示例。

```
listd = ['a','b','c','d'] * 2
print(listd)
liste = [['a','b','c','d']] * 2
print(liste)
liste[0][1] = 1
print(liste)
```

结果为：

```
['a', 'b', 'c', 'd', 'a', 'b', 'c', 'd']
[['a', 'b', 'c', 'd'], ['a', 'b', 'c', 'd']]
[['a', 1, 'c', 'd'], ['a', 1, 'c', 'd']]
```

乘法运算符能够对列表相乘，对序列元素进行重复，返回新的列表。例 4-6 中 listd 和

liste 之间有一定差异，liste 的元素本身就是一个列表，后面 liste[0][1] = 1 这条语句只对列表中的第一级元素的引用进行重复。

【例 4-7】 成员测试运算符“in”示例。

```
listf = [1,2,3,4,5,6]
print(2 in listf)
print(7 in listf)
```

结果为：

```
True
False
```

成员测试运算符“in”用于测试某一个元素是否包含在列表中，包含就返回 True，反之返回 False。此运算符支持列表、元组、字符串等序列对象，也支持 range 对象、map 对象、zip 对象等迭代器对象。

【例 4-8】 关系运算符示例。

```
listg = [1,2,3]
listh = [2,3,4]
print(listg > listh)
print(listh > listg)
print([4]> listh)
```

结果为：

```
False
True
True
```

第一个打印结果显示列表 listg 的一个元素与 listh 的第一个元素相比较不满足大于的情况，就得出结论 False；第二个打印结果显示列表 listh 的第一个元素大于列表 listg 的第一个元素，得出结论为 True；第三个打印结果是 4 比列表 listh 的第一个元素大，得出结果 True。

4.1.5 列表推导式

列表推导式又称为列表解析式，其优点是代码简洁、可读性强、运行速度快，可以简单高效地处理可迭代对象的元素遍历、过滤、计算，快速生成满足特定需求的列表。语法格式如下。

```
[表达式 for 变量 in 序列 [if 条件表达式]]
```

其中的表达式可以是任何运算表达式，变量是序列中遍历的元素值，if 条件表达式可以省略。在逻辑上等价于循环语句，但形式上更加简洁。例如：

```
listi = [i**3 for i in range(1,6) ]
print(listi)
```

结果为：

```
[1, 8, 27, 64, 125]
```

上例相当于下面的循环语句,结果相同。

```
listi = []
for i in range(1,6):
    listi.append(i ** 3)
print(listi)
```

列表推导式常用的功能包括以下 3 个方面。

(1) 对嵌套列表实现平铺功能。

```
listj = [['a','b','c'],['d','e'],['f','g','h']]
[i for x in listj for i in x]
```

结果为:

```
['a', 'b', 'c', 'd', 'e', 'f', 'g', 'h']
```

相当于下面的代码:

```
listj = [['a','b','c'],['d','e'],['f','g','h']]
listk = []
for x in listj:
    for i in x:
        listk.append(i)
print(listk)
```

(2) 过滤不符合条件的元素。

```
listm = [1,2,3,4,5,-3,-4.5]
[i for i in listm if i>0]
```

结果为:

```
[1, 2, 3, 4, 5]
```

(3) 同时遍历多个序列。

```
[(a,b) for a in [1,2,3] for b in [3,4,5] if a! = b]
```

结果为:

```
[(1, 3), (1, 4), (1, 5), (2, 3), (2, 4), (2, 5), (3, 4), (3, 5)]
```

4.2 元组

元组(Tuple)和列表类似,也是有序序列。但这个有序序列是不可变的,元组里的内容不能修改,也不能添加和删除元素。所有的元素都放在一对圆括号“()”内,相邻元素间使用逗号分隔。可以把元组看成简化版的列表，支持多种与列表类似的操作，但功能要比列表简单很多。

4.2.1 元组的创建及元素访问

1. 元组的创建

元组的创建有两种方法：一种是直接赋值，另一种是使用 tuple()函数创建。

（1）直接赋值。

直接赋值法是直接将一个元组赋值给变量，这样就创建了一个元组。例如：

```
Tuple1 = (1,2,3,4,5)
Tuple2 = ()
```

上述两个变量 Tuple1 和 Tuple2 都是元组，第二个是空的元组，假如一个元组内只有一个元素，要注意这个元素后面要带有一个“，”。

（2）使用 tuple()函数创建。

使用 tuple()函数可以将字符串、列表、字典或集合等数据类型转换为元组。例如：

```
Tuple3 = tuple('python!')
print(Tuple3)
```

结果为：

```
('p', 'y', 't', 'h', 'o', 'n', '!')
```

2. 元组元素访问

元组和列表一样是有序序列，也支持使用索引访问元组的元素，如果指定的索引不存在则会引发下标越界的异常错误。如果一个元组中的元素是列表或者元组，其访问方法与列表相同。下面是元组元素的访问示例代码。

```
Tuple4 = (1,2,3,4,5,['a','b','c'],('d',))
print(Tuple4[-1])
print(Tuple4[5][1])
print(Tuple4[7])
```

结果为：

```
('d',)
b
--------------------------------------------
IndexError                                Traceback (most recent call last)
<ipython-input-20-293a32a25fb0> in <module>
      2 print(Tuple4[-1])
      3 print(Tuple4[5][1])
----> 4 print(Tuple4[7])
IndexError: tuple index out of range
```

从上面的例子可以发现，元组元素访问同列表一样可以使用索引下标的方式访问，元组负向索引从−1 开始，如果元组元素是列表或者元组，访问方式与列表相同。由于元组元素访问是索引下标的访问方式，所以一定要注意下标越界问题，本例中索引最大值为 6，所以执行 print(Tuple4[7])时会提示元组索引错误。

4.2.2 元组运算符、元组索引与切片

由于元组是不能修改的，所以元组操作是没有 append()、extend()、insert()、remove()、pop()等实现序列元素修改方法的。元组支持类似列表的运算符、函数(如 len()、max()、min()、sum()、sorted()、count()等)。

1. 元组运算符

与字符串和列表一样，元组之间可以使用“+”号和“*”号进行运算。这就意味着它们可以组合和复制，运算后会生成一个新的元组。如下面的语句都是合法的元组运算符号。

```
(1, 2, 3) + (4, 5, 6)
('Hi!',) * 4
3 in (1, 2, 3)
for x in (1, 2, 3):
    print (x)
```

2. 元组索引与切片

因为元组也是一个序列，所以可以访问元组中指定位置的元素，也可以使用切片索引来获取元组中的一段元素。例如：

```
Tuple4 = (1,2,3,4,5,['a','b','c'],('d',))
print(Tuple4[3])
print(Tuple4[3:6])
```

结果为：

```
4
(4, 5, ['a', 'b', 'c'])
```

4.2.3 生成器推导式

生成器推导式与列表推导式在形式上很相似，只是生成器推导式使用的是圆括号“()”，而列表推导式使用的是方括号“[ ]”。与列表推导式不同的是，列表推导式会生成一个列表，元组生成器推导式的结果是一个生成器对象而非元组。使用生成器对象的元素时要将其转换为列表或元组，也可以使用生成器对象的_ _next_ _()方法进行遍历，或者使用 for 循环遍历。

【例 4-9】 生成器推导式示例。

```
Tuple5 = (x ** 2 for x in range(1,6))
print(Tuple5)
Tuple6 = tuple(Tuple5)
print(Tuple6)
Tuple5.__next__
```

结果为：

```
<generator object <genexpr> at 0x00000000072F5A48>
(1, 4, 9, 16, 25)
Out[41]:
<method-wrapper '__next__' of generator object at 0x00000000072F5A48>
```

【例 4-10】 使用 for 循环语句遍历生成器对象。

```
Tuple5 = (x ** 2 for x in range(1,6))
for i in Tuple5:
    print(i,end = ' ')
```

结果为：

```
1 4 9 16 25
```

注意：引号内有一个空格，否则生成器内各元素将无法分隔。

4.3 列表与元组的区别与联系

列表和元组同属于有序序列，都支持使用双向索引下标访问其中的元素，支持使用count()函数统计元素出现的次数，支持使用 index()方法获取指定元素的索引位置，支持使用 len()、map()、zip()、enumerate()、filter()等内置函数以及"+""*""in"等运算符操作，这些都是二者相似的地方，但是列表和元组还是存在着一定的不同。

首先，元组属于不可变序列，不能像列表一样可以直接修改其元素值，因此元组并未提供append()、extend()和 insert()等添加元素的方法，也未提供 remove()、pop()和 clear()等删除元素的方法。

其次，虽然元组也支持切片操作，但仅局限于访问元素，不支持通过切片操作实现元素的增加、删除与修改。

再次，元组的访问速度比列表要快，系统开销更小。如果只是涉及遍历或其他类似操作，而不是对数据进行修改，那么建议使用元组而不是列表。

最后，元组同字符串一样，可以作为字典的键，也可以作为集合的元素，但是列表是不能作为字典键的，也不能作为集合中的元素，这是因为列表是可变的。

4.4 综合例题

(1) 有 3 个办公室，新来了 A、B、C、D、E、F、G、H 等 8 名员工，试编程将 8 名员工随机分配到 3 个办公室，分配完毕后显示各办公室人数及名单。

```
import random
offices = [[],[],[]]
namelist = ["A","B","C","D","E","F","G","H"]
for name in namelist:
    index = random.randint(0,2)
    offices[index].append(name)
i = 1
for office in offices:
```

```
    print("办公室 %d 的人数为: %d" % (i,len(office)))
    i+ = 1
    for name in office:
        print(" %s" % name,end = "\t")
    print("\n")
    print(" - " * 30)
```

结果为：

```
办公室 1 的人数为: 3
B  C  E
--------------------------------------------
办公室 2 的人数为: 2
A  H
--------------------------------------------
办公室 3 的人数为: 3
D  F  G
```

(2) 有一个商品列表如下，试编写程序输入购买的商品编号，将购买的商品添加到购买列表中，当输入 9 时退出购买并输出购买列表、购买商品数量及总消费金额。

```
products = [
["iphone",6888],
["MacPro",14800],
["小米 6",2499],
["Coffee",31],
["Nike",699],
["Book",60]
]
a = int(input("请输入要购买的商品序号: "))
goumai = []
while a! = 9:
    goumai.append(products[a])
    a = int(input("请输入要购买的商品序号: "))
print(goumai)
l = len(goumai)
print(l)
sum = 0
for i in range(l):
    sum + = goumai[i][1]
print(sum)
```

结果为：

```
请输入要购买的商品序号: 0
请输入要购买的商品序号: 1
请输入要购买的商品序号: 2
请输入要购买的商品序号: 3
请输入要购买的商品序号: 9
[['iphone', 6888], ['MacPro', 14800],['小米 6', 2499], ['Coffee', 31]]
4
24218
```

习题

一、选择题

1. 设有 list1 = ['a','b','c'],执行 append([1,2])以及 insert(1,7)语句之后,list1 的结果是(　　)。

A. [7,'a', 'b', 'c', [1, 2]]　　B. ['a', 7, 'b', 'c', 1, 2]

C. ['a', 7, 'b', 'c', [1, 2]]　　D. [1, 2,'a', 7, 'b', 'c']

2. print(tuple(range(4)))的运行结果为(　　)。

A. (0, 1, 2, 3)　　B. [0, 1, 2, 3]　　C. (1, 2, 3,4)　　D. [1, 2, 3,4]

二、操作题

1. 随机生成 10 个[1,10]中的整数,然后统计每个整数的出现频率并输出。

2. 删除列表['a','c','e','d','a','c','f']中的重复元素并输出结果。

第5章 字典与集合

学习目标

- 理解字典元素结构。
- 掌握字典常用的方法。
- 理解集合元素无序、不重复的特点。
- 掌握集合常见运算及常用方法,能使用集合解决实际问题。

5.1 字典

5.1.1 字典的概念与特性

1. 字典的概念

字典(Dict)是 Python 中唯一的映射类型,是无序可变序列,里面可以包括若干个元素,每个元素是一个键值对,包含键(Key)和值(Value)两个部分,中间使用冒号分隔,表示一种映射关系或对应关系,所有的元素使用一对花括号"{ }"括起来。字典的格式如下。

```
d = {key1 : value1, key2 : value2, … }
```

2. 字典特性

字典的键不可出现两次。字典的键必须是唯一的,不可以重复。值是可以重复的,这一点与数据库原理里讲的实体间一对多的联系类似。

字典中元素的键必须是不可变的,可以是任意的不可变类型,如整数、实数、复数、字符串或元组等,不可以使用列表、集合、字典等可变类型作字典的键。

5.1.2 字典的创建与删除

1. 字典的创建

创建字典有 3 种方法:一种是使用赋值语句直接创建字典,一种是使用 dict()函数创建字典,最后一种是使用 fromkeys()方法创建字典。

(1) 使用赋值语句直接创建字典。

使用赋值运算符"="将一个字典赋值给一个变量即可创建一个字典变量。例如:

```
scores = {'数学':85,'物理':78,'化学':92}
scores
```

结果为：

```
{'数学': 85, '物理': 78, '化学': 92}
```

也可以在赋值的时候创建一个不含任何元素的空字典。

（2）使用 dict()函数创建字典。

使用 dict()函数可以将以键值对形式的列表或元组创建为字典。例如，下面的例子都是使用 dict()函数创建的字典对象。

```
scores = dict([['数学',85],['物理',78],['化学',92]])
scores = dict((('数学',85),('物理',78),('化学',92)))
scores = dict(数学 = 85,物理 = 78,化学 = 92)
```

第一个是将列表转换为字典，第二个是将元组转换为字典，第三个是通过指定关键字参数创建字典。

也可以通过使用 zip()函数将多个序列作为参数，返回由元组构成的列表，然后使用 dict()函数创建字典对象。例如：

```
keys = ['数学','物理','化学']
values = [85,78,92]
scores = zip(keys,values)
scores2 = dict(scores)
```

（3）使用 fromkeys()方法创建字典。

fromkeys()方法创建字典的语法格式为：

```
dict.fromkeys(seq[,value])
```

其中，参数 seq 表示字典的键值序列，参数 value 是可选项，表示字典所有键对应的初始值，如果指定了，那么所有键都有这个相同的值，如果不指定，则所有键都取空值 None。

```
scores3 = {}
a = scores3.fromkeys(['英语','语文'],99)
print(a)
print(scores3)
```

结果为：

```
{'英语': 99, '语文': 99}
{}
```

不指定 value 参数则会对所有键取 None 值。例如：

```
scores3 = {}
a = scores3.fromkeys(['英语','语文'])
print(a)
print(scores3)
```

结果为：

```
{'英语':None, '语文': None}
{}
```

注意：上面的两个例子都说明使用 fromkeys()方法会创建新字典，但并不会改变调用此方法的字典内容。另外，创建字典时如果一个键在字典中出现了两次，那么后一个值会覆盖前面的值。

2. 字典删除

使用 del 命令可以删除字典。例如：

```
del scores3
```

注意：删除字典时，del 命令后面跟随的是字典名称，不能是字典元素。

5.1.3 字典元素访问

1. 通过字典键访问

字典元素的访问可以通过字典键进行。与列表元素访问类似，都通过括号“[]”的形式，只不过访问字典元素时，括号里面的内容是键，而列表访问时括号里面的是索引下标。在访问字典元素时，如果键不存在的话则会抛出异常，因此，常常结合选择结构或异常处理结构访问字典，以防代码崩溃。例如：

```
scores = {'数学': 85, '物理': 78, '化学': 92}
key = input('请输入要查看的课程: ')
if key in scores:
    print(scores[key])
else:
    print(f'课程{key}不存在')
```

2. 通过 get()方法访问

字典对象还提供了一个 get()方法用来返回指定键对应的值，但需要注意访问的键不存在时应设置默认值提示，否则返回空值。如下面的语句，如果存在课程就返回其值，不存在课程就给出“没有该课程”的提示。

```
scores.get('高等数学','没有该课程')
```

3. 通过 setdefault()方法访问

setdefault()方法也可以获取字典中元素的值或者增加新的元素。例如：

```
scores = {'数学': 85, '物理': 78, '化学': 92}
print(scores.setdefault('语文','80'))
print(scores)
```

结果为：

```
80
{'数学': 85, '物理': 78, '化学': 92, '语文': '80'}
```

4. 字典遍历

字典元素的访问，除了上述 3 种方法外，还支持 for 循环遍历访问字典元素。例如：

```
scores = {'数学': 85, '物理': 78, '化学': 92}
for item in scores:
    print(item,end = ' ')                    #打印键,用空格分隔
print('\n')
print(scores.keys())                         #打印键
print(scores.values())                       #打印值
print(scores.items())                        #打印元素
```

结果为：

```
数学 物理 化学

dict_keys(['数学', '物理', '化学'])
dict_values([85, 78, 92])
dict_items([('数学', 85), ('物理', 78), ('化学', 92)])
```

5.1.4 字典元素的增加、修改与删除

1. 字典元素增加与修改

可以使用键为下标来为字典元素赋值。例如：

```
scores = {'数学': 85, '物理': 78, '化学': 92}
scores['生物'] = 77
print(scores)
```

结果为：

```
{'数学': 85, '物理': 78, '化学': 92, '生物': 77}
```

这里要注意一个问题，如果指定的键在字典中不存在，则表示要向字典中添加一个新的元素。但如果指定的键在字典中存在，表示修改指定的键对应的元素值。例如：

```
scores = {'数学': 85, '物理': 78, '化学': 92}
scores['数学'] = 77
print(scores)
```

结果为：

```
{'数学':77, '物理': 78, '化学': 92}
```

除了使用键下标的方式对字典元素增加和修改以外，还可以使用字典的 update()方法将另一个字典或可迭代对象(每个元素都包含两个值的元组或类似结构)中的元素一次性全部添加到调用 update()方法的字典对象中，如果两个字典中有相同的键，就会以另一个字典中的值为准对调用 update()方法的字典进行更新。例如：

```
score1 = {'数学': 85, '物理': 78, '化学': 92}
score2 = {'数学': 80, '英语': 78, '生物': 92}
score1.update(score2)
print(score1)
```

结果为：

```
{'数学': 80, '物理': 78, '化学': 92, '英语': 78, '生物': 92}
```

2. 字典元素的删除

前面已经提到过可以使用 del 命令来删除字典的元素，除此以外，还可以使用字典对象的 pop()方法删除指定的键对应的元素，同时返回对应的值，实际上就是删除元素并执行弹出值操作，也可以使用 popitem()方法按照弹栈的方式（后进先出）删除元素并返回一个包含两个元素的元组（此元组元素对应于字典元素的键和值）。例如：

```
score1 = {'数学': 80, '物理': 78, '化学': 92, '英语': 78, '生物': 92}
print(score1.pop('数学'))
length = len(score1)
for i in range(length):
    print(score1.popitem())
```

结果为：

```
80
('生物', 92)
('英语', 78)
('化学', 92)
('物理', 78)
```

5.1.5 字典内置函数与方法

表 5-1 和表 5-2 展示了字典对象的内置函数和常用方法。

表 5-1 字典内置函数及功能

字典内置函数	功能描述
cmp(dict1,dict2)	比较两个字典元素
len(dict)	计算字典元素个数及键的数量
str(dict)	输出字典可打印的字符串表示
type(variable)	返回变量类型，如果变量是字典就返回字典类型

表 5-2 字典常用方法及功能

字典常用方法	功能描述
clear()	没有参数，删除当前字典对象中所有元素，无返回值
copy()	没有参数，返回调用此方法的字典对象的浅复制
fromkeys(iterable,value=None,/)	以参数 iterable 中的元素为键，以参数 value 为值创建并返回字典对象
get(key,default=None)	返回当前字典对象中以参数 key 为键对应的元素的值，如果没有键为 key 的元素则返回 default 值
item()	无参数，返回调用此方法的字典对象的元素，以元组(key,value)的形式
keys()	无参数，返回调用此方法的字典对象的键
pop(k[,d])	删除以 k 为键的元素，返回对应的值，d 表示字典中没有对应键为 k 的元素时默认返回的值

续表

字典常用方法	功能描述
popitem()	弹出字典最后一个元素，如果字典空则抛出异常
setdefault()	获取字典中元素的值或者增加新的元素
update([E,] ** F)	使用E和F中的数据对调用此方法的字典对象进行更新，** 表示参数F只能接受字典或关键参数
values()	无参数，返回包含调用此方法的字典对象中所有元素值

5.2 集合

5.2.1 集合的概念

集合(set)类型与数学中集合的概念是一致的，也具有无序性、互异性和确定性三个特征。集合是一个无序可变序列，所有元素放在一对花括号"{ }"中，元素之间使用逗号分隔，同一个集合中的元素都是唯一的，不允许重复。集合元素的类型只能是数字、字符串、元组等不可变类型，不可以用列表、字典或集合作为集合的元素。一般来说，使用集合多为了进行成员测试或者删除重复元素。

5.2.2 集合的创建与删除

1. 集合的创建

创建集合有三种方法：一种是使用赋值语句创建，一种是使用 set()函数创建，另一种是使用 frozenset()函数创建。

(1) 使用赋值语句创建。

使用赋值运算符将一个集合赋值给一个变量即可创建一个集合变量。例如：

```
courses = {'数学', '物理', '化学', '英语', '生物'}
print(type(courses))
print(courses)
```

结果为：

```
<class 'set'>
{'数学', '生物', '英语', '化学', '物理'}
```

(2) 使用 set()函数创建。

使用 set()函数可以将列表、元组、字符串、range 对象等可迭代对象转换成集合。例如：

```
set1 = set([1,2,2,3,4,5,6,6,6,6,7])
print(set1)
set2 = set(('a','b','c','d'))
print(set2)
set3 = set('aaabbc')
print(set3)
set4 = set(range(6))
print(set4)
```

结果为：

```
{1, 2, 3, 4, 5, 6, 7}
{'c', 'a', 'd', 'b'}
{'c', 'a', 'b'}
{0, 1, 2, 3, 4, 5}
```

注意：上面的例子表明，如果被转换的可迭代对象存在重复元素，在转换后的集合里只保留一个，集合的元素无序。另外，创建空集合使用 set()，而不是使用{}（{}代表空字典）。

(3) 使用 frozenset()函数创建。

使用 frozenset()函数创建的集合是不可变的，不能进行元素的增加、删除，而使用 set()函数创建的集合是可变的。例如：

```
set5 = frozenset('python')
print(set5)
```

结果为：

```
frozenset({'y', 'h', 'n', 'p', 't', 'o'})
```

2. 删除集合

当集合不再使用时，可以使用 del 命令将集合删除。语法格式如下。

```
del 集合变量名
```

5.2.3　集合元素的添加与删除

1. 集合元素的添加

使用集合对象的 add()方法可以向集合中添加一个元素，如果该元素已经存在则忽略该操作，也可以使用 update()方法向集合中添加另外一个集合中的多个元素（自动去重）。例如：

```
set6 = {'数学', '生物', '英语', '化学', '物理'}
set6.add('语文')
set6.update({'政治','历史','生物'})
print(set6)
```

结果为：

```
{'数学', '语文', '历史', '生物', '英语', '化学', '政治', '物理'}
```

2. 集合元素的删除

集合对象提供 remove()、discard()、pop()、clear()等方法来删除集合中的元素。

(1) remove()方法。

使用 remove()方法删除集合元素时，如果元素不存在则会抛出异常。如下例，使用 remove()方法删除元素“物理”后再次删除则会报错。

```
set6 = {'数学', '语文', '历史', '生物', '英语', '化学', '政治', '物理'}
set6.remove('物理')
print(set6)
set6.remove('物理')
```

结果为：

```
{'数学', '语文', '历史', '生物', '英语', '化学', '政治'}
---------------------------------------------------------------------------
KeyError                                  Traceback (most recent call last)
<ipython-input-84-be4f70716e97> in <module>
      2 set6.remove('物理')
      3 print(set6)
----> 4 set6.remove('物理')
KeyError: '物理'
```

（2）使用 discard()方法。

与使用 remove()方法不同，使用 discard()方法删除集合元素时，如果元素不存在则忽略此操作，不会抛出异常。例如：

```
set6 = {'数学', '语文', '历史', '生物', '英语', '化学', '政治', '物理'}
set6.discard('物理')
print(set6)
set6.discard('物理')
```

结果为：

```
{'数学', '语文', '历史', '生物', '英语', '化学', '政治'}
```

（3）使用 pop()方法。

使用集合对象的 pop()方法会从集合中随机删除一个元素并返回该元素。

（4）使用 clear()方法。

使用集合对象的 clear()方法会删除集合的所有元素。

5.2.4 集合常用方法

Python 内置集合类支持 len()、max()、min()、sum()、sorted()、map()、filter()、enumerate()、all()、any()等内置函数以及并集(|)、交集(&)、差集(—)、对称差集(^)、成员测试运算(in)。集合类自身也提供了大量的方法，如表 5-3 所示。

表 5-3　集合对象常用方法

方　法	功能描述
add()	向调用此方法的集合里增加一个可哈希元素(不可哈希会抛出类型错误的异常)，如果集合中已经存在该元素则忽略操作
clear()	删除调用此方法的集合对象的所有元素
copy()	返回调用此方法的集合对象的浅复制
difference()	返回调用此方法的集合对象与参数集合的差集
discard()	接受一个可哈希对象作为参数，从调用此方法的集合中删除该元素，如果不存在则忽略此操作

续表

方　法	功能描述
intersection()	返回调用此方法的集合对象与参数集合的交集
issubset()	测试调用此方法的集合是否为参数集合的子集,如果是则返回 True,否则返回 False
issuperset()	测试调用此方法的集合是否为参数集合的超集,如果是则返回 True,否则返回 False
pop()	删除并返回调用此方法结合对象中的任意一个元素,如果集合为空则抛出异常
remove()	从调用此方法的集合对象中删除一个元素,如果元素不存在则抛出异常(注意与 discard()的区别)
union()	返回调用此方法的集合对象与参数集合的并集
update()	向调用此方法的集合中添加另外一个集合中的多个元素(自动去重)

5.3　综合例题

定义一个商品字典,里面存放了各个商品的编号和商品名称,定义三个购买记录集合,里面存放购买商品的编号,试着找出所有人都购买的商品、无人购买的商品以及有人购买的商品并输出。

```
商品 = {'01':'鸡蛋','02':'牛奶','03':'面包','04':'酸奶','05':'啤酒','06':'火腿','07':'牙膏','08':
'洗发水'}
账单 1 = {'01','02','05','06','07'}
账单 2 = {'01','05','07'}
账单 3 = {'01','03','06'}
账单 4 = set()
for item in 商品:
    账单 4.add(item)
allbuy = 账单 1& 账单 2& 账单 3
somebuy = 账单 1|账单 2|账单 3
nobodybuy = 账单 4-somebuy
print('所有人都购买的商品: ',end = '')
for item in allbuy:
    print(商品.get(item),end = '')
print()
print('无人购买的商品: ',end = '')
for item in nobodybuy:
    print(商品.get(item),end = '')
print()
print('有人购买的商品: ',end = '')
for item in somebuy:
    print(商品.get(item),end = '')
```

结果为:

```
所有人都购买的商品: 鸡蛋
无人购买的商品: 酸奶 洗发水
有人购买的商品: 牛奶 火腿 面包 啤酒 鸡蛋 牙膏
```

习题

一、选择题

1. 下列不能创建一个字典的语句是(　　)。

A. dict1={}　　　　B. dict2={3:5}

C. dict3={[1,2,3]: 'sea'}　　　　D. dict4={(1,2,3): 'sea'}

2. 一个通讯录,需要通过人名查找电话号码,使用(　　)数据类型更合理。

A. 集合　　B. 字典　　C. 元组　　D. 列表

3. 下列代码中,可以用于创建一个空集合的是(　　)。

A. set1={}　　B. set1=({})　　C. set1=set()　　D. set1={()}

4. 设字典 dict1 = {1:'a',2:'b',3:'c',4:'d'},执行下列哪个语句不会发生错误?(　　)

A. dict1[4]　　B. dict1.get(4)　　C. del dict1[5]　　D. dict1[2]

二、操作题

将字典{'数学': 85, '物理': 78, '化学': 92, '生物': 77}的键与值互换并输出。

第6章 函数定义及使用

学习目标

- 掌握 Python 函数的定义和调用。
- 了解 Python 函数的参数及传递。
- 理解变量的作用域。
- 掌握模块、包的创建与导入。

在日常编写程序过程中,希望将一些经常用到的能实现特定功能的代码块重复使用,但又不想每次使用时再重写一遍,这个时候使用函数的方式将代码块封装,在以后每一次复用的时候调用即可,因此,函数能提高应用程序的模块性、代码重复利用率以及编码效率。本章首先介绍函数的概念、定义语法格式、函数调用、函数参数与传递以及变量的作用域,然后介绍 Python 中模块和包的创建与使用。

6.1 函数定义的语法格式与调用

6.1.1 函数定义的语法格式与调用概述

函数是将具有独立功能的代码块组织成一个整体,使其具有特殊功能的代码集合。这种使用函数封装代码的形式能有效提高代码的复用程度。如前面章节学习中用到的 len()、max()、min()、print()等,这些都是 Python 中可以直接使用的内置函数。如表 6-1 所示,这里不一一对其功能进行介绍,读者可自行了解掌握。

表 6-1 Python 中内置函数

内 置 函 数			
A abs() aiter() all() any() anext() ascii() **B** bin() bool()	breakpoint() bytearray() bytes() **C** callable() chr() classmethod() compile() complex()	**D** delattr() dict() dir() divmod() **E** enumerate() eval() exec()	**F** filter() float() format() frozenset() **G** getattr() globals()

续表

内置函数			
H hasattr() hash() help() hex() **I** id() input() int() isinstance() issubclass() iter() **L** len() list()	locals() **M** map() max() memoryview() min() **N** next() **O** object() oct() open() ord()	**P** pow() print() property() **R** range() repr() reversed() round() **S** set() setattr() slice() sorted() staticmethod()	str() sum() super() **T** tuple() type() **V** vars() **Z** zip() __import__()

除了直接使用这些功能强大的内置函数以外，用户也可以将自己编写的代码以固定的格式封装成独立的模块供后续使用，称为自定义函数。

1. 函数定义语法格式

函数定义以 def 为关键字。语法格式如下。

```
def  函数名([参数列表]):
     #函数体代码
     [return [返回值]]
```

各部分内容含义如下。

- 函数名：用户对于创建的函数起的名称，要求命名符合 Python 的语法规范，同时为了便于理解，尽量使用能表示函数功能的名字。
- 参数列表：是可选项，根据需要设定。指该自定义函数可以接收的参数，如果有多个参数，之间用逗号进行分隔。
- return[返回值]：用来设置函数的返回值，是可选项。也就是说，自定义函数可以有返回值，也可以没有返回值。当自定义函数没有 return 语句或者 return 语句为空时，就表示该函数的返回值为 None。

在定义函数时要注意以下 6 个主要问题。

(1) 不需要说明形式参数类型。解释器会自动根据实际参数的值判定形式参数类型。

(2) 不需要指定函数返回值类型，由 return 语句返回值确定。

(3) 函数名后的“()”不可省略，即使函数没有任何参数。

(4) 括号后的“:”不可省略。

(5) 函数体代码与 def 关键字有空格缩进，表示函数体代码归属。

(6) 如果只是先定义一个函数，没有具体函数体代码，后续要继续完善函数体代码的话，可以使用 pass 语句。

2. 函数定义示例及调用

函数调用的语法格式如下。

```
[返回值 = ]  函数名([参数值])
```

返回值为可选项,因为有的函数可能没有返回值,而是单纯为了完成某个功能。函数名是必须要给出的,参数值也是可选项,要根据函数是否有参数,如果函数带有参数,实际调用时需要给参数赋值才会使用参数值,否则不需要。

【例 6-1】 如图 6-1 所示,一个圆形游泳池,现需在其周围建一圆形过道,并在其周围装上栅栏。已知栅栏价格为 35 元/m,过道宽度 3m,造价为 20 元/m^2。要求编程计算并输出过道和栅栏的造价,游泳池半径由键盘输入。

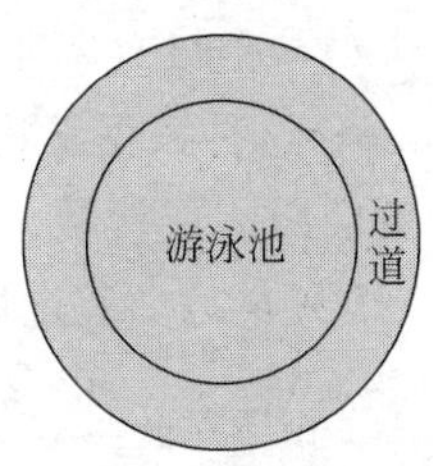

图 6-1　游泳池

问题分析:题中要求计算过道和栅栏的造价,实际上需要根据用户输入的游泳池半径获得过道的面积以及过道的外围周长,因此需要定义两个函数,一个是实现计算圆的周长,另一个实现计算圆的面积。这里要用到圆周率 pi,Python 的 math 模块提供 pi。

```
from math import pi
def Circle_circumference(radius):
    '''
    根据用户输入的半径 radius,计算圆的周长
    '''
    return 2 * pi * radius

def Circle_area(radius):
    '''
    根据用户输入的半径 radius,计算圆的面积
    '''
    return pi * radius * radius

fence_price = 35
aisle_price = 20
r = eval(input("请输入游泳池的半径:"))
aisle_area = Circle_area(r + 3)-Circle_area(r)
aisle_circumference = Circle_circumference(r + 3)
totalprice = aisle_circumference * fence_price + aisle_area * aisle_price
print('总的工程造价为:',totalprice)
```

当用户输入泳池半径为 10 的时候结果为:

```
请输入游泳池的半径:10
总的工程造价为:7194.247176720626
```

例 6-1 较好地讲述了函数的定义及调用。以后遇到类似问题,可以直接根据半径的不同,调用函数快速计算出工程造价,省去了重复编写代码的麻烦。

6.1.2　递归函数的定义与调用

如果一个函数在执行过程中又调用了函数本身,称为递归调用。递归(Recursion)在计算机科学中是指一种通过重复将问题分解为同类的子问题而解决问题的方法,其核心思想

是分治策略。递归式方法可以被用于解决很多的计算机科学问题，因此它是计算机科学中十分重要的一个概念。

递归函数有以下4个特性。

（1）必须有一个明确的结束条件。

（2）每次进入更深一层递归时，问题规模相比上次递归都应有所减少。

（3）相邻两次重复之间有紧密的联系，前一次要为后一次做准备（通常前一次的输出就作为后一次的输入）。

（4）递归效率不高，递归层次过多会导致栈溢出。在计算机中，函数调用是通过栈（stack）这种数据结构实现的，每当进入一个函数调用，栈就会加一层栈帧，每当函数返回，栈就会减一层栈帧。由于栈的大小不是无限的，所以，递归调用的次数过多，会导致栈溢出。

【例6-2】 通过循环和递归两种方式，计算1～100的数之和。

```
#循环方式
n = 100
def sum_cycle(n):
    sum = 0
    for i in range(1,n+1) :
        sum += i
print(sum)
#递归方式
def sum_recu(n):
    if n>0:
       return n + sum_recu(n-1)
    else:
       return 0
print(sum_recu(100))
```

在次数较小的时候，循环和递归都能正确实现计算结果的输出，读者可以测试当n=10000时，使用递归调用看是否出现“RecursionError: maximum recursion depth exceeded in comparison”这样的错误，如果出现就表明栈溢出。

6.2 函数参数

函数定义时，圆括号内可以带有参数，如果一个函数带有多个参数可使用逗号进行分隔。当然，函数也可以没有参数，即不需要接收外部输入就能实现函数的功能。函数定义时的参数称为形参，具体调用函数的时候给出的参数称为实参。在函数内部，形参相当于局部变量，只在函数体内部可见，直接修改形参的值不会对实参造成影响。调用函数时向函数传递实参，将实参的引用传递给形参，在完成函数调用进入函数内部时，形参和实参引用的是同一个对象。

在进行函数调用时可使用位置参数、默认参数、关键字参数以及可变长度参数等参数类型。

6.2.1 位置参数

位置参数是比较常用的形式，在函数调用的时候不需要对实参进行任何说明，直接放在括号内即可，第一个实参传递给第一个形参，第二个实参传递给第二个形参，以此类推。但需要注意：实参和形参的顺序要严格一致，而且数量要相同，有几个形参就有几个实参，否则会出现逻辑错误或 TypeError 异常提示参数数量不匹配。

【例 6-3】 位置参数示例。

```
def fun1(x,y,z):
    return x + y + z
print(fun1(1,2,3))
def side_length(length,width):
    return 2 * (length + width)
    #注意调用函数时必须传递两个参数,否则会引发错误
print(side_length(5))
```

结果为：

```
6
-------------------------------------------
TypeError                                 Traceback (most recent call last)
<ipython-input-14-362eab413f96> in <module>
      5     return 2 * (length + width)
      6     #注意调用函数时必须传递两个参数,否则会引发错误
----> 7 print(side_length(5))
TypeError: side_length() missing 1 required positional argument: 'width'
```

上述结果显示第一个函数正常执行调用，第二个函数调用时因输入的参数数量与函数形参数量不匹配，因此引发了 TypeError，从错误提示也可以看出是缺少了一个位置参数 width。读者可以尝试将第一个函数调用输出语句修改为 print(fun(1,2,3,4))查看执行结果。

注意：如果函数调用时，实参和形参的位置不一致，但数据类型相同，这种情况会得到错误的结果，并不会抛出 TypeError 异常，如例 6-4。

【例 6-4】 求圆柱的表面积。

```
from math import pi
def cylinder(r,height):
    s = 2 * pi * r * height + 2 * pi * pow(r,2)
    return s
print('正确结果为: ',cylinder(4,2))
print('错误结果为: ',cylinder(2,4))
```

结果为：

```
正确结果为: 150.79644737231007
错误结果为: 75.39822368615503
```

圆柱体表面积由侧面积和两个底面积之和组成，如果调用函数时弄错了底面圆半径和圆柱体高则会得到不同的结果。

6.2.2　默认参数

Python 支持默认值参数，定义函数时可以为形参设置默认值。调用带有默认值参数的函数时，可以使用具体值传递给带有默认值的参数，也可以不传值而使用该参数的默认值。

Python 中的很多内置函数、标准库函数等也支持默认值参数，如 print()函数的 sep 和 end 参数，sorted()函数的 key 和 reverse 参数，sum()函数的 start 参数等。

在定义函数默认值参数的时候要注意，设置默认值的顺序要从右向左进行，也就是说，任何一个默认值参数右边不能出现没有默认值的普通位置参数，否则就会出现语法错误 SyntaxError。

默认参数定义语法格式如下。

```
def  函数名(形参 1,形参 2, …,形参 n = 默认值):
     #函数体代码
     [return [返回值]]
```

【例 6-5】 默认参数示例 1。

```
def fun2(x,y,z = 10):
    return x + y + z
print(fun2(1,2,3))
print(fun2(1,2))
```

结果为：

```
6
13
```

当然，可以根据应用需要，为函数参数中的几个参数设置默认值，但要注意默认值参数要在所有未设置默认值参数的后面，例 6-6 就是一个错误的定义。

【例 6-6】 默认参数示例 2。

```
def fun3(x = 5,y = 10,z):
    return x + y + z
print(fun3(3))

def fun4(x = 5,y,z = 10):
    return x + y + z
print(fun4(3))
```

结果为：

```
File "< ipython-input-21-503b53d7569a >", line 1
    def fun(x = 5,y = 10,z):
SyntaxError: non-default argument follows default argument
```

例 6-6 的错误就是没有遵守默认参数设置的基本要求。

6.2.3 关键参数

关键参数是指使用形式参数的名字来确定输入的参数值。通过关键字参数指定函数实参时，只需要将参数名写对即可，不需要与形参的位置完全相同，从而使函数的传递更加灵活。

【例 6-7】 关键参数示例 1。

```
def fun5(x,y,z=10):
    return x+y+z
print(fun5(x=3,z=4,y=5))
```

结果为：

```
12
```

【例 6-8】 关键参数示例 2。

```
def fun6(x, *,y,z=10):
    return x+y+z
print(fun6(3,z=4,y=5))
```

结果为：

```
12
```

例 6-7 调用函数 fun5 时以参数名字进行传递，明确指出哪个实参传给哪个形参。例 6-8 中参数中的 * 不是真正的参数，是用来说明在该位置后面的所有参数必须以关键参数的形式进行传递。

6.2.4 可变长度参数

可变长度参数是指形参对应的实参数量不确定，一个形参可以接收多个实参。可变长度参数定义有 *p 和 **p 两种方式，*p 表示接收任意多个位置实参存放在一个元组里，**p 表示接收任意多个关键参数存在一个字典里。

【例 6-9】 可变长度参数示例 1。

```
def fun7(x,y,z, *p):
    print(x,y,z)
    print(p)
fun7(1,2,3,4,5,6)
```

结果为：

```
1 2 3
(4, 5, 6)
```

【例 6-10】 可变长度参数示例 2。

```
def fun8( **p):
    for item in p.items():
        print(item)
fun8(x=1,y=2,z=3)
```

结果为：

```
('x', 1)
('y', 2)
('z', 3)
```

例 6-9 展示了 *p 方式定义的可变长度参数，结果可以发现前 3 个按位置顺序传递给形参 x、y、z，剩余的所有位置参数按先后顺序存入元组 p 中。例 6-10 演示了 **p 方式定义的可变长度参数，调用函数时接收多个关键参数转换为字典中的元素，每个元素的键是实参名称，值是实参的值。

6.3 Lambda 表达式

Lambda 表达式通常用于声明匿名函数，这种函数没有名字，临时使用，函数体较小。Lambda 函数的语法只包含一个语句。语法格式如下。

```
lambda [arg1 [,arg2, … ,argn]]:expression
```

Lambda 表达式只能包含一个表达式，函数体比 def 简单很多，表达式的值相当于函数的返回值。如下面的代码中函数 fun9()和 Lambda 表达式 fun10 的功能是完全相同的。

```
def fun9(x,y,z):
    return sum(x,y,z)
fun10 = lambda x,y,z:sum(x,y,z)
```

6.4 生成器函数与修饰器函数

6.4.1 生成器函数的定义与使用

如果在一个函数中使用了 yield 语句，那么函数调用后得到的返回值就不再是单一的一个值了，而是包含若干个值的生成器对象，每次返回的值就是 yield 后面的值，这样的函数称为生成器函数。代码每次执行 yield 语句时，返回一个值，然后会暂停执行，当通过内置 next()函数、for 循环遍历生成器对象元素时恢复执行。生成器函数得到的生成器对象和生成器表达式得到的生成器对象一样，只能从前向后逐个访问其中的元素，并且每个元素只能使用一次。生成器函数有以下两种形式。

【例 6-11】 生成器函数基本形式。

```
def g2():
    for x in range(5):
        yield x * 2
print(list(g2()))
```

结果为：

```
[0, 2, 4, 6, 8]
```

【例 6-12】 yield from 形式。

```
#普通形式的生成器函数
def inc1():
    for x in range(10):
        yield x
```

```
print(list(inc1()))
        # yield from 形式
def inc2():
    yield from range(10)
print(list(inc2()))
```

结果为:

```
[0, 1, 2, 3, 4, 5, 6, 7, 8, 9]
[0, 1, 2, 3, 4, 5, 6, 7, 8, 9]
```

yield from 形式是一种看起来更为简洁的表达形式。yield from iterable 相当于 yield item for item in iterable。

6.4.2 修饰器函数的定义与使用

修饰器是函数嵌套定义的重要应用。其本质上也是一个函数,只不过是接收其他函数作为参数并对其进行一定改造之后返回新函数。修饰器函数返回的是内部定义的函数,外层函数中的代码并没有调用内层函数。

使用@符号引用已有的函数(如例 6-13 中的@funA)后,可用于修饰其他函数,装饰被修饰的函数。

【例 6-13】 修饰器函数示例。

```
def funA(fn):
    print('A')
    fn()                         #执行传入的 fn 参数
    return 'fkit'
'''
下面的装饰效果相当于: funA(funB),
funB 将会替换(装饰)成该语句的返回值;
由于 funA()函数返回 fkit,因此 funB 就是 fkit
'''
@funA
def funB():
    print('B')
print(funB)                      #fkit
```

结果为:

```
A
B
fkit
```

6.5 Python 中的包

在前面的章节里已经介绍过模块的概念及导入的方法,如 import math 等,在介绍完函数之后,可能会对自己编写的函数要重复利用,但又不想每次复制相应的函数代码到新的程序中,这个时候可以把原来编写的若干函数放在包中供后续使用。

6.5.1 包的创建

包是通过目录的形式来组织模块的方法。包类似于文件夹的组织结构，但要求每个包中都必须含有一个_ _init_ _. py 文件，因此，在创建包的时候，类似于文件夹的创建，步骤如下。

（1）新建一个文件夹，文件夹的名称就是新建包的包名。

（2）在新建的包中创建_ _init_ _. py 文件，该文件内可以包含 Python 初始化语句，也可以没有任何语句。当该新建的包被其他程序导入时，将触发执行_ _init_ _. py 文件。

包能有效避免模块名重复，如图 6-2 所示，包是一个分层次的文件目录结构，它定义了一个由模块、子包和多级子包等组成的 Python 应用环境。

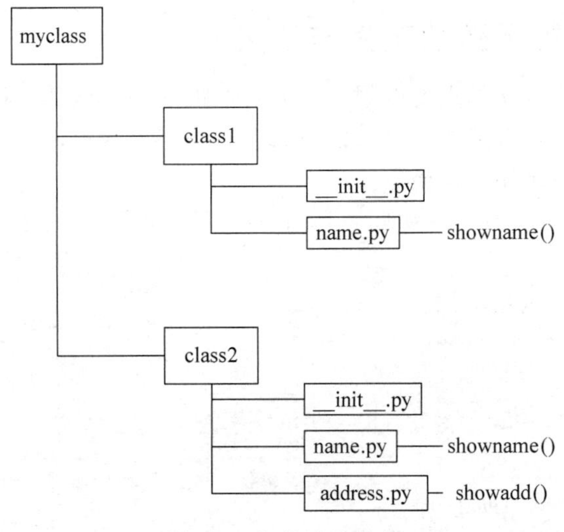

图 6-2 包的目录形式

class1 目录下的 name. py 内代码为：

```
def showname():
    print("调用 class1 下的显示名字函数")
```

class2 目录下的 name. py 内代码为：

```
def showname():
    print("调用 class2 下的显示名字函数")
```

class2 目录下的 address. py 内代码为：

```
def showadd():
    print("调用 class2 下的显示地址函数")
```

6.5.2 包的导入

包本质上是一种通过目录形式组织模块的方法，因此，包的导入方式类似于模块的导入方式，主要有以下 3 种方法。

```
import 包名[.模块名[as 别名]]
from 包名 import 模块名 [as 别名]
from 包名.模块名 import 成员名 [as 别名]
```

所有[ ]括起来的都是可选项,省略不省略均可,可根据情况选择。下面以如图 6-2 所示的包为例介绍 3 种包的导入方法。

(1) import 包名[.模块名[as 别名]]。

```
import myclass.class1.name as c1
c1.showname()
```

结果为:

```
调用 class1 下的显示名字函数
```

(2) from 包名 import 模块名 [as 别名]。

```
from myclass.class2 import name as c2
c2. showname()
```

结果为:

```
调用 class2 下的显示名字函数
```

(3) from 包名.模块名 import 成员名 [as 别名]。

```
from myclass.class2.address import showadd as c3
c3()
```

结果为:

```
调用 class2 下的显示地址函数
```

另外,有些时候还可以通过使用 * 代替成员名加载该模块中的所有成员,假如在 class2 目录下的 address 模块中还有一个显示地址的函数 showadd2(),则访问形式如下。

```
from myclass.class2.address import *
showadd()
showadd2()
```

结果为:

```
调用 class2 下的显示地址函数 1
调用 class2 下的显示地址函数 2
```

习题

1. 自定义求和函数 sum(),要求编程实现计算 1～50 的和。
2. 自定义排序函数 sort(),对给出的列表[2,5,7,6,9,8,3,1]排序。

Python数据分析基础

学习目标

- 了解 NumPy 的数据结构。
- 理解广播机制的作用机理。
- 掌握 NumPy 的常用操作，如数组创建、数组的属性、数组的形状操作、常用的统计函数等。
- 熟练运用数组的索引与切片操作，为后续机器学习、深度学习等奠定良好基础。
- 掌握 Pandas 的 Series 与 DataFrame 两种主要数据结构的创建方法。
- 熟练应用 Pandas 实现数据文件的读写。
- 熟练掌握 Pandas 的常用操作，如数据访问、索引设置与重置、数据增删改、排序与数据清洗、数据合并等操作。
- 熟练应用聚合函数实现数据的分组与聚合以及创建数据透视表，能够运用高阶函数简洁高效地针对 DataFrame 逐（多）行、逐（多）列、逐元素进行某种相同方式的操作。

7.1 NumPy 库

NumPy（Numerical Python 的缩写）是应用 Python 进行数据分析、机器学习和科学计算的第三方开源扩展库，已成为 Scipy、Pandas、Scikit-Learn、Tensorflow、Pytorch、PaddlePaddle 等框架的“通用底层语言”，它包含强大的 n 维数组对象，具备处理线性代数、生成随机数组等功能，支持并行运算，存储效率和输入/输出性能远优于 Python 中的嵌套列表，数组越大，NumPy 的优势越明显。

7.1.1 NumPy 数据结构

NumPy 的数据结构是 n 维的数组对象 ndarray，数组内部所有元素必须是同一种数据类型，这也是 NumPy 高性能的原因之一。创建一个数组主要有以下几种方法：将已有数据转换为数组，使用 NumPy 的内部函数创建特定形状的数组，利用 random 模块生成数组。

由于 NumPy 是 Python 的第三方扩展库，使用前须在代码中通过 import 关键字将其导入，常用的导入命令为 import numpy 或 import numpy as np。在导入时，常使用 as 关键字创建别名，目的是方便调用，np 是 NumPy 约定俗成的简称。

1. 从已有数据转换为数组

将 Python 的元组、列表或嵌套列表等结构的数据传递给 NumPy 的 array()函数进行转换来创建数组。

```
np.array(object, dtype = None)
```

参数说明如下。

- object：必选参数，可以是数组、公开数组接口的任何对象、__array__方法返回数组的对象或任何(嵌套)序列。
- dtype：可选参数，用于指定数组元素的类型。数组有 5 种基本数据类型：bool(布尔)、int(整数)、float(浮点数)、uint(无符号整数)和 complex(复数)。

示例：

```
In  [1]: import numpy as np  # 导入numpy, 别名为np
         a = np.array([1,2,3,4,5])  # 将Python的List转换为一个一维数组
         a

Out[1]: array([1, 2, 3, 4, 5])

In  [2]: # 将Python的嵌套List转换为一个二维数组
         b = np.array([[1,2,3],[4,5,6]])
         b

Out[2]: array([[1, 2, 3],
               [4, 5, 6]])

In  [3]: # 创建一个float类型的数组
         c = np.array([[1,2,3],[4,5,6],[7,8,9]],dtype=float)
         c

Out[3]: array([[1., 2., 3.],
               [4., 5., 6.],
               [7., 8., 9.]])
```

2. 使用 NumPy 的内部函数创建特定形状的数组

(1) 生成固定范围的数组。

① 创建固定间隔的数组。

```
np.arange(start,stop, step = 1, dtype = None)
```

start 表示起始值；stop 表示终止值；step 表示步长，默认值为 1；dtype 表示数据类型，默认为 None，可从其他输入值中推测。

参数个数情况：

一个参数时，参数值为终止值，起始值取默认值 0，步长取默认值 1。

两个参数时，第一个参数为起始值，第二个参数为终止值，步长取默认值 1。

三个参数时，第一个参数为起始值，第二个参数为终止值，第三个参数为步长。其中，步长支持小数。

注意：np.arange()创建的数组不包含终止值。

示例：

```
In  [4]: np.arange(10) #一个参数时，默认起始值为0，默认步长为1
Out[4]: array([0, 1, 2, 3, 4, 5, 6, 7, 8, 9])

In  [5]: np.arange(1,10) #两个参数时，默认步长为1
Out[5]: array([1, 2, 3, 4, 5, 6, 7, 8, 9])

In  [6]: np.arange(1,10,2) #三个参数时，起始值为1，终止值为10，步长为2
Out[6]: array([1, 3, 5, 7, 9])

In  [7]: np.arange(1,10,2,dtype=float) #创建浮点型数组
Out[7]: array([1., 3., 5., 7., 9.])
```

② 创建等差数组。

```
np.linspace(start, stop, num = 50, endpoint = True, dtype = None)
```

参数说明如下。

- num：要生成的等间隔样本数量，默认为 50。
- endpoint：数组中是否包含 stop 值，默认为 True(包含 stop 值)。

示例：

```
In  [8]: np.linspace(2,10,5) #起始值为2，终止值为10，创建数量为5的等差数组
Out[8]: array([ 2.,  4.,  6.,  8., 10.])
```

③ 创建等比数组。

```
np.logspace(start,stop, num = 50,base = 10, endpoint = True)
```

参数说明如下。

base：指定指数的底，默认为 10；其他参数同上。

示例：

```
In  [9]: np.logspace(0,3,4) #创建一个从10的0次方到3次方的等比数组，长度是4个元素
Out[9]: array([   1.,   10.,  100., 1000.])

In  [10]: np.logspace(0,4,5,base=2) #创建一个从2的0次方到4次方的等比数组，长度是5个元素
Out[10]: array([ 1.,  2.,  4.,  8., 16.])
```

(2) 创建特定形状的数组。

当需要生成一些特殊矩阵，如全是 0 或 1 的数组或矩阵时，可以使用 NumPy 的内部函数 ones/ones_like、zeros/zeros_like、empty/empty_like、full/full_like、eye 等函数创建，如表 7-1 所示。

表 7-1　NumPy 自带的数组创建函数

函　　数	示　　例	描　　述	参数说明
np.zeros(shape,dtype=None)	np.zeros((3,4))	创建 3×4 的元素全为 0 的数组	shape：指定所生成数组的形状，可以是一个整数或整型元组；dtype：数据类型，可选
np.ones(shape,dtype=None)	np.ones((3,4))	创建 3×4 的元素全为 1 的数组	
np.empty(shape,dtype=float)	np.empty((2,3))	创建 2×3 的空数组，其值并不是 0，而是未初始化的随机数	

续表

函　　数	示　　例	描　　述	参数说明
np. zeros _ like (array, dtype = None)	np. zeros_like(a)	创建与已知数组 a 相同维度且元素全为 0 的数组	array：为已知的数组。 dtype：数据类型，可选
np. ones _ like (array, dtype = None)	np. ones_like(a)	创建与已知数组 a 相同维度且元素全为 1 的数组	
np. empty _ like (array, dtype = None)	np. empty_like(a)	创建与已知数组 a 相同维度的空数组	
np. eye (N, M = None, k = 0, dtype=None)	np. eye(4)	创建一个 4×4 的矩阵,对角线为 1,其余为 0	N：int 型,表示输出的行数。 M：int 型,可选项,输出的列数,默认为 N。 k：int 型,可选项,对角线的下标,默认为 0,表示主对角线,负数表示低对角,正数表示高对角
np. full(shape,fill_value,dtype= None)	np. full ((3, 5), 10)	创建元素全为 10 的 3×5 数组	fill_value：指定填充到数组中的值

示例：

```
In  [11]: a = np.ones((2,3))
          a
Out[11]: array([[1., 1., 1.],
                [1., 1., 1.]])

In  [12]: np.ones_like(a,dtype=float)
Out[12]: array([[1., 1., 1.],
                [1., 1., 1.]])

In  [13]: b = np.empty_like(a)
          b
Out[13]: array([[1., 1., 1.],
                [1., 1., 1.]])

In  [14]: np.eye(4,5,k=-2)  #创建3×4的低于主对角线2位全是1的数组
Out[14]: array([[0., 0., 0., 0., 0.],
                [0., 0., 0., 0., 0.],
                [1., 0., 0., 0., 0.],
                [0., 1., 0., 0., 0.]])

In  [15]: np.full((3,5), 10)  #创建元素全为 10 的 3×5 数组
Out[15]: array([[10, 10, 10, 10, 10],
                [10, 10, 10, 10, 10],
                [10, 10, 10, 10, 10]])
```

3. 利用 random 模块生成数组

在 NumPy 中提供了 random 模块用于生成单个数或任意维度的数组。这里介绍几种 np. random 模块中常用的函数,如表 7-2 所示。

表 7-2　np.random 模块常用函数

函　数	描　述
np.random.rand(d0,d1,…,dn)	生成一个[0,1)均匀分布的[d0,d1,…,dn]维 NumPy 数组，若无参数，则生成[0,1)中的一个数
np.random.randn(d0,d1,…,dn)	生成一个标准正态分布的[d0,d1,…,dn]维 NumPy 数组
np.random.randint(low,high=None,size=None,dtype=int)	生成形状为 size 的[low,high)中的随机整数，若没有输入参数 high，则取值区间为[0,low)。size：输出样本数目，为 int 或元组(tuple)类型，默认时生成 1 个数值。dtype：数据类型，默认是 int
np.random.uniform(low=0.0,high=1.0,size=None)	生成符合均匀分布的浮点数，取值范围为[low,high)，float 类型，默认取值范围为[0,1.0)
np.random.normal(loc=0.0,scale=1.0,size=None)	按照正态分布生成均值为 loc，标准差为 scale，形状为 size 的浮点数
np.random.random(size=None)	生成[0.0,1.0)中的浮点数
np.random.choice(a,size=None,replace=True,p=None)	从 a(1 维数组)中选取 size 形状的随机数，replace=True 表示可重复抽取，p 是 a 中每个数出现的概率。若 a 是整数，则 a 代表的数组是 arange(a)
np.random.shuffle(x)	随机打乱顺序，无返回值(直接改变 x 的值)；x 为 1 维或多维数组，若为多维数组，按第一维进行随机乱序，其他维度不变
np.random.permutation(x)	作用同 shuffle()，返回新数组；若 x 是整数，则相当于打乱 arange(x)，其他同 shuffle(x)
np.random.seed()	设置随机数种子，其参数可为任意数值。相同的随机数种子可以使每次生成的随机数相同，便于数据验证

注意：与 Python 的标准库 Random 的主要区别在于，NumPy 的 random 模块用于生成一个随机数或多维随机数组，而 Python 提供的标准库 Random 用于生成一个整数、浮点数或字符串，不能直接生成多维数组。

示例：

```
In [16]: import numpy as np
         np.random.rand(2,3)  #创建[0,1)均匀分布的2维数组
Out[16]: array([[0.03367311, 0.98269628, 0.87542578],
                [0.4471213 , 0.1434717 , 0.91275517]])

In [17]: np.random.randint(2,20,(3,5))  #生成形状为(3,5)的[2,20)中的随机整数数组
Out[17]: array([[ 6,  3, 13, 10,  6],
                [ 5,  3, 19,  3, 15],
                [13,  3, 16, 17, 10]])

In [18]: np.random.randint(2,20)  #默认为size时生成1个数值
Out[18]: 5

In [19]: np.random.randint(2,20,(2,3))  #生成[2, 10) 中size为(2,3)的随机整数数组
Out[19]: array([[18, 11,  7],
                [19,  6,  5]])

In [20]: np.random.uniform(1.1,5.5,(2,3))
Out[20]: array([[4.75887782, 2.54007592, 5.16932144],
                [1.94259325, 4.56932273, 1.56159764]])

In [21]: np.random.choice(10,(2,3))
Out[21]: array([[8, 9, 6],
                [2, 3, 7]])
```

```
In [22]: np.random.permutation(5)
Out[22]: array([4, 0, 1, 3, 2])

In [23]: #permutation和shuffle对比
         arr = np.arange(5)
         print('arr:\n',arr)
         arr1 = np.random.permutation(arr)
         print('arr1:\n',arr1)
         np.random.shuffle(arr)
         print('arr:\n',arr)

         arr:
          [0 1 2 3 4]
         arr1:
          [4 1 2 3 0]
         arr:
          [3 4 1 0 2]

In [24]: a = np.random.randint(1,20,(2,3,4))
         a
Out[24]: array([[[ 1, 18, 16, 14],
                 [11,  2, 15, 12],
                 [ 7, 12, 11,  3]],

                [[11, 12,  7, 11],
                 [ 3,  6, 17,  8],
                 [ 9,  8, 11,  4]]])
```

7.1.2 ndarray 常见操作

ndarray 常见操作有数组属性操作、数组形状操作、索引与切片、广播、数组合并与分割。

1. 数组属性操作

数组属性反映了数组本身固有的信息，可以直接使用[.属性名]的方式访问，ndarray 常用的属性如表 7-3 所示。

表 7-3 ndarray 常用的属性

属性名字	属性解释
ndarray.ndim	返回一个数字，表示数组维数
ndarray.shape	返回一个元组，获取数组各个维度的长度
ndarray.size	返回一个数字，表示数组中的元素数量
ndarray.dtype	获取数组中元素的数据类型
ndarray.itemsize	获取数组元素的长度，以字节为单位
ndarray.T	转置数组

ndarray 常用属性的示例代码如下。

```
In [25]: import numpy as np
         #由Python的嵌套List创建一个二维数组l
         x = np.array([[1,2,3,4],[5,6,7,8]])
         x
Out[25]: array([[1, 2, 3, 4],
                [5, 6, 7, 8]])

In [26]: x.ndim  #数组x的维数为2
Out[26]: 2

In [27]: x.shape  #返回数组x各个维度的长度，第0维长度为2，第1维长度为4
Out[27]: (2, 4)
```

对数组的维(ndim)和轴(axis)的理解如下。

如果数组的元素是数组，即数组嵌套数组，则称其为多维数组，几层嵌套就是几维数组。

数组的每个维度代表一个轴(axis)，数组的维数(ndim)等于轴的个数。对轴的理解很重要，它在 NumPy、Pandas 等很多函数中都设有 axis 参数。

维数的判断(两种方法)：

(1)数左方括号"［"的个数，如图 7-1 所示就是 3 维数组(有 3 个左括号)。

(2)查看 shape 属性的输出元组元素个数(有 3 个元素，也是三维)。

如形状为(3,4)的二维数组可以看作一维数组的两层嵌套(即两个左括号)，它包含两个轴，第 0 轴(axis=0)有 3 个元素(3 个以数组为元素的一维数组)，第 1 轴(axis=1)包含 4 个元素(一维数组内有 4 个数据)。

三维数组可以看作多个二维数组的堆叠，如一个形状为(2,3,4)的三维数组，可以理解为两个形状为(3,4)的二维数组堆叠在一起，如图 7-1 所示，其中，0 轴元素为 2，每个 1 轴包含 3 个

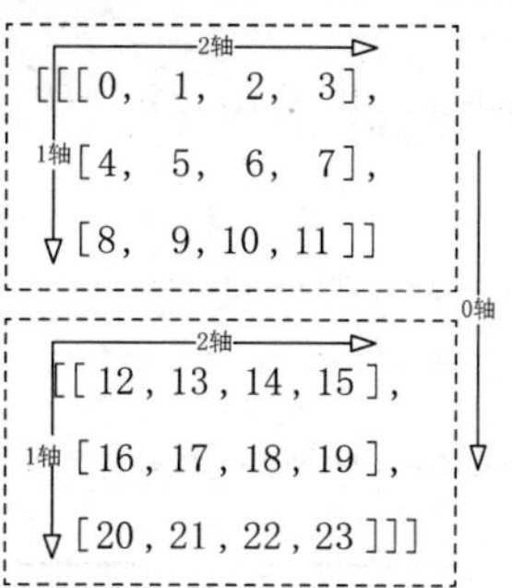

图 7-1 图解三维数组

数组元素，每个2轴由4个元素构成(每个数组内有4个元素)。

一个形状为(3,8,15,3)的四维数组可以理解为有3栋住宅楼(0轴)，每栋住宅楼有8个单元门(1轴)，每个单元有15层(2轴)，每层有3个住户(3轴)。ndarray常用属性的示例代码如下：

```
In  [28]: x.size  #数组中的元素数量为8, 即:shape属性(2, 4)的乘积
Out[28]: 8

In  [29]: x.dtype  #数组中元素的数据类型为int32
Out[29]: dtype('int32')

In  [30]: type(x)  #type()函数返回对象(变量)的类型,结果为numpy的ndarray类型
Out[30]: numpy.ndarray
```

注意：dtype返回数组元素的类型，type()函数返回对象的类型。

```
In  [31]: x.T  #转置数组
Out[31]: array([[1, 5],
                [2, 6],
                [3, 7],
                [4, 8]])
```

2. 数组形状操作

数组的形状由轴的数量和每个轴所包括的元素数量决定，通过修改每个轴上元素的数量可以改变数组的形状，修改数组形状的常用方法如表7-4所示。

表7-4 修改数组形状的常用方法

方法	描述
ndarray.reshape(shape)	返回一个shape形状的数组，原数组不变。shape中的某一维度可用−1替代，−1表示该维度值由NumPy自动计算
ndarray.resize(shape)	将原数组修改为shape形状，无返回值，不能使用−1替代shape中的某一维度
ndarray.swapaxes(axis1,axis2)	将n维数组中两个维度进行调换，不改变原数组。axis：只接受两个要交换的轴序号
ndarray.transpose(axis1,axis2,…)	对n维数组进行任意维度调换，不改变原数组。axis：须列示交换后的所有轴序号
ndarray.flatten(order='C')	对数组进行降维，返回展平后的一维数组，原数组不变。 order表示展平顺序，其常用参数值有：C为行优先，F为列优先，默认为C
ndarray.ravel(order='C')	返回一个展平后的一维数组视图，其元素值改变，原始数组值也跟着改变(维度不变)
ndarray.squeeze(a,axis=None)	移除shape中长度为1的轴。a表示输入的数组；axis指定需要删除的轴，其长度须为1，否则出错。axis的取值为None或int或整数型元组，默认删除所有长度为1的轴

代码示例如下。

```
In  [32]: arr = np.arange(1,25).reshape(2,4,3)  #返回一个2×4×3形状的新数组
           #reshape(2,4,3)等同于 reshape(2,4,-1)，-1代表该维度值由NumPy自动计算
          arr

Out[32]: array([[[ 1,  2,  3],
                 [ 4,  5,  6],
                 [ 7,  8,  9],
                 [10, 11, 12]],

                [[13, 14, 15],
                 [16, 17, 18],
                 [19, 20, 21],
                 [22, 23, 24]]])

In  [33]: arr.resize(2,3,4)  #将原数组变为2×3×4形状
          arr

Out[33]: array([[[ 1,  2,  3,  4],
                 [ 5,  6,  7,  8],
                 [ 9, 10, 11, 12]],

                [[13, 14, 15, 16],
                 [17, 18, 19, 20],
                 [21, 22, 23, 24]]])

In  [34]: arr.transpose((1,0,2))  #等同于arr.swapaxes(1,0)
           #将arr数组的0轴和1轴交换，即(2, 3, 4) 转成 (3, 2, 4)
           #如图7-2所示，数值13开始的索引是 [1,0,0] ，变换后成了[0,1,0]

Out[34]: array([[[ 1,  2,  3,  4],
                 [13, 14, 15, 16]],

                [[ 5,  6,  7,  8],
                 [17, 18, 19, 20]],

                [[ 9, 10, 11, 12],
                 [21, 22, 23, 24]]])
```

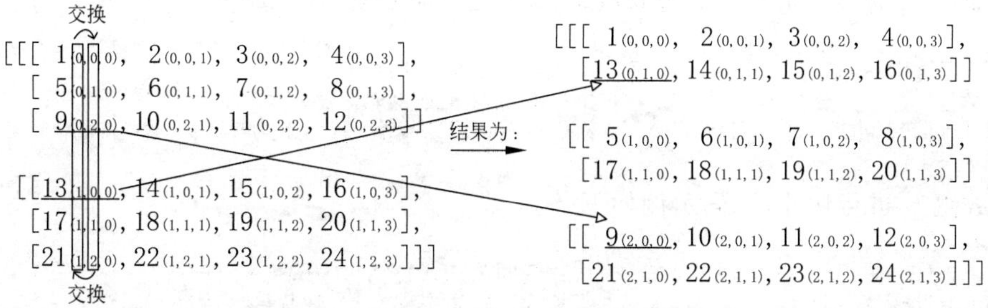

```
交换
[[[ 1(0,0,0), 2(0,0,1), 3(0,0,2), 4(0,0,3)],
  [ 5(0,1,0), 6(0,1,1), 7(0,1,2), 8(0,1,3)],
  [ 9(0,2,0), 10(0,2,1), 11(0,2,2), 12(0,2,3)]]

 [[13(1,0,0), 14(1,0,1), 15(1,0,2), 16(1,0,3)],
  [17(1,1,0), 18(1,1,1), 19(1,1,2), 20(1,1,3)],
  [21(1,2,0), 22(1,2,1), 23(1,2,2), 24(1,2,3)]]]
交换

结果为：

[[[ 1(0,0,0), 2(0,0,1), 3(0,0,2), 4(0,0,3)],
  [13(0,1,0), 14(0,1,1), 15(0,1,2), 16(0,1,3)]]

 [[ 5(1,0,0), 6(1,0,1), 7(1,0,2), 8(1,0,3)],
  [17(1,1,0), 18(1,1,1), 19(1,1,2), 20(1,1,3)]]

 [[ 9(2,0,0), 10(2,0,1), 11(2,0,2), 12(2,0,3)],
  [21(2,1,0), 22(2,1,1), 23(2,1,2), 24(2,1,3)]]]
```

图 7-2　调换维度

```
In  [35]: #在Jupyter Notebook中设置多行同时输出结果
          from IPython.core.interactiveshell import InteractiveShell
          InteractiveShell.ast_node_interactivity = "all"

In  [36]: arr1 = np.arange(1,11).reshape(2,5)
          arr1
          arr1.flatten()     #默认按行展平
          arr1.flatten('f')  #按列展平

Out[36]: array([[ 1,  2,  3,  4,  5],
                [ 6,  7,  8,  9, 10]])

Out[36]: array([ 1,  2,  3,  4,  5,  6,  7,  8,  9, 10])

Out[36]: array([ 1,  6,  2,  7,  3,  8,  4,  9,  5, 10])
```

```
In  [37]: w = arr1.ravel()
          w
          arr1
Out[37]: array([ 1,  2,  3,  4,  5,  6,  7,  8,  9, 10])
Out[37]: array([[ 1,  2,  3,  4,  5],
                [ 6,  7,  8,  9, 10]])

In  [38]: w[1]=100
          w
          arr1
Out[38]: array([  1, 100,   3,   4,   5,   6,   7,   8,   9,  10])
Out[38]: array([[  1, 100,   3,   4,   5],
                [  6,   7,   8,   9,  10]])
```

```
In  [39]: a = np.arange(10).reshape(1,2,1,5)
          a.shape
          a
Out[39]: (1, 2, 1, 5)
Out[39]: array([[[[0, 1, 2, 3, 4]],

                 [[5, 6, 7, 8, 9]]]])

In  [40]: b = np.squeeze(a)  #去除长度为1的轴
          b.shape
          b
Out[40]: (2, 5)
Out[40]: array([[0, 1, 2, 3, 4],
                [5, 6, 7, 8, 9]])
```

3．索引与切片

在 NumPy 中同样存在索引与切片操作，能够实现根据下标获取相应位置元素（索引）以及截取相应长度的数组（切片，切片区间为左闭右开），主要包括基础索引与切片、花式索引与切片、布尔索引这 3 种类型操作。

1）基础索引与切片

基础索引：通过单个整数值来索引数组。

切片：通过[起始:结束:步长]的方式索引连续的数组子集。若省略起始值则默认从 0 开始，若省略结束值代表取到最后位置，不指定步长值则默认步长为 1，允许混合使用正负数。

其操作与 Python 列表的操作很相似，但返回结果却显著不同。数组索引与切片返回的是原始数组视图（如果对返回结果做任何修改，原始数组都会跟着更改），以避免占用过多内存；如需实现底层数据的复制，则需使用数组对象的 copy()方法。

（1）一维数组的索引与切片。

例如，用下标 1、3 和－1 来选取数组 w 中的对应元素，代码如下。

```
w = np.arange(10)                #生成一维数组 w(向量)
print(w)                         #生成的数组 w 为[0 1 2 3 4 5 6 7 8 9]
print(w[1], w[3], w[-1])         #索引(下标从 0 开始),其结果为 1 3 9
```

对数组 w 进行切片，代码示例如下。

```
print(w[3:6])                    #切片区间为[3:6),结果为[3 4 5]
print(w[6:3:-1])                 #步长为-1,由右向左切,切片区间为[6:3),结果为[6 5 4]
print(w[3:-2])                   #正负数下标混合使用,结果为[3 4 5 6 7]
print(w[4:-9:-1])                #由下标 4 开始向左切到-9 的下标,结果为[4 3 2]
```

注意：对索引和切片返回结果的修改会直接映射到原始数组，原数组的元素值会跟着更改。例如：

```
w[1] = 22
print(w)                         #数组 w 的结果为[ 0 22  2  3  4  5  6  7  8  9]
```

（2）多维数组的索引与切片。

多维数组索引与切片时，语法格式为：数组名[第 0 维，第 1 维，第 2 维，…]。不同维度间用逗号隔开，对每一个维度，都可以使用切片语法。操作示例如下。

```
In  [2]: import numpy as np
         W = np.arange(20).reshape(4,5)  #生成（4，5）的二维数组(矩阵)
         print(W)

         [[ 0  1  2  3  4]
          [ 5  6  7  8  9]
          [10 11 12 13 14]
          [15 16 17 18 19]]

In  [6]: print(W[1,2])  #等同于W[1][2]，返回结果为7

         7

In  [7]: print(W[:,2])  #筛选所有行，返回第2列的结果

         [ 2  7 12 17]

In  [7]: print(W[:2, 2:4])  #筛选[0:2)行，再筛选[2:4)列

         [[2 3]
          [7 8]]
```

技巧：当对高维数组进行切片时，如果使用连续的多个冒号，可以用一个省略号(...)来代替，例如，b[0,:,:,:]等价于 b[0,...]。

2）花式索引与切片

花式索引指的是利用整数数组(可以是 NumPy 的数组，也可以是 Python 自带的 list)作为待索引数组中某个轴的下标进行索引，这里的整数数组可以是 NumPy 数组，也可以是 Python 中的列表、元组等可迭代类型。花式索引擅长处理一些不规则的索引，返回的是原数组的副本而不是视图。

花式索引的语法格式：

```
数组名[[第 0 维数组],[第 1 维数组],[第 2 维数组],…]
```

其语法格式与多维数组的索引语法近似，只是按各维度进行索引时传入的是数组，不同维度间用逗号隔开。

(1) 一维数组花式索引。

```
arr = np.arange(11,20)
print(arr)                #运行结果为[11 12 13 14 15 16 17 18 19]
print(arr[[2,5,7]])       #用数组[2,5,7]进行花式索引,其结果为[13 16 18]
```

(2) 二维数组花式索引。

```
arr1 = np.arange(1,13).reshape(3,4)   #生成(3,4)的二维数组
print(arr1)
```

结果为：

```
[[ 1  2  3  4]
 [ 5  6  7  8]
 [ 9 10 11 12]]
```

对 arr1 的第 0 行和第 2 行进行索引。命令如下。

```
print(arr1[[0,2]])          #列标可以省略,等价于 arr1[[0,2],:]
```

结果为：

```
[[ 1  2  3  4]
 [ 9 10 11 12]]
```

对 arr1 筛选多列，命令如下。

```
print(arr1[:, [0,2,3]])     #通过切片取值,筛选多列,行不能省略
```

结果为：

```
[[ 1  3  4]
 [ 5  7  8]
 [ 9 11 12]]
```

相当于取下列位置的数值：

```
(0,0)(0,3)(0,4)
(1,0)(1,3)(1,4)
(2,0)(2,3)(2,4)
```

对 arr1 同时指定行列索引列表，此时要求每个整数数组的元素个数要相等。命令如下。

```
print(arr1[[0,2],[1,3]])  #返回(0,1),(2,3)位置的值
```

结果为：

```
[ 2, 12]                    #结果维度为 1(2 - 2 + 1)
```

特别注意：每一个整数数组作用于待索引数组的一个维度，因此，要求整数数组的个数要小于或等于待索引数组的维度个数；整数数组中的元素值不能超过对应待索引数组的最大下标值；如果设置多个整数数组进行索引且当整数数组元素个数大于 1 时（即不能采用后文提到的广播机制进行广播），要求各整数数组的元素个数相等，这样才能将整数数组映射成下标。

例如，对于 arr1[[0,2],[1,3]]中的两个整型数组，可以拼接成 arr1[0,1]和 arr1[2,3]的下标来取值，而对于 arr[[0,2],[1,2,3]]中两个整型数组的元素个数不等时，无法拼接成对应的下标进行取值，NumPy 会提示如下错误信息。

```
arr1[[0,2],[1,2,3]]

---------------------------------------------------------------------------
IndexError                                Traceback (most recent call last)
~\AppData\Local\Temp/ipykernel_6248/2331499826.py in <module>
----> 1 arr1[[0,2],[1,2,3]]

IndexError: shape mismatch: indexing arrays could not be broadcast together with shapes (2,) (3,)
```

（3）多维数组花式索引。

与二维花式索引类似，下列命令只解释用途，不再列示结果。

```
arr2 = np.arange(1,61).reshape(3,4,5) #生成(3,4,5)的数组
arr2[[0, 2]]                          #选第 0 个和第 2 个矩阵
arr2[:,[0, 2]]                        #选所有矩阵的第 0 和第 2 列
arr2[[0,1],[1,2],[1,2]]  #等价于取 arr2 的(0,1,1)(1,2,2)位置的值,结果维度为 1(3 - 3 + 1)
```

提示：花式索引会使索引结果的维度发生变化，其维度变化规律为 $n-m+1$，其中，n 为原始数组的维度，m 为整数数组的个数；即 1 个整数数组时其索引结果的维度为 n，2 个整数数组时的索引结果维度为 $n-1$，3 个整数数组时的索引结果维度为 $n-2$，以此类推。

3）布尔索引

通过布尔类型的数组对另外一个数组进行索引（元素选取）。

索引的原则为：如果布尔数组中的值为 True，则选取对应位置的元素，否则不选取。

作用：通过布尔类型的数组进行索引是常见且实用的操作，通常用于元素筛选（或过滤）操作。注意：布尔数组的长度须与待索引数组对应的维度或轴的长度一致。

（1）一维数组的索引。

示例：布尔数组中，下标为 0，1，3，4 的位置是 True，取出待索引数组中对应位置的元素。

```
In  [1]: import numpy as np

In  [2]: arr3 = np.arange(7)
         arr3

Out[2]: array([0, 1, 2, 3, 4, 5, 6])

In  [3]: bool1 = np.array([True, True, False, True, True, False, False])  # 布尔数组

In  [4]: arr3[bool1]

Out[4]: array([0, 1, 3, 4])

In  [5]: arr3>3  # 返回的结果为布尔数组

Out[5]: array([False, False, False, False,  True,  True,  True])

In  [6]: arr3[arr3>3]  # 用于条件筛选

Out[6]: array([4, 5, 6])

In  [7]: arr3[arr3>3] +=10  # 把大于3的值都加10
         arr3

Out[7]: array([ 0,  1,  2,  3, 14, 15, 16])
```

（2）多维数组的索引。

示例：

```
In  [8]: arr1 = np.arange(1,13).reshape(3,4)
         arr1

Out[8]:  array([[ 1,  2,  3,  4],
                [ 5,  6,  7,  8],
                [ 9, 10, 11, 12]])

In  [9]: bool2 = [True,False,True]

In [10]: arr1[bool2] # 布尔数组中，下标为0,2的位置是True，将取出arr1中的第0,2行

Out[10]: array([[ 1,  2,  3,  4],
                [ 9, 10, 11, 12]])

In [11]: arr1[bool2,1:3] # 取出arr1中第0,2行后，再取第1，2列

Out[11]: array([[ 2,  3],
                [10, 11]])

In [12]: arr1[:,[False,True,False,True]] # 用布尔数组取出arr1的第1，2列

Out[12]: array([[ 2,  4],
                [ 6,  8],
                [10, 12]])
```

可以将对数组的逻辑运算(结果为布尔数组)作为布尔索引,实现待索引数组的条件筛选。注意：多条件索引(筛选)时,Python 关键字 and 和 or 对布尔数组无效,只能使用 & 和|,且每个条件需加上圆括号()。

```
In [13]: arr1>6 # 逻辑运算结果返回的是与原数组维度和长度相同的布尔数组

Out[13]: array([[False, False, False, False],
                [False, False,  True,  True],
                [ True,  True,  True,  True]])

In [14]: arr1[arr1>6] # 该布尔数组既有行，又有列，因此返回（行，列）的一维数组

Out[14]: array([ 7,  8,  9, 10, 11, 12])

In [15]: arr1[(arr1>6)&(arr1<10)] # 筛选出arr1中介于6~10的值。注意：每个条件需加上小括号

Out[15]: array([7, 8, 9])

In [16]: arr1[(arr1>6)&(arr1<10)]=100 # 筛选出arr1中介于6~10的值并赋值为100
         arr1

Out[16]: array([[  1,   2,   3,   4],
                [  5,   6, 100, 100],
                [100,  10,  11,  12]])
```

4．广播

广播(Broadcasting)是 NumPy 对不同形状的数组进行数值计算的方式,对数组的算术运算通常在相应的元素上进行(element-wise,按位运算)。当运算中的两个数组的形状不同时,NumPy 将自动触发广播机制,该机制在深度学习的函数构建中应用较多。

规则 1：各输入数组都向其中 shape(维度或轴的数量)最长的数组看齐,低维度数组通过向前(左侧)补 1 的方式进行维度匹配。

例如,计算数组 a+b,其中,a. shape=(3，2，3),b. shape=(2，3),则数组 b 按规则 1 将被广播为 b. shape=(1，2，3)。

规则 2：如果各输入数组的形状在任何维度上均不匹配，但某数组的某个维度为 1，则维度为 1 的数组将被拉伸以匹配另一数组对应维度形状（按形状为 1 的维度或轴进行广播），输出数组的形状是输入数组形状的各个维度上的最大值。

例如，a = np. ones((3,1))，b = np. arange(3)，计算数组 c=a+b。

由于 a. shape=(3, 1)，b. shape=(1, 3)，根据规则 2，数组 a 和 b 的 shape 会被广播为 a. shape=(3, 3)，b. shape=(3, 3)，最终结果 c. shape=(3, 3)。计算过程示意图及程序代码如图 7-3 所示。

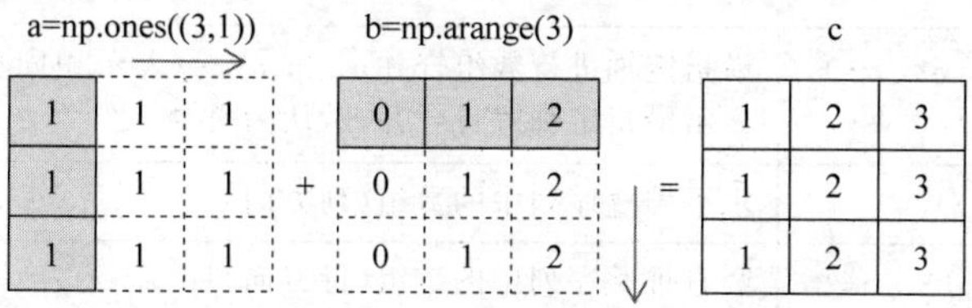

图 7-3　广播示意图

示例：

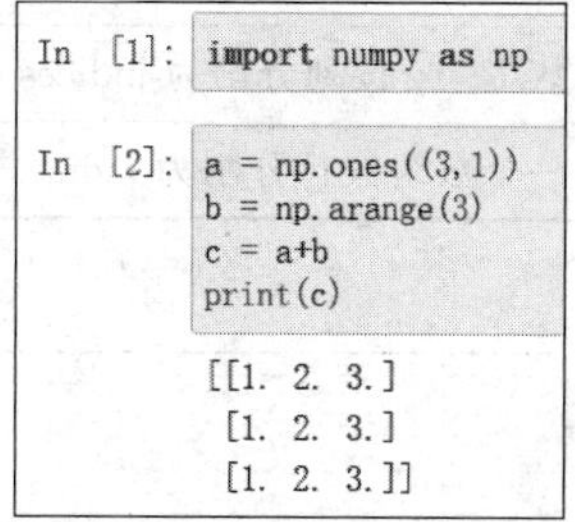

```
In [1]: import numpy as np

In [2]: a = np.ones((3,1))
        b = np.arange(3)
        c = a+b
        print(c)

        [[1. 2. 3.]
         [1. 2. 3.]
         [1. 2. 3.]]
```

规则 3：如果各输入数组的形状在任何维度上均不匹配，且均没有等于 1 的维度，则会报错。

```
In [3]: m = np.ones((3,2))
        m

Out[3]: array([[1., 1.],
               [1., 1.],
               [1., 1.]])

In [4]: a = np.arange(3)
        a

Out[4]: array([0, 1, 2])

In [5]: m.shape, a.shape

Out[5]: ((3, 2), (3,))

In [6]: m+a

        ---------------------------------------------------------------------------
        ValueError                                Traceback (most recent call last)
        ~\AppData\Local\Temp/ipykernel_13188/656763710.py in <module>
        ----> 1 m+a

        ValueError: operands could not be broadcast together with shapes (3,2) (3,)

        分析：m.shape为(3,2)，a.shape为(3,)：
        根据规则1，a.shape会变成(1, 3)
        根据规则2，a.shape再变成(3, 3)，相当于在行上复制
        根据规则3，形状不匹配，且没有维度是1，匹配失败报错
```

5. 数组合并与分割

数组合并(堆叠)主要有水平合并、垂直合并等方式。数组合并通常不会改变数组的维度,实现数组合并的函数主要有 concatenate()、vstack()、hstack()等；数组可以进行水平、垂直分割,可以将数组分割成相同大小的子数组,也可以指定原数组中需要分割的位置,相关的常用函数有 split()、hsplit()、vsplit()等,如表 7-5 所示。

表 7-5　数组合并与分割相关常用函数

函　　数	描　　述
np. concatenate((a1, a2, …), axis=0)	沿指定轴进行数组合并。a1, a2,…表示相同类型的数组序列；axis 表示沿指定轴进行合并,默认为 0
np. hstack((a1, a2,…))	水平堆叠序列中的数组(列方向)
np. vstack((a1, a2, …))	竖直堆叠序列中的数组(行方向)
np. split(ary,indices,axis=0)	将 ary 数组分割为 indices 个子数组。indices：如果是一个整数,表示用该数平均切分,如果是一个数组,表示指定切分的具体位置。axis：默认为 0,表示横向切分；为 1 时,表示纵向切分
np. hsplit(ary,indices)	将数组 ary 按列分割为 indices 个子数组(水平方向)
np. vsplit(ary,indices)	将一个数组按行分割为 indices 个子数组(垂直方向)

常用操作如下。

```
In  [1]: import numpy as np

In  [2]: a = np.arange(12).reshape(3,4)  #生成 (3,4) 数组
         a

Out[2]: array([[ 0,  1,  2,  3],
               [ 4,  5,  6,  7],
               [ 8,  9, 10, 11]])

In  [3]: b = np.arange(12,24).reshape(3,4)  #生成 (3,4) 数组
         b

Out[3]: array([[12, 13, 14, 15],
               [16, 17, 18, 19],
               [20, 21, 22, 23]])

In  [4]: np.concatenate((a,b)) #沿0轴方向（垂直方向）进行合并，等价于np.vstack((a,b))

Out[4]: array([[ 0,  1,  2,  3],
               [ 4,  5,  6,  7],
               [ 8,  9, 10, 11],
               [12, 13, 14, 15],
               [16, 17, 18, 19],
               [20, 21, 22, 23]])
```

```
In  [5]: np.concatenate((a,b),axis=1) #沿1轴方向（水平方向）进行合并等价于np.hstack((a,b))
Out[5]: array([[ 0,  1,  2,  3, 12, 13, 14, 15],
               [ 4,  5,  6,  7, 16, 17, 18, 19],
               [ 8,  9, 10, 11, 20, 21, 22, 23]])
In  [6]: w = np.arange(24).reshape(6,4) #生成（6,4）数组w
         w
Out[6]: array([[ 0,  1,  2,  3],
               [ 4,  5,  6,  7],
               [ 8,  9, 10, 11],
               [12, 13, 14, 15],
               [16, 17, 18, 19],
               [20, 21, 22, 23]])
In  [7]: np.split(w,2,axis=1) # 按列平均切分为两个部分，等价于np.hsplit(w,2)
Out[7]: [array([[ 0,  1],
                [ 4,  5],
                [ 8,  9],
                [12, 13],
                [16, 17],
                [20, 21]]),
         array([[ 2,  3],
                [ 6,  7],
                [10, 11],
                [14, 15],
                [18, 19],
                [22, 23]])]
In  [8]: np.split(w,(2,4))#将w按0轴的第2行和第4行位置进行切分
Out[8]: [array([[0, 1, 2, 3],
                [4, 5, 6, 7]]),
         array([[ 8,  9, 10, 11],
                [12, 13, 14, 15]]),
         array([[16, 17, 18, 19],
                [20, 21, 22, 23]])]
In  [9]: np.hsplit(w,2) #按列平均切分为两个部分
Out[9]: [array([[ 0,  1],
                [ 4,  5],
                [ 8,  9],
                [12, 13],
                [16, 17],
                [20, 21]]),
         array([[ 2,  3],
                [ 6,  7],
                [10, 11],
                [14, 15],
                [18, 19],
                [22, 23]])]
In [10]: np.hsplit(w,(3,)) #以第3列为基准将w数组分割为两个部分，常用于机器学习中
Out[10]: [array([[ 0,  1,  2],
                 [ 4,  5,  6],
                 [ 8,  9, 10],
                 [12, 13, 14],
                 [16, 17, 18],
                 [20, 21, 22]]),
          array([[ 3],
                 [ 7],
                 [11],
                 [15],
                 [19],
                 [23]])]
```

7.1.3 常用的操作函数

1. 聚合函数

聚合函数是指减小返回对象维度的函数。

NumPy 提供了许多聚合函数，可以对数组按指定维度（轴）进行统计运算，NumPy 1.8 之后还开发出了 NaN 安全版本的聚合函数，可以忽略空缺数据并计算得出正确结果。

表 7-6 列出了 NumPy 中常用的聚合函数。

表 7-6 常用聚合函数

函数名称	NaN 安全版本	说明
np. sum(a,axis=None)	np. nansum	计算总和，a 为数组，下同
np. prod(a,axis=None)	np. nanprod	计算乘积
np. cumsum(a,axis=None)	np. nancumsum	返回元素的累加求和序列
np. cumprod(a,axis=None)	np. nancumprod	返回元素的连乘积序列
np. average(a,axis=None,weights=None)	—	计算加权平均值，参数可以指定 weights
np. mean(a,axis=None)	np. nanmean	计算算术平均值
np. std(a,axis=None)	np. nanstd	计算标准差
np. var(a,axis=None)	np. nanvar	计算方差
np. min(a,axis=None)	np. nanmin	计算最小值
np. max(a,axis=None)	np. nanmax	计算最大值
np. ptp(a,axis=None)	—	计算最大值与最小值的差，等价于 np. max()－np. min()
np. argmin(a,axis=None)	np. nanargmin	寻找最小值的索引
np. argmax(a,axis=None)	np. nanargmax	寻找最大值的索引
np. median(a,axis=None)	np. nanmedian	计算中位值
np. percentile(a, q,axis=None)	np. nanpercentile	计算沿指定轴的第 q 个百分位数。q 表示要计算的百分位数或序列，取值为 0 ～ 100
np. quantile(a, q,axis=None)	np. nanquantile	计算沿指定轴的第 q 个分位数 q 表示要计算的分位数或序列，取值为 0～1
np. any(a,axis=None)	注意：NaN（Not a Number）、正负无穷大值都是 True，因其值不等于零	判断给定轴向上是否有一个元素为 True，axis 为 None，则返回单个布尔值
np. all(a,axis=None)		判断给定轴向上的所有元素是否都为 True，axis 为 None，则返回单个布尔值

注意，这些聚合函数都有一个 axis 参数，用于按指定轴进行聚合，axis=0 代表垂直方向（跨行），axis=1 代表水平方向（跨列），如果不指定（axis=None），则计算所有元素的一个结果值。

操作示例代码及结果如下。

```
In  [1]: import numpy as np

In  [2]: c = np.arange(1,7).reshape(2,3) #生成(2,3)的数组
         c

Out[2]: array([[1, 2, 3],
               [4, 5, 6]])

In  [3]: np.sum(c) #省略axis时，对全部元素求和，返回一个值

Out[3]: 21

In  [4]: np.sum(c,axis=0) #按0轴向（跨行）求和，聚合成1行结果，其他函数同理

Out[4]: array([5, 7, 9])
```

```
[[1, 2, 3],
 [4, 5, 6]]
  ↓  ↓  ↓
求和结果  5，7，9
```

```
In  [5]: np.sum(c,axis=1) #按1轴向（跨列）求和，聚合成1列结果

Out[5]: array([ 6, 15])
```

```
数组          求和结果
[[1, 2, 3], -->  6
 [4, 5, 6]] --> 15
```

```
In  [6]: c.cumsum() #等同于np.cumsum(c),省略axis,返回全元素的累加求和序列

Out[6]: array([ 1,  3,  6, 10, 15, 21], dtype=int32)

In  [7]: np.cumsum(c,axis=0) #沿0轴向返回累加求和序列

Out[7]: array([[1, 2, 3],
               [5, 7, 9]], dtype=int32)

In  [8]: c.cumprod(axis=1) #沿1轴向返回连乘积序列

Out[8]: array([[  1,   2,   6],
               [  4,  20, 120]], dtype=int32)

In  [9]: c.min(axis=0) #沿0轴向返回最小值

Out[9]: array([1, 2, 3])

In  [10]: np.argmax(c,axis=1) #沿1轴向返回最大值的索引位置

Out[10]: array([2, 2], dtype=int64)

In  [11]: np.median(c) #省略axis,计算全元素的中位数

Out[11]: 3.5

In  [12]: np.quantile(c,0.5) #当q=0.0时，结果与最小值相同；当q=0.5时，结果与中位数相同；当q=1.0时，则与最大值相同

Out[12]: 3.5

In  [13]: c.all(axis=1) #判断1轴向上的所有元素是否都为True(非零)，返回布尔值

Out[13]: array([ True,  True])
```

2. 排序函数

NumPy 中提供了各种排序相关的函数，常用的排序函数主要有 np. sort()、np. argsort()。

1) np. sort()函数

np. sort()函数返回数组的排序副本。语法格式如下。

```
np.sort(a,axis = - 1,kind = None)
```

参数说明如下。

- a：要排序的数组。
- axis：沿着指定轴对数组 a 进行排序；取值为 int 或 None，可选，默认值为－1，沿着最后一个轴排序，如为 None，则返回排序后展平的数组。
- kind：{'quicksort','mergesort','heapsort','stable'}，排序算法，可选，默认值为'quicksort'。

提示：也可以使用 ndarray. sort()函数进行排序，只是 ndarray. sort()函数直接对原数组进行排序，无返回结果，不占用内存空间。

```
In [1]: import numpy as np

In [2]: a = np.array([[6,1],[3,5]]) #生成二维数组
        a
Out[2]: array([[6, 1],
               [3, 5]])

In [3]: np.sort(a)  #未指定axis, 按最后的轴(-1)排序
Out[3]: array([[1, 6],
               [3, 5]])

In [4]: np.sort(a,axis=0) #沿0轴向排序
Out[4]: array([[3, 1],
               [6, 5]])

In [5]: np.sort(a,axis=None)  #axis=None, 返回排序后展平的数组
Out[5]: array([1, 3, 5, 6])

In [6]: a.sort() #沿0轴向直接对原数组进行排序, 无返回结果

In [7]: a
Out[7]: array([[1, 6],
               [3, 5]])
```

2) np. argsort()函数

np. argsort()函数返回的是元素值按指定的 axis 从小到大排序后的索引值数组。语法格式如下。

```
numpy.argsort(a, axis = - 1, kind = None)
```

参数说明同 np. sort()函数。

当 axis=None 时，展平成[0,3,12,14,18,6]后再按升序返回索引下标，排序的索引变化结果如表 7-7 所示。

```
In  [8]: b= np.array([[0,3,12],[14,18,6]])
         b

Out[8]:  array([[ 0,  3, 12],
                [14, 18,  6]])

In  [9]: np.argsort(b,axis=None)

Out[9]:  array([0, 1, 5, 2, 3, 4], dtype=int64)
```

表 7-7　排序索引示意

(a) 升序前		(b) 升序后	
索引下标	0, 1, 2, 3, 4, 5	索引下标	0, 1, 5, 2, 3, 4
原数组	[0, 3,12,14,18, 6]	数组	[0, 3, 6,12,14,18]

```
In  [10]: np.argsort(b,axis=0)  #沿0轴方向返回排序后的索引

Out[10]:  array([[0, 0, 1],
                 [1, 1, 0]], dtype=int64)

In  [11]: np.argsort(b,axis=1)  #沿1轴方向返回排序后的索引，等同于np.argsort(b)

Out[11]:  array([[0, 1, 2],
                 [2, 0, 1]], dtype=int64)
```

7.2　Pandas 库

Pandas 是一个免费、开源的第三方 Python 库，是 Python 数据分析必不可少的工具之一，其名字衍生于 panel data（面板数据）和 Python data analysis。Pandas 是一个基于 NumPy 的强大且高效的操作与分析大型数据的工具集，提供了大量快速便捷地处理数据的函数与方法，可以从 CSV、JSON、SQL、Excel 等各种格式文件导入数据，可以对数据进行运算、数据清洗、数据加工等操作，广泛应用在学术、金融、统计学等各个数据分析领域。

安装 Pandas 需要基础环境是 Python，假定已经安装了 Python 和 Pip，可以使用命令 pip install pandas 安装 Pandas，使用时需使用 import pandas 或 import pandas as pd 命令导入 Pandas，导入时常将其用别名 pd 来代替。

【例 7-1】 查看当前的 Pandas 版本。

```
>>> import pandas as pd
>>> pd.__version__                    # 查看 Pandas 版本,前后各有两个_
'1.3.2'
```

7.2.1　Pandas 数据结构

Pandas 的主要数据结构是 Series（一维数据）与 DataFrame（二维数据），这两种数据结构足以处理金融、统计、社会科学、工程等领域的数据集。

1. Series

Series 是一种类似于 NumPy 一维数组的对象，它由一组数据（values）以及与之相对应的索引（index）组成，每个元素带有一个自动索引（索引从 0 开始，也称为隐式索引）。

1）创建 Series

通过调用构造函数 pandas.Series()创建如图 7-4 所示的 Series。语法格式如下。

```
pandas.Series(data, index, dtype, name, copy)
```

参数说明如下。

- data：输入的数据，可以是列表、字典、常量、ndarray 数组等。
- index：指定数据索引标签，可以是数字或字符串，如不指定，默认从 0 开始。
- dtype：数据类型，如不指定则自动判断得出。
- name：设置名称。
- copy：表示对 data 进行复制，布尔值，默认为 False。

Series 类似于表格中的一个列(column)，可以保存任何数据类型，如整数、字符串、浮点数、Python 对象等，如未指定索引(显式索引)，默认索引(隐式索引)从 0 开始依次递增，不论是否设定显式索引，隐式索引都一直存在于 Series 中。

Series 相当于一维数组的强化版，增加了字典式的 key-value 的访问机制，同时也保留了数组的索引访问机制。

Series 的结构如图 7-4 所示。

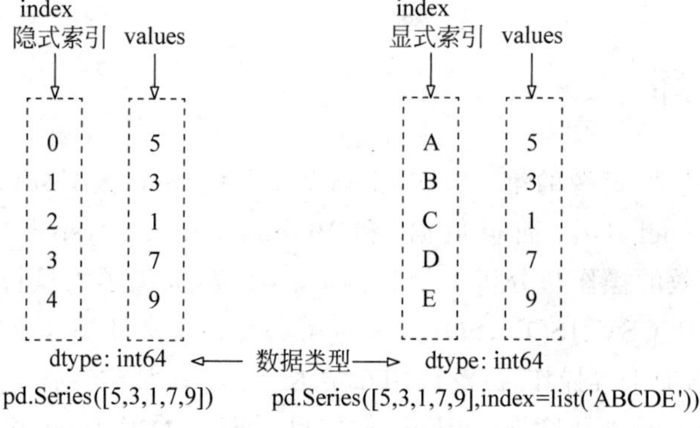

图 7-4　Series 结构

(1) 由列表创建 Series。

【例 7-2】 分别使用隐式索引和显式索引，由列表[5,3,1,7,9]创建 Series。

使用隐式索引创建 Series，相关代码如下。

```
s1 = pd.Series([5,3,1,7,9])              #系统自动分配隐式索引
print(s1)
```

运行结果为：

```
0    5
1    3
2    1
3    7
4    9
dtype: int64
```

使用显式索引创建 Series。相关代码如下。

```
s2 = pd.Series([5,3,1,7,9],index = list('ABCDE'))
print(s2)
```

运行结果为：

```
A    5
B    3
C    1
D    7
E    9
dtype: int64
```

注意：设定显式索引时，索引可以重复，但索引个数须与数据个数相同。

(2) 由字典创建 Series。

由字典创建时，字典中的 key 作为索引，value 作为数据，也可以重新指定 index，其优先级高于字典的 key 级别。

【例 7-3】 由字典{'A':5,'B':3,'C':1,'D':7,'E':9}创建一个 Series。

```
s3 = pd.Series({'A':5,'B':3,'C':1,'D':7,'E':9})
print(s3)
```

运行结果同例 7-2。

(3) 由 ndarray 数组创建 Series。

【例 7-4】 ndarray 数组 np.arange(5)创建 Series，索引为 A、B、C、D、E。代码如下。

```
s4 = pd.Series(np.arange(5),index = list('ABCDE'))
print(s4)
```

运行结果为：

```
A    0
B    1
C    2
D    3
E    4
dtype: int32
```

2) Series 常用属性

Series 的属性较多，常用的属性及示例见表 7-8。

表 7-8 Series 的常用属性

属 性	说 明	示 例	输 出 结 果
Series.index	返回 Series 的索引(轴标签)	s2.index	Index(['A','B','C','D','E'], dtype='object')
Series.values	返回 Series 的数据，为 ndarray	s2.values	array([5,3,1,7,9], dtype=int64)
Series.dtype	返回数据类型	s2.dtype	dtype('int64')
Series.shape	返回 Series 的形状元组	s2.shape	(5,)

续表

属　性	说　明	示　例	输出结果
Series. ndim	返回 Series 的维数，永远是 1	s2. ndim	1
Series. size	返回 Series 中元素的个数	s2. size	5

2. DataFrame

DataFrame 又称为数据框，是 Pandas 常用的数据类型，具有二维的表格型数据结构，类似 Excel 的表格。DataFrame 含有一组有序的列，每列可以是不同的值类型（如数值、字符串、布尔型值）。DataFrame 既有行索引（index）也有列索引（columns），它可以被看作由 Series 组成的字典（共用同一个索引），可以将 DataFrame 理解为 Series 的容器，其结构如图 7-5 所示。

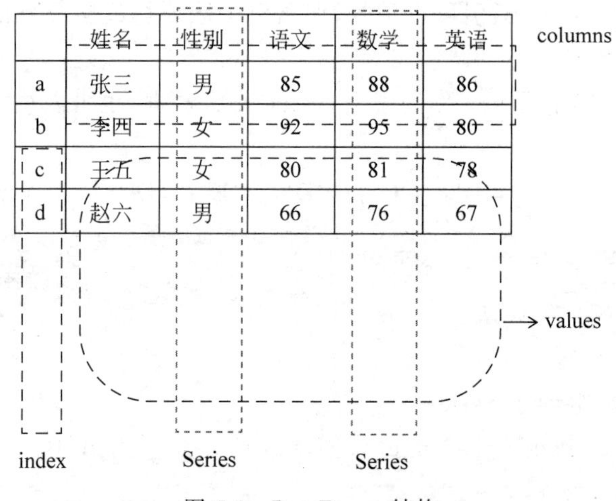

图 7-5　DataFrame 结构

图中的 DataFrame 由多个 Series 组成，共同使用一个行索引，行索引与 DataFrame 中的数据项一一对应，每一行（Series）表示一条信息，每一列（Series）表示一个属性，允许使用不同的数据类型。

1）创建 DataFrame

通过调用构造函数 pandas. DataFrame()创建如图 7-5 所示的 DataFrame。语法格式如下。

```
pandas.DataFrame(data, index, columns, dtype, copy)
```

参数说明如下。

- data：输入的数据（ndarray，series，list，dict 等类型）。
- index：指定行索引值，或称为行标签；如不指定，默认从 0 开始依次递增。
- columns：列索引或称为列标签，默认从 0 开始依次递增。
- dtype：表示每一列的数据类型。
- copy：表示对 data 进行复制，bool 值，默认为 False。

（1）由元组或列表创建。

由元组或列表创建 DataFrame 时，每个元组或列表为一行数据，列索引须与元组或列表的元素数相同；如指定行索引，其长度须与元组或列表的个数相同。

【例 7-5】 由元组或列表创建。代码如下。

```
df = pd.DataFrame([['张三','男',85,88,86],
                   ['李四','女',92,95,80],
                   ['王五','女',80,81,78],
                   ['赵六','男',66,76,67]],
                  index = list('abcd'),
                  columns = ['姓名','性别','语文','数学','英语'])
print(df)
```

运行结果为：

	姓名	性别	语文	数学	英语
a	张三	男	85	88	86
b	李四	女	92	95	80
c	王五	女	80	81	78
d	赵六	男	66	76	67

（2）由字典创建。

由字典创建 DataFrame 时，字典中 key（键）所对应的 value（值）列表长度须相同；如果指定 index，其长度也应与列表长度相同。

【例 7-6】 由字典创建。代码如下。

```
df1 = pd.DataFrame({
    '姓名':['张三','李四','王五','赵六'],
    '性别':['男','女','女','男'],
    '语文':[85,92,80,66],
    '数学':[88,95,81,76],
    '英语':[86,80,78,67]})
print(df1)
```

运行结果与例 7-5 相同。

（3）由 Series 创建。

由 Series 创建 DataFrame 时，如果在 Series 中指定 name，则作为 DataFrame 中的列名，未指定则默认为 0。

【例 7-7】 由 Series 创建。代码如下。

```
s2 = pd.Series([5,3,1,7,9],index = list('ABCDE'),name = 'first')
df2 = pd.DataFrame(s2)
print(df2)
```

运行结果为：

```
   first
A  5
B  3
C  1
D  7
E  9
```

（4）由 ndarray 创建。

由 ndarray 创建 DataFrame 时，不指定行、列索引，则默认为隐式索引，由 0 递增。

【例 7-8】 由 ndarray 创建。代码如下。

```
s3 = np.ones((3,5))                 #生成(3,5)数组
df3 = pd.DataFrame(s3)              #如不指定索引，默认为隐式索引，由 0 递增
print(df3)
```

运行结果为：

	0	1	2	3	4
0	1.0	1.0	1.0	1.0	1.0
1	1.0	1.0	1.0	1.0	1.0
2	1.0	1.0	1.0	1.0	1.0

2）DataFrame 常用属性

DataFrame 常用的属性说明及以例 7-6 所创建的 df 1 为实例的各属性结果见表 7-9。

表 7-9 DataFrame 常用属性

属 性	说 明	实 例	结 果
index	获取行索引或重命名行索引	df. index	RangeIndex(start=0, stop=4, step=1)
columns	获取列索引或重命名列索引	df. columns	Index(['姓名', '性别', '语文', '数学', '英语'], dtype='object')
values	查看数据，返回 ndarray 类型的对象	df. values	array([['张三', '男', 85, 88, 86], ['李四', '女', 92, 95, 80], ['王五', '女', 80, 81, 78], ['赵六', '男', 66, 76, 67]], dtype=object)
dtypes	返回每列数据的数据类型	df. dtypes	姓名 object 性别 object 语文 int64 数学 int64 英语 int64 dtype: object
ndim	返回轴的数量或维数	df. ndim	2
shape	返回 DataFrame 形状的元组	df. shape	(4, 5)。注意：由(行,列)构成
size	返回 DataFrame 中的元素数量	df. size	20

7.2.2 Pandas 数据读写

Pandas 提供了 TXT、CSV、Excel、JSON、HTML、SQL 等各种类型的文件读写函数，如表 7-10 所示，读写函数名字的特点为“read_文件类型名”和“to_文件类型名”，这些函数极大地简化了文件读写操作。

表 7-10 Pandas 常用读写函数

读取函数	写入函数	解释
read_csv	to_csv	将 CSV(逗号分隔)文件读入 DataFrame
read_excel	to_excel	读写 Excel 表格
read_sql	to_sql	读写数据库数据
read_json	to_json	读写 JSON 数据
read_html	to_html	从 HTML 中获取数据,保存成 HTML 格式

为方便查看数据,Pandas 提供了.head(n)和.tail(n)的切片函数,用于连续列示前 n 行、后 n 行的数据。不指定 n 的值,则默认显示 5 行数据。

1. 读写 Excel 文件

1) 读取 Excel

Pandas 读取 Excel 文件主要使用 read_excel()函数。语法如下。

```
pandas.read_excel(io, sheet_name = 0, header = 0, names = None, index_col = None, usecols = None,
squeeze = False, dtype = None, engine = None, converters = None, true_values = None, false_values =
None, skiprows = None, nrows = None, na_values = None, parse_dates = False, date_parser = None,
thousands = None, comment = None, skipfooter = 0, convert_float = True, ** kwargs)
```

参数说明如下。

- io: Excel 文件的存储路径,常用 str 格式,一般是文件路径+文件名.扩展名,io 参数必须传入。
- sheet_name: 要读取的工作表名称。接收的参数类型有 str、int、list 或 None,默认为 0,获取第一个工作表。其中,str 代表"工作表名称";整数用于索引工作表位置;字符串或整数列表用于读取多个工作表;None 表示获取所有工作表;读取多个工作表时以字典形式列示数据。
- header: 指定作为列名的行,默认为 0,即取第一行为列名。接收的参数可以是整数(指定第几行作为列名)、整数列表(指定哪几行作为列名作为多重索引)、None(没有列名,Python 自动生成 0 始序列)。
- names: 自定义列名,默认为 None,一般传入字符型列表,其长度须等于数据列长度,否则会报错。
- index_col: 用作行索引(index)的列,可以是工作表的列名称,如 index_col = '列名',也可以是整数或者列表。
- usecols: 指定读取的列,默认为 None,表示需要读取所有列。可接收的参数有:
  - str 类型: Excel 默认字母列名,如 usecols="A,B,C"或"A:C"或"A,C:E"或用元组("A,C:E"),如果用列表会报错。
  - int-list 类型: 参数值为列表[0,1,2,4],所读取列只能一一列举,不能使用切片。
  - str-list 类型: usecols=["列名 1","列名 2",…],推荐使用已读取表格中列名的写法。
  - 函数: 传入函数判断列值是否为 True,如 usecols=lambda x: x.isalpha()。
- converters: 规定每一列的数据类型,常接收字典类型,如{"列名 1":str}。
- skiprows: 从头部第一行开始跳过指定行数的数据。

- nrows：指定需要读取的行数。
- skipfooter：从尾部最后一行开始跳过指定行数的数据。

【例 7-9】 利用 read_excel()函数读取当前路径下本书提供的 Excel 文件：成绩单.xlsx，将数据存储到 DataFrame 的 df 中。代码如下。

```
import pandas as pd                    # 导入 Pandas
df = pd.read_excel('成绩单.xlsx')      # 按默认方式读取
df.head()                              # .head()默认显示前 5 行数据
```

运行结果为：

	学号	班级	姓名	性别	语文	数学	英语	物理	化学	政治	历史	生物
0	20101	1班	毕景岚	女	80	72	84	77	83	85	78	86
1	20102	1班	曹海颖	女	87	83	88	75	86	72	81	98
2	20103	1班	胡婷	女	86	89	88	94	84	88	88	83
3	20104	1班	江玲	女	83	72	88	88	77	74	76	89
4	20105	1班	李金泰	男	92	93	90	72	84	74	78	88

【例 7-10】 从例 7-9 中的成绩单.xlsx 中仅导入学号、姓名、语文、数学、英语数据列，存入变量 df1 中。代码如下。

```
df1 = pd.read_excel('成绩单.xlsx',usecols = ['学号','姓名','语文','数学','英语'])
# 等价于 usecols = 'A,C,E:G'或[0,2,4,5,6]
df1.head()                             # 显示前 5 行数据
```

运行结果为：

	学号	姓名	语文	数学	英语
0	20101	毕景岚	80	72	84
1	20102	曹海颖	87	83	88
2	20103	胡婷	86	89	88
3	20104	江玲	83	72	88
4	20105	李金泰	92	93	90

2）写入 Excel

通过 to_excel()函数可以将 DataFrame 中的数据写入 Excel 文件。语法格式如下。

```
DataFrame.to_excel(excel_writer, sheet_name = 'Sheet1', na_rep = '', float_format = None, columns
 = None, header = True, index = True, index_label = None, startrow = 0, startcol = 0, engine =
None, merge_cells = True, encoding = None, inf_rep = 'inf', verbose = True, freeze_panes = None)
```

常用参数说明如下。

- excel_writer：文件路径或者 ExcelWriter 对象。
- sheet_name：指定要写入数据的工作表名称，字符串，默认为 Sheet1。
- float_format：可选参数，用于格式化浮点数字符串。
- columns：可选参数，指定哪些列要写入 Excel 表中。
- header：是否把列名也写入 Excel 表，布尔型或字符串列表，默认为 True，即写入。如果给出的是字符串列表，则表示列的别名。

- index：是否写入行索引，布尔型，默认为 True，即写入。
- index_label：引用索引列的列标签。如果未指定，并且 hearder 和 index 均为 True，则使用索引名称。如果 DataFrame 使用 MultiIndex，则需要给出一个序列。
- startrow：初始写入的行位置，默认值为 0。
- startcol：初始写入的列位置，默认值为 0。
- engine：可选参数，用于指定要使用的写引擎，可以是 openpyxl 或 xlsxwriter。

(1) 单个 Sheet 写入。

它的作用就是新建 excel1. xlsx（文件已存在时则覆盖写入原文件），写入 Sheet1。excel1. xlsx 中最后只有一个表 Sheet1。

【例 7-11】 将 df1 保存成 Excel，文件名为 chengji. xlsx，不写入行索引。代码如下。

```
Df1.to_excel('chengji.xlsx', index = False)
```

(2) 多个 Sheet 写入同一个 Excel。

当 Pandas 要写入多个 Sheet 时，to_excel 的参数 excel_writer 要选择 ExcelWriter 对象，不能是文件的路径名称，否则会覆盖写入。可以将 ExcelWriter 看作一个容器，一次性提交所有 to_excel 语句后再保存，从而避免覆盖写入。

ExcelWriter()函数语法：

```
ExcelWriter(path, engine = None, date_format = None, datetime_format = None, mode = 'w',
 ** engine_kwargs)
```

常用参数 mode：mode='w'表示重写，每次创建新文件，如原文件存在则直接覆盖；mode='a'表示追加写入，如文件不存在则报错。

推荐使用上下文管理器来执行 ExcelWriter，省去 save()过程，更安全可靠。

【例 7-12】 将 df 和 df1 分别保存到文件名为 chengji. xlsx 的 Sheet1 和 Sheet2 中，不写入行索引。代码如下。

```
with pd.ExcelWriter('MultiSheet.xlsx') as writer:
     df.to_excel(writer, sheet_name = 'Sheet1', index = False)
     df1.to_excel(writer, sheet_name = 'Sheet2', index = False)
```

2. 读写 CSV 文件

CSV 文件（逗号分隔值文件）是一种纯文本文件，它使用特定的结构来排列表格数据，通常由处理大量数据的程序创建。

1) 读取 CSV

pandas. read_csv()函数用于读取 CSV 格式的数据文件。语法格式如下。

```
pandas.read_csv(filepath_or_buffer, sep = ',', delimiter = None, header = 'infer', names = None,
index_col = None, usecols = None, squeeze = False, prefix = None, mangle_dupe_cols = True, dtype =
None, engine = None, converters = None, true_values = None, false_values = None, skipinitialspace
= False, skiprows = None, nrows = None, na_values = None, keep_default_na = True, na_filter = True,
verbose = False, skip_blank_lines = True, parse_dates = False, infer_datetime_format = False,
keep_date_col = False, date_parser = None, dayfirst = False, iterator = False, chunksize = None,
compression = 'infer', thousands = None, decimal = b'.', lineterminator = None, quotechar = '"',
quoting = 0, escapechar = None, comment = None, encoding = None)
```

常用参数说明如下。

- filepath_or_buffer：str,设置需要访问的文件的有效路径。
- sep：str,指定读取文件的分隔符,默认为',',支持自定义分隔符。注意：CSV 文件的分隔符和读取 CSV 文件时指定的分隔符一定要一致。
- delimiter：str,备选分隔符(如果指定该参数,则 sep 参数失效),默认为 None。
- encoding：str,默认为 None,指定字符集类型,通常指定为 utf-8。
- engine：解析数据时用的引擎,目前解析引擎有两种：c、python。默认为 c；如果指定分隔符不是单个字符、或者"\s+",则 c 引擎无法解析,须指定为 python 引擎。

其他常用参数与 read_excel()函数相同。

【例 7-13】 利用 read_csv()函数读取当前路径下本书提供的 CSV 文件：成绩单.csv,其编码格式为 gbk,将数据存储到 DataFrame 的 df2 中。代码如下。

```
df2 = pd.read_csv(r'F:/科研副院长/编写教材/成绩单.csv',encoding = 'gbk')
df2.head()
```

显示结果同例 7-9。

提示：Python 默认编码格式为 utf-8,导入 CSV 文件时,通常需要通过 encoding 参数指定编码格式,如果编码格式不一致,系统会提示出错。上述代码中指定了编码格式 encoding='gbk',是由于本书将 Excel 文件“成绩单.xlsx”另存为“成绩单.csv”时,系统默认编码格式为 gbk,当导入 CSV 文件时,需要将编码格式设定为 gbk,使编码格式与源文件保持一致,否则会提示 Unicode 解码错误(UnicodeDecodeError)。

2) 写入 CSV

to_csv()是 DataFrame 类的方法,可以将 DataFrame 数据保存为 CSV 文件。语法格式如下。

```
DataFrame.to_csv(path_or_buf = None, sep = ',', na_rep = '', float_format = None, columns = None,
header = True, index = True, index_label = None, mode = 'w', encoding = None, compression = 'infer',
quoting = None, quotechar = '"', line_terminator = None, chunksize = None, date_format = None,
doublequote = True, escapechar = None, decimal = '.', errors = 'strict')
```

常用参数说明如下。

- path_or_buf：字符串或文件目录,默认为无文件路径或对象,如果没有提供,结果将返回为字符串。
- mode：str 类型,写入的模式 Python 中默认为"w",即写模式。

其他常用参数与 read_csv()函数相同。

【例 7-14】 将 df1 保存成 CSV 文件,文件名为 chengji.csv 中,不写入行索引。代码如下。

```
df1.to_csv('chengji.csv',index = False)
```

3. 读写 TXT 文件

读写 TXT 文件同样使用 read_csv()和 to_csv()函数,只是读入时需要指定 sep 参数(如制表符\t)。

【例 7-15】　利用 read_csv()函数读取当前路径下本书提供的 TXT 文件：成绩单.txt，其编码格式为 gbk，将数据存储到 DataFrame 的 df3 中。代码如下。

```
df3 = pd.read_csv('成绩单.txt',sep = '\t',encoding = 'gbk')
df3.head()
```

显示结果同例 7-9。

【例 7-16】　将 df1 保存成 TXT 文件，文件名为 chengji.txt，不写入行索引。代码如下。

```
df1.to_csv('chengji.txt',index = False)
```

7.2.3　Pandas 常用操作

1. 数据访问

Pandas 提供了灵活多样的数据访问方式，最为常用的方式有直接访问、索引器访问、条件访问。

1）直接访问

直接访问时使用[]，类似于字典访问值的操作，常用于在 DataFrame 中直接获取单列、多列或多行数据。

（1）单列访问：通过类似字典的方式在[]中输入列标签，例如：df['列名']，当不存在列名歧义时也可直接用属性符号“.”访问属性的方式进行。

返回结果是 Series，与原 DataFrame 索引相同，且 name 属性为相应的列名。

【例 7-17】　对例 7-9 的 df 采用直接访问方式对“姓名”列进行访问，列示前 5 条数据。下述两条代码等价。

```
df['姓名'].head()                    #字典访问方式进行单列访问
df.姓名.head()                       #属性访问方式进行单列访问
```

运行结果是一个 Series：

```
0     毕景岚
1     曹海颖
2      胡婷
3      江玲
4     李金泰
Name:姓名, dtype: object
```

（2）多列访问：在[]中输入多个列名组成的列表进行访问，例如：df[['列名1','列名2']]，不能使用切片操作。

【例 7-18】　承例 7-17，采用直接访问方式对“学号，班级，姓名”3 列进行访问，列示前 5 条数据。代码如下。

```
df[['学号','班级','姓名']].head()   #字典列表方式访问
```

运行结果为：

	学号	班级	姓名
0	20101	1班	毕景岚
1	20102	1班	曹海颖
2	20103	1班	胡婷
3	20104	1班	江玲
4	20105	1班	李金泰

(3) 连续多行访问：采用切片方式按位置进行连续多行访问。

可采用隐式索引切片和显式索引切片两种切片形式进行连续多行访问，二者的区别是切片范围不同：隐式索引切片范围是左闭右开区间；显式索引切片范围则是全闭区间，包含两端结果，无匹配行时返回结果为空，且仅适用于str型索引。

【例7-19】 对例7-9的df采用直接访问方式(隐式索引切片)对前3行数据进行访问。代码如下。

```
df[0:3]                          #切片进行多行访问
```

运行结果为：

	学号	班级	姓名	性别	语文	数学	英语	物理	化学	政治	历史	生物
0	20101	1班	毕景岚	女	80	72	84	77	83	85	78	86
1	20102	1班	曹海颖	女	87	83	88	75	86	72	81	98
2	20103	1班	胡婷	女	86	89	88	94	84	88	88	83

【例7-20】 对例7-5创建的DataFrame采用直接访问方式(显式索引切片)对前3行数据进行访问。代码如下。

```
df['a':'c']                      #访问'a':'c'行(闭区间)
```

运行结果为：

	姓名	性别	语文	数学	英语
a	张三	男	85	88	86
b	李四	女	92	95	80
c	王五	女，	80	81	78

注意：直接用[]进行数据访问时，字典方式是列访问，切片方式是对多行进行访问，无法实现多行多列数据的直接访问。

2) 索引器访问

在Series和DataFrame数据结构中，隐式索引(默认索引，0，1，2，…)和显式索引(自定义索引，标签)并存，可以使用索引器(主要是loc和iloc)进行数据访问，示意图如图7-6所示。

索引器可进行单行、多行、多行多列、按条件数据访问，是官方推荐的数据访问方式。

(1) loc索引器。

loc索引器根据行标签和列标签采用先行后列的方式对数据进行访问。loc索引器内只能使用自定义索引(行、列标签)，如果数据中没有自定义索引，则使用原始索引。语法格式如下。

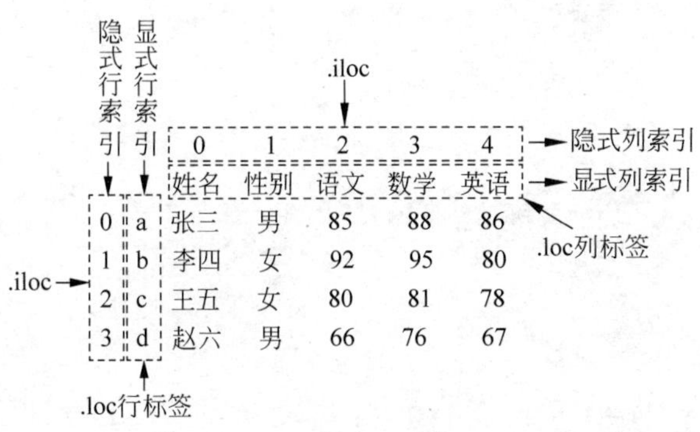

图 7-6　索引器示意

```
.loc[行标签,列标签]
```

参数可以是单个标签、标签列表、标签切片，也可以是布尔数组，布尔数组的长度需与对应操作的轴(axis)长度相等；当只有一个参数时，默认是行标签，即访问整行数据，包括所有列；Series 仅使用行标签即可。

注意：

- loc 索引器不能直接选取列，必须先行后列。
- 在进行多行多列数据筛选时，列表和切片可联合使用，标签(显式索引)切片为全闭区间。

loc 索引器常见的使用形式有如下 4 种。

① 访问单行/多行数据：df.loc['行'],df.loc[['行 1','行 4']]。

② 访问多行多列数据：df.loc[['行 1','行 2'],['列 1','列 2']]，通过两个列表选取行列组合。

③ loc 切片访问：df.loc['行 1':'行 3','列 1':'列 3']，通过切片访问连续的多行多列。

④ loc 布尔条件访问：df.loc[(df['列']>条件)]，按条件选取单列(多列)满足一定条件的行。

(2) iloc 索引器。

iloc 索引器与 loc 索引器的使用方式几乎相同，唯一不同的是，iloc 索引器内只能使用隐式索引(默认索引，0，1，2，…)，不能使用自定义索引(显式索引、标签)，如果整数索引超出范围，.iloc 将引发 IndexError。

【例 7-21】 访问单行/多行数据。

利用 read_excel()函数读取当前路径下本书提供的 Excel 文件：成绩单.xlsx，将学号指定为 index，数据存储到 DataFrame 的 cj 中，利用 loc 索引器选取出行索引为 20102 的数据以及行索引为 20101 和 20105 的数据。代码如下。

```
import pandas as pd                                   # 导入 Pandas
cj = pd.read_excel('成绩单.xlsx', index_col = '学号')  # 将学号指定为 index
cj.loc[20102]                                         # 访问单行,返回 Series,等价于 cj.iloc[1]
cj.loc[[20101, 20105]]                                # 用标签列表访问多行,等价于 cj.iloc[0, 5]
```

运行结果分别为：

```
班级      1班
姓名    曹海颖
性别       女
语文      87
数学      83
英语      88
物理      75
化学      86
政治      72
历史      81
生物      98
Name: 20102, dtype: object
```

学号	班级	姓名	性别	语文	数学	英语	物理	化学	政治	历史	生物
20101	1班	毕景岚	女	80	72	84	77	83	85	78	86
20105	1班	李金泰	男	92	93	90	72	84	74	78	88

【例 7-22】 访问多行多列数据。

对例 7-21 的 cj 数据，利用 loc 索引器选取出行索引为 20101、20105，列为“姓名”“语文”“数学”“英语”的数据。代码如下。

```
cj.loc[[20101, 20105],['姓名','语文','数学','英语']]  #用双列表访问多行多列数据
#等价于 cj.iloc[[0,4],[1,3,4,5]]
```

运行结果为：

学号	姓名	语文	数学	英语
20101	毕景岚	80	72	84
20105	李金泰	92	93	90

【例 7-23】 loc 切片访问。

对例 7-21 的 cj 数据，利用 loc 索引器选取出行索引由 20101 至 20105，列名由“姓名”至“英语”的数据。代码如下。

```
cj.loc[20101:20105,'姓名':'英语']  #用显式索引进行切片，访问连续多行多列，全闭区间
```

运行结果为：

学号	班级	姓名	性别	语文	数学	英语	物理	化学	政治	历史	生物
20101	1班	毕景岚	女	80	72	84	77	83	85	78	86
20102	1班	曹海颖	女	87	83	88	75	86	72	81	98
20103	1班	胡婷	女	86	89	88	94	84	88	88	83
20104	1班	江玲	女	83	72	88	88	77	74	76	89
20105	1班	李金泰	男	92	93	90	72	84	74	78	88

上条代码等价于：

```
cj.iloc[0:5,1:6]                    #用隐式索引进行切片，左闭右开区间
```

思考：如何选取出行索引为 20101～20105 的所有偶数列数据？

代码为：

```
cj.loc[20101:20105,::2]                    #切片语法同 Python 切片
```

3）条件访问

在数据分析中，常根据一定条件甚至复杂的组合条件从数据集中筛选出满足条件的数据，再进行修改等操作，Pandas 提供了高效的条件访问操作。

Pandas 根据查询条件对源数据集进行逻辑判断时，会产生同型的由布尔值组成的 Series 或 DataFrame，满足条件的值为 True，不满足条件的值为 False，Pandas 依据 True 值筛选出对应的数据。

直接访问[]、索引器(loc[]、iloc[])均支持逻辑表达式进行复杂条件的数据访问。语法格式如下。

```
df[逻辑表达式]
df.loc[逻辑表达式]
```

常用的逻辑表达式运算类型有以下几种。

(1) 比较运算：==、<、>、<=、>=、!=。

(2) 范围运算：

① between(left, right)，用于 Series，判断元素值是否介于两个参数之间。

② isin(list)，接受一个列表，用于 Series，判断该元素值是否在列表中。

(3) 空值运算：.isnull()，判断 Series 或 DataFrame 是否有空值。

(4) 字符匹配：.str.contains()，用于 Series，判断是否包含指定字符，默认支持正则表达式。

(5) 逻辑运算：&(与)、|(或)、~(非)。

注意：在进行多条件逻辑判断时，各独立逻辑表达式须用()括起来，且只能使用位运算符，如 &(与)、|(或)、~(非)等，不能使用 and、or、not。

【例 7-24】 使用例 7-21 的 cj 数据，查询语文成绩高于 90、数学成绩高于 95 的学生数据。代码如下。

```
cj.loc[(cj['语文']>90)&(cj['数学']>95)]   #复合逻辑运算时,各条件须用()提升优先级
 #等价于直接访问方式: cj[(cj['语文']>90)&(cj['数学']>95)]
```

运行结果为：

学号	班级	姓名	性别	语文	数学	英语	物理	化学	政治	历史	生物
20302	3班	安妍如	女	91	96	80	88	81	79	78	82
20303	3班	白雪	女	92	96	87	97	85	82	90	87

思考：若只查询符合条件学生的学号、姓名、语文、数学、英语成绩信息，使用 loc 索引器如何处理？下述代码皆可实现。

```
cj.loc[(cj['语文']>90)&(cj['数学']>95),['姓名','语文','数学','英语']]  #直接查询
cj.loc[(cj['语文']>90)&(cj['数学']>95)][['姓名','语文','数学','英语']] #间接查询,分步完成
```

运行结果为：

学号	姓名	语文	数学	英语
20302	安妍如	91	96	80
20303	白雪	92	96	87

【例 7-25】 使用例 7-21 的 cj 数据，查询所有姓名中包含“李”字的学生数据。代码如下。

```
cj.loc[cj['姓名'].str.contains('李')]
```

运行结果为：

学号	班级	姓名	性别	语文	数学	英语	物理	化学	政治	历史	生物
20105	1 班	李金泰	男	92	93	90	72	84	74	78	88
20311	3 班	李思璇	女	82	64	81	72	73	70	72	72
20312	3 班	李星漩	男	95	87	81	89	80	77	80	89
20313	3 班	李雪娇	女	76	71	76	90	78	78	78	90

【例 7-26】 使用例 7-21 的 cj 数据，用.isin()查询“姓名”中含有列表['安妍如','白雪','李星漩','张三']中名字的学生数据，列示出“姓名”“语文”“数学”“英语”。代码如下。

```
cj.loc[cj['姓名'].isin(['安妍如','白雪','李星漩','张三']),['姓名','语文','数学','英语']]
#等价于：cj[cj['姓名'].isin(['安妍如','白雪','李星漩','张三'])][['姓名','语文','数学','英语']]
```

运行结果为：

学号	姓名	语文	数学	英语
20302	安妍如	91	96	80
20303	白雪	92	96	87
20312	李星漩	95	87	81

2. 索引设置与重置

1）设置索引

Pandas 的索引，可以更方便、快速地查询数据，同时使数据自动对齐。set_index()函数可以将 DataFrame 中的某列设置为行索引(index)，也可以将多个列设置为多层级行索引(MultiIndex)。语法格式如下。

```
DataFrame.set_index(keys, drop = True, append = False, inplace = False, verify_integrity = False)
```

参数说明如下。

- keys：列标签或列标签/数组列表，需要设置为索引的列。
- drop：默认为 True，删除用作新索引的列。
- append：是否附加到现有索引，默认为 False，即原索引。
- inplace：布尔值，表示当前操作是否对原数据生效，默认为 False。

【例 7-27】 使用例 7-9，将“成绩单.xlsx”用 read_excel()函数读入 df 中，要求：①把“学号”设置为 index，将数据保存为 df1，列示前 5 行数据；②把“班级”和“学号”设置为多层级索引，将数据保存为 df2，列示前 5 行数据。

操作①的代码如下。

```
df = pd.read_excel('成绩单.xlsx',)
df1 = df.set_index('学号', drop = True)          #drop = True,删除"学号"列
df1.head()
```

运行结果为：

学号	班级	姓名	性别	语文	数学	英语	物理	化学	政治	历史	生物
20101	1班	毕景岚	女	80	72	84	77	83	85	78	86
20102	1班	曹海颖	女	87	83	88	75	86	72	81	98
20103	1班	胡婷	女	86	89	88	94	84	88	88	83
20104	1班	江玲	女	83	72	88	88	77	74	76	89
20105	1班	李金泰	男	92	93	90	72	84	74	78	88

与例7-9展示的数据相比，当drop＝True时，"学号"列被设置为行索引后，在原列名中"学号"被删除。

操作②的代码如下。

```
df2 = df.set_index(['班级','学号'],drop = True)   #设置为多层级索引
df2.head()
```

运行结果为：

班级	学号	姓名	性别	语文	数学	英语	物理	化学	政治	历史	生物
1班	20101	毕景岚	女	80	72	84	77	83	85	78	86
	20102	曹海颖	女	87	83	88	75	86	72	81	98
	20103	胡婷	女	86	89	88	94	84	88	88	83
	20104	江玲	女	83	72	88	88	77	74	76	89
	20105	李金泰	男	92	93	90	72	84	74	78	88

本例的多层级索引中，第1层级(level＝0)为"班级"，第2层级(level＝1)为"学号"。

对于多层级行索引，可以和普通行索引一样使用.index属性查看索引信息，返回结果是嵌套元组的列表，元组由各层级索引构成。例如：df2.index[:5]，返回的结果为：

```
MultiIndex([('1班', 20101),
            ('1班', 20102),
            ('1班', 20103),
            ('1班', 20104),
            ('1班', 20105)],
           names = ['班级', '学号'])
```

对于多层级行索引的数据访问，同样支持[]、索引器(loc，iloc)以及切片访问，只是需使用元组形式(推荐采用)进行多层级索引访问，如df2.loc[('1班',20101)]；也可使用隐式索引直接访问，隐式索引不受多层级索引的影响，隐式索引永远按单层级访问数据，例如，df2.iloc[0]可得到相同的结果。

以df2为例，多层级行索引的数据访问常用操作如下。

```
df2.loc['1班']                                 #访问'1班'的数据
df2.loc['1班':'2班']                            #切片访问'1班'到'2班'的数据
df2.loc[('1班',20101)]                          #访问'1班'学号为20101的数据
df2.loc[[('1班',20101),('1班',20105)]]          #访问'1班'学号为20101和20105的数据
```

```
df2.loc[('1 班',20101):('1 班',20105)]      #切片访问'1 班'学号为 20101 到 20105 的数据
df2.loc[('1 班',20101):('1 班',20105),['语文','数学']]     #切片访问'1 班'学号为 20101 到
                                                          #20105 的'语文'和'数学'成绩
```

2）重置索引

如果想取消自定义的索引（显式索引），使用默认索引，DataFrame.reset_index()函数可以实现重置索引，常用于数据删减处理后的索引重置。它是.set_index()的反操作。语法格式如下。

```
DataFrame.reset_index(level = None, drop = False, inplace = False, col_level = 0, col_fill = '')
```

参数说明如下。

- level：int、str、tuple 或 list，移除给定级别的行索引，默认为无，表示移除所有级别。
- drop：布尔值，表示是否将移除的行索引还原为普通列，默认为 False，还原为普通列；如设置为 True，则直接删除。
- inplace：布尔值，表示当前操作是否对原数据生效，默认为 False。
- col_level：int 或 str，默认值为 0，如果列有多个级别，则确定将标签插入哪个级别。默认情况下，它将插入第一级。
- col_fill：对象，默认为''，如果列有多个级别，则确定其他级别的命名方式。如果没有，则重复索引名。

【例 7-28】 用 reset_index()将例 7-27 设置的行索引“学号”取消，恢复成默认索引。代码如下。

```
df.reset_index(inplace = True)      #drop 默认为 False，移除行索引，变为普通列 df.head()
```

运行结果为：

	学号	班级	姓名	性别	语文	数学	英语	物理	化学	政治	历史	生物
0	20101	1班	毕景岚	女	80	72	84	77	83	85	78	86
1	20102	1班	曹海颖	女	87	83	88	75	86	72	81	98
2	20103	1班	胡婷	女	86	89	88	94	84	88	88	83
3	20104	1班	江玲	女	83	72	88	88	77	74	76	89
4	20105	1班	李金泰	男	92	93	90	72	84	74	78	88

思考：如果将例 7-27 中多层索引中第 1 层索引（level＝1）的“班级”取消，将其恢复成列，需如何用 reset_index()进行操作？

操作的代码为：

```
df2.reset_index(level = 0)          #level = 0 取消第 1 级行索引
```

3. 数据增删改

1）数据增加

数据增加主要有列数据增加和行数据增加，在日常数据处理中，列数据增加更为常用。

(1) 按列增加。

按列增加数据，可以通过“直接赋值”“loc 索引器赋值”“assign()函数”“insert()函数”

4 种方式实现。

① 直接赋值。

采用直接访问方式['新列名']进行赋值即可。

【例 7-29】 利用 sum()函数将例 7-21 的 cj 数据增加一列“总分”。代码如下。

```
cj['总分'] = cj.sum(axis = 1)                    # sum()函数用法同 np.sum()函数
cj.head(3)                                       # 显示前 3 行数据
```

运行结果为：

学号	班级	姓名	性别	语文	数学	英语	物理	化学	政治	历史	生物	总分
20101	1 班	毕景岚	女	80	72	84	77	83	85	78	86	645
20102	1 班	曹海颖	女	87	83	88	75	86	72	81	98	670
20103	1 班	胡婷	女	86	89	88	94	84	88	88	83	700

② loc 索引器赋值。

使用 loc 索引器赋值同样可以实现例 7-29 的结果。代码如下。

```
cj.loc[: , '总分'] = cj.sum(axis = 1)            # :表示所有行
cj.head(3)                                       # 显示前 3 行数据
```

③ assign()函数。

assign()函数可以直接向 DataFrame 对象添加一个或多个新列，返回一个新的 DataFrame。assign()函数语法格式如下。

```
DataFrame.assign(key1 = value1, key2 = value2, … )
```

其中，参数 key 为新列的列名；value 为新列的值。

使用 assign()函数同样可以实现例 7-29 的结果。代码如下。

```
cj.assign(总分 = cj.sum(axis = 1)).head(3)   # 返回新的 DataFrame，显示前 3 行数据
```

在进行数据探索分析时常常会增加一些临时的新列，如果采用赋值的方式生成新列，容易造成原数据表混乱，assign()函数可以实现直接创建新的临时列而不影响原数据表，更适于尚未最终确定数据处理方案时使用。

④ insert()函数。

linsert()函数可以实现在 DataFrame 中按指定的列序号插入新列。语法格式如下。

```
DataFrame.insert(列序号, 新列名, 值, allow_duplicates = False)
```

参数 allow_duplicates 表示是否允许列名重复，默认为 False，不允许重复。

【例 7-30】 将例 7-21 的 cj 数据在第三列的位置插入列名为“体育”、值为“合格”的数据列。代码如下。

```
cj.insert(3, '体育', '合格')
cj.head(3)                                       # 显示前 3 行数据
```

运行结果为：

学号	班级	姓名	性别	体育	语文	数学	英语	物理	化学	政治	历史	生物
20101	1班	毕景岚	女	合格	80	72	84	77	83	85	78	86
20102	1班	曹海颖	女	合格	87	83	88	75	86	72	81	98
20103	1班	胡婷	女	合格	86	89	88	94	84	88	88	83

（2）按行增加。

单行增加时，主要使用 loc 索引器实现。

【例 7-31】 将例 7-21 的 cj 数据增加一行，索引（学号）为 20328，其他信息为：['3 班','张三','男',62,63,60,72,74,74,78,78]。代码如下。

```
cj.loc[20328] = ['3班','张三','男',62,63,60,72,74,74,78,78]
cj.tail(3)                              #显示后3行
```

运行结果为：

学号	班级	姓名	性别	语文	数学	英语	物理	化学	政治	历史	生物
20326	3班	王菲	女	91	82	82	87	83	82	81	99
20327	3班	王越	女	87	87	84	70	75	79	75	84
20328	3班	张三	男	62	63	60	72	74	74	78	78

多行增加时，需使用数据纵向合并方法，详见本章的“数据合并”。

2）数据删除

Pandas 提供了 drop()函数，用于删除 Series 的元素或 DataFrame 的行或列，通过指定标签名称和轴，或者直接指定索引或列名称来删除 DataFrame 的行或列。语法格式如下。

```
DataFrame.drop(labels = None,axis = 0, index = None, columns = None, inplace = False)
```

参数说明如下。

- labels：单一标签或标签列表，表示待删除的行索引或列名，常与 axis 一起使用。
- axis：删除时所操作的轴向，默认为 0（常用）；axis=0 表示删除行，axis=1 表示删除列。
- index：待删除的行索引；labels，axis=0 相当于 index=labels，二者选其一即可。
- columns：待删除的列名；labels，axis=1 相当于 columns=labels，二者选其一即可。
- inplace：布尔型，是否改变原数据，默认 False（有返回值，可链式调用）。

【例 7-32】 将例 7-31 增加的一行数据删除，索引（学号）为 20328，直接在原数据 cj 上删除。代码如下。

```
cj.drop(20328,inplace = True)           #删除行,可省略 axis = 0
cj.tail(3)
```

运行结果为：

学号	班级	姓名	性别	语文	数学	英语	物理	化学	政治	历史	生物
20325	3班	汤金华	女	94	90	82	88	73	82	83	89
20326	3班	王菲	女	91	82	82	87	83	82	81	99
20327	3班	王越	女	87	87	84	70	75	79	75	84

【例 7-33】 依例 7-21 的 cj 数据，用 drop()函数将列名为'政治'，'历史'，'生物'的列删除，不改变原数据，列示前 3 行数据。代码如下。

```
cj.drop(columns = ['政治','历史','生物']).head(3)
#等价于 cj.drop(labels = ['政治','历史','生物'],axis = 1).head(3)
```

运行结果为：

学号	班级	姓名	性别	语文	数学	英语	物理	化学
20101	1 班	毕景岚	女	80	72	84	77	83
20102	1 班	曹海颖	女	87	83	88	75	86
20103	1 班	胡婷	女	86	89	88	94	84

3）数据修改

（1）修改行列标签。

有两种方法可以修改行列标签：一种是通过.index 和.columns 属性进行修改；另一种是通过 rename()函数修改。

当标签数量较少时，可通过直接赋值给 DataFrame 的.index 和.columns 属性的方式修改行列标签，只是需要注意，即使仅修改其中几个标签，也必须将所有标签一起赋值，否则会报错。

【例 7-34】 用.columns 属性修改例 7-21 的 cj 数据列名，将'语文'改为'中文'，'英语'改为'外语'。代码如下。

```
cj.columns = ['班级','姓名','性别','中文','数学','外语','物理','化学','政治','历史','生物']
#全部列名
cj.head()
```

运行结果为：

学号	班级	姓名	性别	中文	数学	外语	物理	化学	政治	历史	生物
20101	1 班	毕景岚	女	80	72	84	77	83	85	78	86
20102	1 班	曹海颖	女	87	83	88	75	86	72	81	98
20103	1 班	胡婷	女	86	89	88	94	84	88	88	83
20104	1 班	江玲	女	83	72	88	88	77	74	76	89
20105	1 班	李金泰	男	92	93	90	72	84	74	78	88

当标签数量较多时，通常使用 DataFrame 的 rename()函数修改行列标签，这在数据预处理中较为常用。语法格式如下。

```
DataFrame.rename(self, mapper = None, index = None, columns = None, axis = None, copy = True,
inplace = False, level = None, errors = 'ignore')
```

常用参数说明如下。

- mapper：映射对象，可以是字典或函数，例如：{'原列名':'新列名'}，与 axis 参数配合使用。
- index：指定行标签，可以是字典或函数。如果设置 index = mapper，等价于(mapper，axis=0)，二者选其一即可。

- columns：指定列标签（列名），可以是字典或函数，用法同上。
- axis：指定 mapper 要作用的轴，可以是 'index' 或 0，修改行标签；也可以是 'columns' 或 1，用于修改列名。默认为 0。
- inplace：是否在原数据上直接修改，布尔型，设置为 True 时，直接修改原数据标签，默认为 False。
- level：整数型，指定需要修改多层索引（MultiIndex）中的哪一层。

【例 7-35】 用 rename() 函数将例 7-21 的 cj 数据列名 '语文' 改为 '中文'，将 '英语' 改成 '外语'。代码如下。

```
cj.rename(columns = {'语文':'中文','英语':'外语'},inplace = True) #直接修改原数据
cj.head()                                                          #不能与上条语句链式调用
```

运行结果与例 7-34 相同，由此可见，当列名较多时，用 rename() 修改更简便。

(2) 修改数据。

修改数据主要有两类方法：直接赋值修改和用 replace() 函数修改。

① 直接赋值修改：通过对[]、索引器(.loc 或.iloc)进行赋值，从而修改数据。

【例 7-36】 依例 7-21 的 cj 数据，将 '班级' 列中的 '1 班' 修改为 '201 班'。代码如下。

```
cj.loc[cj['班级'] == '1 班','班级'] = '201 班'
cj.head()
```

运行结果为：

学号	班级	姓名	性别	语文	数学	英语	物理	化学	政治	历史	生物
20101	201 班	毕景岚	女	80	72	84	77	83	85	78	86
20102	201 班	曹海颖	女	87	83	88	75	86	72	81	98
20103	201 班	胡婷	女	86	89	88	94	84	88	88	83
20104	201 班	江玲	女	83	72	88	88	77	74	76	89
20105	201 班	李金泰	男	92	93	90	72	84	74	78	88

② 用 replace() 函数修改：类似于 Word 软件中的“查找与替换”功能，将 to_replace 的值批量替换为 value，与直接赋值修改相比，功能更强大。该函数既可用于 DataFrame，也可用于 Series。语法格式如下。

```
DataFrame.replace(to_replace = None, value = None, inplace = False, limit = None, regex = False,
method = 'pad')
```

常用参数说明如下。

- to_replace：需要替换的值，可以是 str，regex，list，dict，Series，int，float 或 None。
- value：替换后的值。
- inplace：是否在原数据上直接修改，默认为 False。
- regex：是否将 to_replace、value 解释为正则表达式，默认为 False。

注意：

- 正则表达式只能用于替换字符串。
- 使用 dict 时，dict 的键(key)是参数 to_replace，dict 的值(value)是参数 value。

修改 DataFrame 数据时常使用嵌套字典，例如{'a'：{'b'：np.nan}}，表示在'a'列中查找值'b'，并将其替换为 NaN。

【例 7-37】 依例 7-21 的 cj 数据，用 replace()函数将'班级'列中的'3 班'修改为'203 班'，不修改原数据，列示前 5 行数据。代码如下。

```
cj.replace({'班级':{'3 班':'203 班'}}).tail()
```

运行结果为：

学号	班级	姓名	性别	语文	数学	英语	物理	化学	政治	历史	生物
20323	3 班	石艳才	男	69	60	76	65	79	60	67	80
20324	3 班	孙悦	女	81	61	78	73	61	64	70	71
20325	3 班	汤金华	女	94	90	82	88	73	82	83	89
20326	3 班	王菲	女	91	82	82	87	83	82	81	99
20327	3 班	王越	女	87	87	84	70	75	79	75	84

4. 排序

Pandas 中的排序主要包括索引排序和数据排序。

1）索引排序

索引排序使用的函数是 sort_index()。语法格式如下。

```
DataFrame.sort_index(axis = 0, level = None, ascending = True, inplace = False, kind = 'quicksort', na_position = 'last', sort_remaining = True, ignore_index = False, key = None)
```

参数说明如下。

- axis：默认为 0，按行索引排序；axis 为 1，按列索引排序(实际中极少使用)。
- level：默认为 None，否则按照给定的 level 顺序排列。
- ascending：是否升序，默认为 True，即升序；设置为 False 时降序。
- inplace：是否改变原数据，默认为 False。如果设置为 True，则直接改变原数据，无返回值，因而不能链式调用。
- na_position：缺失值默认排在最后{"first","last"}，参数"first"将 NaN 放在开头，"last"将 NaN 放在结尾。
- ignore_index：布尔值，表示是否忽略索引。默认为 False，如果为 True，则排序 axis 的索引由 0 递增。
- key：接收一个可调用函数，按该函数的执行结果进行排序，类似于内置函数 sorted()里的 key。

【例 7-38】 用 pd.DataFrame([1, 2, 3, 4, 5], index=[100, 29, 234, 1, 150], columns=['A'])建立名为 df 的数据集，按 index 进行升序、降序排序。代码如下。

```
import pandas as pd
df = pd.DataFrame([1, 2, 3, 4, 5], index = [100, 29, 234, 1, 150], columns = ['A'])
df
df.sort_index()                    #默认升序
df.sort_index(ascending = False)   #降序
```

运行结果分别为：

df 数据	
	A
100	1
29	2
234	3
1	4
150	5

升序结果	
	A
1	4
29	2
100	1
150	5
234	3

降序结果	
	A
234	3
150	5
100	1
29	2
1	4

2）数据排序

数据排序主要使用 sort_values()函数，可以根据指定行/列进行排序。语法格式如下。

```
DataFrame.sort_values(by, axis = 0, ascending = True, inplace = False, kind = 'quicksort', na_
position = 'last', ignore_index = False, key = None)
```

参数说明如下。

by：字符串或字符串列表，指定排序所依据的字段或索引。

其他参数同 sort_index()函数。

【例 7-39】 依例 7-21 的 cj 数据，按语文和数学成绩进行升序排序，不修改原数据，列示后 5 行数据。代码如下。

```
cj.sort_values(by = ['语文','数学']).tail()  # 主排序字段为'语文',次排序字段为'数学'
```

运行结果为：

学号	班级	姓名	性别	语文	数学	英语	物理	化学	政治	历史	生物
20303	3 班	白雪	女	92	96	87	97	85	82	90	87
20204	2 班	冯硕	女	93	93	79	97	78	82	74	67
20325	3 班	汤金华	女	94	90	82	88	73	82	83	89
20109	1 班	王慧敏	女	94	91	85	94	89	87	84	95
20312	3 班	李星漩	男	95	87	81	89	80	77	80	89

5. 数据清洗

采集到的数据可能会存在一些瑕疵和不足，如数据缺失、重复值、异常值等问题。因此，在数据分析前需要对数据进行清洗。数据清洗是整个数据分析过程中最重要的环节，目的在于提高数据质量，Pandas 中常见的数据清洗操作有缺失值处理、重复值处理、异常值处理等。

1）缺失值处理

在 Pandas 中，缺失数据显示为 NaN(Not a Number)。NaN 只是展示符号，不是一个数值，不能参与运算。缺失值有 3 种表示方法：np. nan、None、pd. NA(标量)。

np. nan 是浮点型(float 型)，能参与计算，但计算的结果总是 NaN，可以使用 np 的 NaN 安全版本函数(详见表 7-6)进行计算，此时视 nan 为 0。

None 是 Python object 类型，不能参与任何计算，在 Pandas 中赋值为 None 时自动视为 np. nan。

pd. NA 是 Pandas 1.0 以后引入的专用于表示缺失值的标量，代表空整数、空布尔值、空字符。pd.NA 的目标是提供一个缺失值指示器，可以在各种数据类型中一致使用，不会改变原有数据类型(而不像 np.nan、None 需分情况使用)。

(1) 识别缺失值。

在处理缺失值之前需先判断是否存在缺失值以及统计缺失值数量，然后根据数据分析要求选择适当的方法进行处理。

识别缺失值的主要方法就是 isnull() 或 isna()，可用于 Series 也可用于 DataFrame，isnull()是 isna()的别名，这两个函数没有参数，直接返回布尔值，缺失值被映射为 True，非缺失值被映射为 False；可以链式调用聚合函数.any()，通过指定 axis 参数进一步判断行缺失或列缺失。

如需对缺失值进行统计，可链式调用聚合函数 sum()统计每行、每列有多少个缺失值。

常用的统计缺失值的函数如下。

df.isna()函数：检测缺失值。

df.isna().any()函数：判断某一列是否有缺失值。

df.isna().sum()函数：统计每列缺失值数量。

df.isna().sum().sum()函数：统计 DataFrame 中缺失值合计数。

Series.value_counts()函数：统计 Series 中不同元素出现的次数，在 DataFrame 中使用时，需要指定对哪一列或行使用。

【例 7-40】 判断 df1 中是否存在缺失值，统计每列缺失值的数量以及合计数，统计"数学"列中各元素的频次(包括 NaN)。df1 的代码及相关操作如下。

```
import pandas as pd
df1 = pd.DataFrame({
    '姓名':['张三','李四','王五','赵六'],
    '性别':['男','女','女','男'],
    '语文':[85,92,None,66],
    '数学':[None,95,81,76],
    '英语':[86,80,78,67]})
print(df1)
df1.isna()                                    #检测是否存在缺失值
```

运行结果为：

df1

	姓名	性别	语文	数学	英语
0	张三	男	85	NaN	86
1	李四	女	92	95	80
2	王五	女	NaN	81	78
3	赵六	男	66	76	67

df1.isna()

	姓名	性别	语文	数学	英语
0	False	False	False	True	False
1	False	False	False	False	False
2	False	False	True	False	False
3	False	False	False	False	False

```
df1.isna().any()                              #判断某一列是否有缺失值
df1.isna().sum()                              #统计每列缺失值数量
df1['数学'].value_counts(dropna = False)      #统计'数学'中不同值出现的次数
```

上述代码运行结果为：

```
df1.isna().any()          df1.isna().sum()          df1['数学'].value_counts(dropna=False)
姓名      False           姓名    0                 NaN     1
性别      False           性别    0                 95.0    1
语文      True            语文    1                 81.0    1
数学      True            数学    1                 76.0    1
英语      False           英语    0                 Name:数学, dtype: int64
dtype: bool               dtype: int64
```

(2) 处理缺失值。

对于缺失值的处理，主要有两种方法：删除缺失值和填充缺失值。

① 删除缺失值。

Pandas 提供了删除缺失值的 dropna()函数。语法格式如下。

```
DataFrame.dropna(axis = 0, how = 'any', thresh = None, subset = None, inplace = False)
```

参数说明如下。

- axis：默认 axis=0，表示删除包含缺失值的行；axis=1，表示删除包含缺失值的列。
- how：默认 how='any'，表示删除含有缺失值的所有行或列；how='all'，表示删除全为缺失值的行或列。
- thresh：int，保留含有 int 个非空值的行、列。
- subset：删除指定列缺失值。
- inplace：默认为 False，True 表示直接修改原数据。

在清洗缺失值时，可通过指定 dropna()函数的参数值，确定删除数据的条件，常用操作见表 7-11。

表 7-11　dropna()函数常用操作

删除条件	行操作	列操作
含有 NaN	df.dropna()	df.dropna(axis=1)
全为 NaN	df.dropna(how='all')	df.dropna(axis=1, how='all')
不足 n 个非空值	df.dropna(thresh=n)	df.dropna(axis=1, thresh=n)
特定列为 NaN 的行	df.dropna(subset=['col1','col2'])	

【例 7-41】 删除例 7-40 中的缺失值。代码如下。

```
df1.dropna()                    # 默认 axis = 0, 按行删除(常用)
```

运行结果为：

	姓名	性别	语文	数学	英语
1	李四	女	92.0	95.0	80
3	赵六	男	66.0	76.0	67

② 填充缺失值。

Pandas 提供了填充缺失值的 fillna()函数。语法格式如下。

```
DataFrame.fillna(value = None, method = None, axis = None, inplace = False, limit = None, downcast = None)
```

常用参数说明如下。

- value：用于填充的值，可以是数值、字符串、变量、字典、series、DataFrame，不能使用列表。
- method：填充方法，可取值为{'backfill','bfill','pad','ffill',None}，默认为 None，指定填充值；pad/ffill 表示用前一个非缺失值填充；backfill/bfill 表示用后一个非缺失值填充。
- axis：沿指定轴向填充缺失值，默认为 None。
- inplace：默认为 False，True 表示直接在原数据上填充。
- limit：限制填充次数。

【例 7-42】 将例 7-40 中 df1 的缺失值用 0 填充，用后一个非缺失值填充，用列均值填充。代码如下。

```
df1.fillna(0)                                          #用 0 填充缺失值
df1.fillna(method = 'bfill')                           #用后一个非缺失值填充缺失值
df1.fillna(df1[['语文','数学']].mean(), inplace = True)  #用列均值填充缺失值,直接改变原数据
```

运行结果为：

df1.fillna(0)

	姓名	性别	语文	数学	英语
0	张三	男	85	0	86
1	李四	女	92	95	80
2	王五	女	0	81	78
3	赵六	男	66	76	67

df1.fillna(method='bfill')

	姓名	性别	语文	数学	英语
0	张三	男	85	95	86
1	李四	女	92	95	80
2	王五	女	66	81	78
3	赵六	男	66	76	67

df1.fillna(df1[['语文','数学']].mean(),inplace=True)

	姓名	性别	语文	数学	英语
0	张三	男	85	84	86
1	李四	女	92	95	80
2	王五	女	81	81	78
3	赵六	男	66	76	67

2）重复值处理

对于重复值的处理，首先检测是否存在重复值，然后再将重复值删除。

Pandas 提供了两个专门处理重复值的函数，分别是 duplicated() 函数和 drop_duplicates() 函数。

(1) duplicated()函数：判断是否有重复值，返回布尔序列，将重复行标记为 True，非重复行标记为 False。语法格式如下。

```
DataFrame.duplicated(subset = None, keep = 'first')
```

常用参数说明如下。

- subset：依据指定的列识别重复值，默认所有列。
- keep：确定要标记的重复项，可选'first'、'last'、False，默认为'first'，表示标记除第一次出现的重复项；'last'表示标记除最后一次出现的重复项；False 表示标记所有重复项。

(2) drop_duplicates()函数：删除指定数据列中的重复值。语法格式如下。

```
DataFrame.drop_duplicates(subset = None, keep = 'first', inplace = False, ignore_index = False,
ignore_index = False)
```

常用参数说明如下。

- subset：按照指定的一个或者多个列来删除重复值；可选，默认为所有列。
- keep：确定要保留的重复值；可选'first'、'last'、False，默认为'first'，表示保留第一次出现的重复值；'last'表示保留最后一次出现的重复值；False 表示删除所有重复值。
- inplace：默认为 False，True 表示直接在原数据上删除。
- ignore_index：表示是否重建索引，默认为 False，如为 True，索引会重新从 0 开始。

【例 7-43】 检测 df2 中是否存在重复记录，按['姓名','性别']列检测是否存在重复记录，如存在则直接删除。df2 及相关操作代码如下。

```
df2 = pd.DataFrame({'姓名': ['张三', '李四', '王五', '赵六', '赵六'],
'性别': ['男', '女', '女', '男', '男'],
'语文': [85, 92, 80, 66, 66],
'数学': [88, 95, 81, 76, 76],
'英语': [86, 80, 78, 67, 67]})
print(df2)
df2.duplicated()                          #未指定列名,默认为所有列
df2.drop_duplicates()                     #未指定列名,默认为所有列
df2.drop_duplicates(['姓名','性别'])  #直接删除'姓名'、'性别'列中同时重复的值
```

运行结果为：

print(df2)

	姓名	性别	语文	数学	英语
0	张三	男	85	88	86
1	李四	女	92	95	80
2	王五	女	80	81	78
3	赵六	男	66	76	67
4	赵六	男	66	76	67

df2. duplicated()

0	False
1	False
2	False
3	False
4	True
	dtype：bool

df2. drop_duplicates()

	姓名	性别	语文	数学	英语
0	张三	男	85	88	86
1	李四	女	92	95	80
2	王五	女	80	81	78
3	赵六	男	66	76	67

df2. drop_duplicates(['姓名','性别'])

	姓名	性别	语文	数学	英语
0	张三	男	85	88	86
1	李四	女	92	95	80
2	王五	女	80	81	78
3	赵六	男	66	76	67

提示：duplicated()和 drop_duplicates()函数的判断标准和逻辑一样，可直接使用 drop_duplicates()函数删除重复值。

3）异常值处理

在数据分析中，除了常见的重复值和缺失值外，还会遇到异常值，又称为离群点，即样本中的一些数值明显偏离其余数值的样本点。例如，年龄为负数，学习成绩小于零，成年男性身高 2.3m 等，都属于异常值。

为了处理异常值，首先要判别数据集中是否存在离群点，然后再对离群点的数据进行

处理。

（1）识别异常值。

① 简单统计分析。

对数据集中的变量（列名）进行描述性统计，可初步判定哪些数据不合理。最常用的统计量是最大值和最小值，用来判断取值是否超出了合理区间。例如，年龄的合理区间为[0,150]，如果样本中的年龄值不在该区间范围内，则表示该样本的年龄值属于异常值。

Pandas 提供了 describe()函数对数据集进行描述性统计。语法格式如下。

```
DataFrame.describe(percentiles = None, include = None, exclude = None)
```

常用参数说明如下。

- percentiles：设置输出的百分位数，默认为[.25,.50,.75]，可以自定义。
- include：表示统计哪类数据，可选值有 all、[np.number]、[np.object]和'category'。all 表示统计全部类型数据，[np.number]表示只统计数值型数据，[np.object]表示只统计对象类型，'category'表示只统计分类类型，默认为统计所有数字列。
- exclude：作用与 include 相反，表示排除哪类数据，可选值与 include 相同。

应用实例详见 9.2.2 节。

② 3σ 原则。

当数据服从正态分布时，距离平均值 3σ 之外的概率为 $P(|X-\mu|>3\sigma)\leqslant 0.003$，属于极小概率事件，因此，当样本值距离平均值大于 3σ 时，则认定该样本为异常值，如图 7-7 所示；当数据不服从正态分布时，需要根据经验和实际情况来决定远离平均值的多少倍标准差认定为异常值。

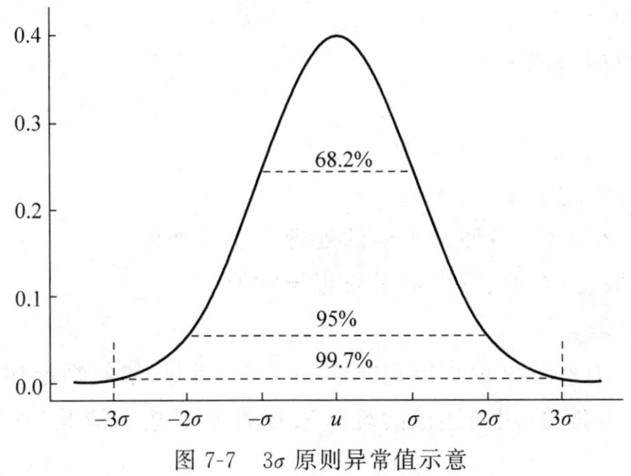

图 7-7　3σ 原则异常值示意

③ 箱线图分析。

箱线图以四分位数和四分位距为基础，计算上下界的数值，将大于或小于上下界的数值确认为异常值。

四分位数，即把数值由小到大排列并分成四等份，处于三个分割点位置的数值就是四分位点，其中，第 1 四分位点（Q1，又称下四分位数）表示样本中所有数值由小到大排列后前 25%的数字；第 3 四分位点（Q3，又称上四分位数）表示样本中所有数值由小到大排列后前 75%的数字。

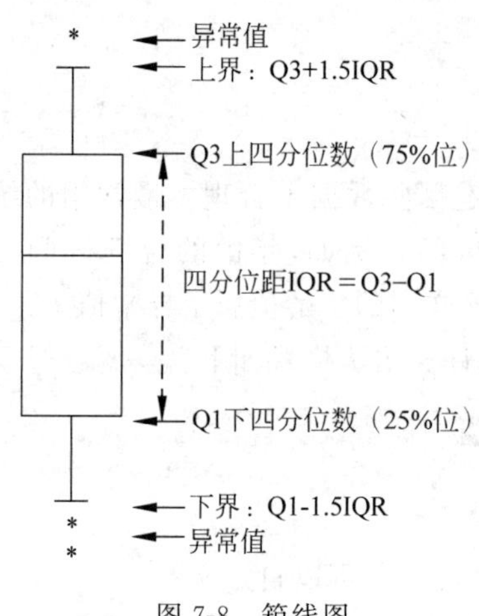

图 7-8　箱线图

在箱线图上定义了上四分位数(75%)和下四分位数(25%),上四分位设置为 Q3,表示所有样本中只有 1/4 的数值大于 Q3；同理,下四分位设置为 Q1,表示所有样本中只有 1/4 的数值小于 Q1。设置上四分位数与下四分位数的差值(四分位距)为 IQR,即 IQR＝Q3－Q1,则上界为 Q3＋1.5IQR,下界为 Q1－1.5IQR,如图 7-8 所示。

四分位数具有一定的耐抗性,多达 25%的数据可以变得任意远而不会很大地扰动四分位数,异常值不能对这个标准施加影响,因此箱线图在识别异常值方面比较客观,耐抗性好。

Pandas 提供了分位数函数 quantile()计算分位数(点)。语法格式如下。

```
DataFrame.quantile(q = 0.5, axis = 0, numeric_only = True, interpolation = 'linear')
```

参数说明如下。

- q：浮点型或列表,值为 0～1,表示指定的任意分位点,默认为 0.5,即返回中位数,如设置 q=[0.25,0.75],表示计算下、上四分位数。
- axis：计算方向,可以是{0, 'index', 1, 'columns'}中之一,默认为 0。
- numeric_only：仅包括 float,int,boolean 型数据,默认为 True。
- interpolation(插值方法)：可以是{'linear', 'lower', 'higher', 'midpoint', 'nearest'}之一,默认为 linear。

quantile()函数应用实例见例 7-47。

(2) 处理异常值。

常用的异常值处理方法有以下 4 种。

① 删除含有异常值的记录。

② 将异常值视为缺失值,按照缺失值的处理方法来处理。

③ 用均值、中位数、上界值、下界值来修正异常值。

④ 对异常值不处理。

在处理异常值时,有些异常值可能包含有用信息,因此,如何判定和处理异常值,需视情况而定。在数据量较多时,可用描述性的统计来查看数据基本情况,发现异常值,并借助箱线图进行监测。

4) 数据类型转换

(1) 字段类型转换。

Pandas 提供了 DataFrame.astype()函数,可以非常方便地将指定列的数据类型转换为另一种数据类型,还可以使用 Python 字典一次转换多个列的数据类型。字典中的键(key)与列名相对应,字典中的值标签(value)与新数据类型相对应。语法格式如下。

```
DataFrame.astype(dtype, copy = True, errors = 'raise', ** kwargs)
```

常用参数说明如下。

- dtype：将 DataFrame 的一个或多个列转换为指定的数据类型，可使用 numpy.dtype 或 Python 数据类型，多列转换时使用字典形式{'列名 1'：dtype，…}。
- errors：如果指定的 dtype 类型无效是否触发一个异常。可选'raise'或'ignore'，默认值是'raise'，表示触发一个异常；'ignore'表示禁止异常，出错时返回原始对象。

【例 7-44】 转换例 7-6 所创建 df 的数据类型，用. astype()函数将'语文'的数据类型转换为'int32'，将'数学'的数据类型转换为'str'。代码如下。

```
df = pd.DataFrame({
     '姓名':['张三','李四','王五','赵六'],
     '性别':['男','女','女','男'],
     '语文':[85,92,80,66],
     '数学':[88,95,81,76],
     '英语':[86,80,78,67]})
print(df)
df.dtypes                                              #查看 df 的数据类型
df.astype({'语文':'int32','数学':'str'}).dtypes         #转换为指定的数据类型
```

运行结果为：

	df					转换前数据类型		df. astype 转换后数据类型	
	姓名	性别	语文	数学	英语	姓名	object	姓名	object
0	张三	男	85	88	86	性别	object	性别	object
1	李四	女	92	95	80	语文	int64	语文	int32
2	王五	女	80	81	78	数学	int64	数学	object
3	赵六	男	66	76	67	英语	int64	英语	int64
						dtype：object		dtype：object	

(2) DataFrame 转换为列表。

DataFrame 转换为列表主要使用. tolist()函数，该函数没有参数，当转换一列时可使用 DataFrame['列名']. tolist()，当转换多列或所有列时，需使用 DataFrame[['列名 1'，'列名 2']]. values. tolist()或 DataFrame. values. tolist()。

【例 7-45】 将例 7-44 df 中的'语文'列转换成列表，将'姓名'和'语文'两列的值转为列表，将 df 的所有值转换成列表。代码如下。

```
df['语文'].tolist()                         #将'语文'列转换成列表
df[['姓名','语文']].values.tolist()          #将'姓名'和'语文'两列的值转为列表
df.values.tolist()                          #将 df 的所有值转换成列表
```

运行结果分别为：

```
[85, 92, 80, 66]                                      #将'语文'列转换成列表
[['张三', 85], ['李四', 92], ['王五', 80], ['赵六', 66]]  #将'姓名'和'语文'两列的值转为列表
[['张三', '男', 85, 88, 86],                           #将 df 的所有值转换成列表
 ['李四', '女', 92, 95, 80],
 ['王五', '女', 80, 81, 78],
 ['赵六', '男', 66, 76, 67]]
```

(3) DataFrame 转换为字典。

DataFrame 转换为字典，使用 DataFrame 的 to_dict()函数。语法格式如下。

```
DataFrame.to_dict (orient = 'dict')
```

该函数只有一个参数 orient，共 6 种选项，默认为'dict'，生成的是嵌套字典，即{column(列名)：{index(行名)：value(值)}}；如果为'list'，则字典的 key 是列名，value 是列名所对应的全部值列表，即{column(列名)：[values]}；其他选项略。

【例 7-46】 将例 7-44 中的 df 转换成字典。代码如下。

```
df.to_dict(orient = 'list')
```

运行结果为：

```
{'姓名': ['张三', '李四', '王五', '赵六'],
 '性别': ['男', '女', '女', '男'],
 '语文': [85, 92, 80, 66],
 '数学': [88, 95, 81, 76],
 '英语': [86, 80, 78, 67]}
```

6. 数据统计

1) 基本统计

Pandas 提供了许多统计函数，用于数值计算或描述性统计，Pandas 常用统计函数如表 7-12 所示。

表 7-12　Pandas 常用统计函数

函　数	描　述	函　数	描　述	函　数	描　述
count()	非空值的个数	mode()	众数	mad()	平均绝对偏差
sum()	求和	var()	样本方差	abs()	绝对值
mean()	平均值	std()	样本标准差	cov()	协方差
min()	最小值	quantile()	分位数	corr()	相关系数
max()	最大值	prod()	数组元素的乘积	diff()	一阶差分
median()	中位数	describe()	统计信息摘要	pct_change()	百分数变化

注意：函数用法与 NumPy 统计函数虽基本相同，但 Pandas 属于异构数据(各列数据类型可不同)，当 DataFrame 包含字符数据时，个别函数如 abs()会报错。

对于聚合类函数如 count()、sum()、mean()、min()、max()、median()、std()、var()等，参数基本相同，常用参数如下。

- axis：表示沿轴向操作，0 表示沿 0 轴方向，1 表示沿 1 轴方向，默认为 None。
- skipna：布尔型，表示计算结果是否排除 NaN/null 值，默认为 True。
- level：int 型，指定多层索引的层级，默认为 None。
- numeric_only：仅包括 float、int、boolean 型数据，默认为 None，尝试包括所有数据，未来版本中将删除该参数，运算前需指定参与计算列。

【例 7-47】 统计例 7-21 的 cj 中“语文”成绩的最大值、最小值、中位数、总分。代码如下。

```
cj['语文'].max()          #结果为：95
cj['语文'].min()          #结果为：69
cj['语文'].median()       #结果为：86.0
cj['语文'].sum()          #结果为：6891
```

本例中的统计函数默认 axis=0，表示沿 0 轴方向进行聚合统计，即对指定的'语文'列进行聚合操作。

axis 参数理解技巧：

Pandas 初学者最容易混淆 axis 参数的作用，难以准确理解何种情况下是对行/列的操作，现将 axis 参数理解技巧概括如下。

(1) axis=0 或者"index"：沿 0 轴(行)方向操作。

① 如果是单行操作，表示对某一行操作，如 drop()表示删除行。

② 如果是聚合操作，表示压缩各行(所跨的行消失)，聚合成一行，列数不变，体现的是聚合后的各列结果。

(2) axis=1 或者"columns"：沿 1 轴(列)方向操作。

如果是单列操作，则表示对某一列操作，如 drop(axis=1)表示删除列。

如果是聚合操作，则表示压缩各列(所跨的列消失)，聚合成一列，行数不变，体现的是聚合后的各行结果。

【例 7-48】 统计例 7-21 的 cj 中各科成绩的 0.25 分位数和 0.75 分位数。代码如下。

```
cj.quantile(q=[0.25,0.75])
```

运行结果为：

	语文	数学	英语	物理	化学	政治	历史	生物
0.25	82.0	80.0	80.0	74.0	73.0	74.0	75.0	82.0
0.75	90.0	91.0	85.0	87.0	83.0	82.0	83.0	90.0

2) 分组聚合统计

在数据分析过程中，经常需要对某列或多列数据进行分组聚合统计，Pandas 通过"拆分(split)-应用(apply)-合并(combine)"的分组运算过程完成分组聚合统计，运算过程概括如下。

(1) 依据给定条件将数据拆分成组。

(2) 每个组都可独立应用统计函数，如 sum()、mean()等。

(3) 将分组结果进行合并。

其分组聚合的运算过程如图 7-9 所示。在图中，将 DataFrame 按 key 拆分(split)成 a、b、c 三个组，各组分别应用(apply)求和函数 sum()进行求和运算，最后将结果合并(combine)成一个新 DataFrame，默认将 by 字段的列名作为新 index，并按此索引进行排序，columns 中不再保留该列名。

(1) 数据分组。

Pandas 提供了 groupby()函数按指标字段对 DataFrame 或 Series 进行分组，生成一个

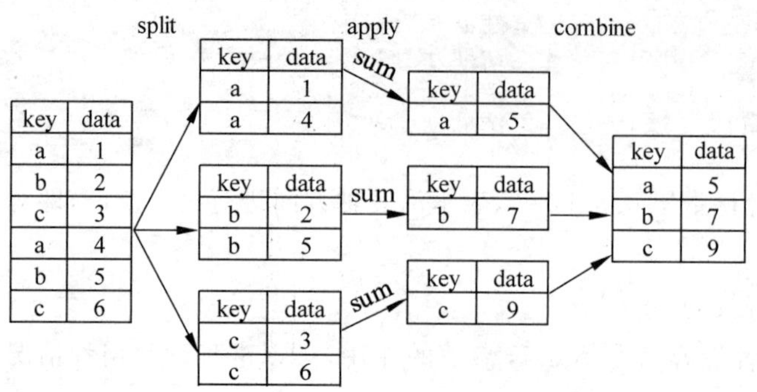

图 7-9　分组聚合运算过程

分组器对象。groupby()函数完成的是数据拆分工作。语法格式如下。

```
DataFrame.groupby(by = None, axis = 0, level = None, as_index = True, sort = True, group_keys =
True, squeeze = False, observed = False)
```

常用参数说明如下。

- by：指定分组字段，可以是一个，也可以是多个字段组成的列表。
- axis：默认为 axis＝0，沿 0 轴方向分组，即按列的值分组；axis＝1 时，按行的值分组。
- level：存在多层索引时，可按特定的索引层级分组。
- as_index：默认为 True，将分组标签作为新索引；as_index＝False 时，不以分组标签为索引。
- sort：默认为 True，按分组标签排序；设置为 False 时可以提高性能。

返回值：groupby()函数的返回结果是一个包含分组信息的 DataFrameGroupBy 对象，后续的分组聚合统计操作都是针对这个 DataFrameGroupBy 对象进行的。

【例 7-49】 依例 7-21 的 cj 数据，按'班级'进行分组。代码及运行结果如下。

```
In  [2]: cj.groupby('班级')
Out[2]: <pandas.core.groupby.generic.DataFrameGroupBy object at 0x000001529A43A970>
```

本例中 groupby()函数返回了一个 DataFrameGroupBy 对象，不能直接显示分组信息。

- 如查看分组后的具体数据，需链式调用 get_group()函数。
- 如只是查看分组后的索引，需使用该对象的 groups 属性进行查看。groups 属性的返回值是一个 key-value 字典形式的分组索引，key 表示用来分类的数据，value 是分类对应的值，可以使用字典访问方式查看分组信息。

【例 7-50】 依例 7-21 的 cj 数据，按'班级'进行分组，使用 get_group()函数查看'1 班'的分组数据，列示前 5 行。代码如下。

```
cj.groupby('班级').get_group('1 班').head()
```

运行结果为：

学号	班级	姓名	性别	语文	数学	英语	物理	化学	政治	历史	生物
20101	1班	毕景岚	女	80	72	84	77	83	85	78	86
20102	1班	曹海颖	女	87	83	88	75	86	72	81	98
20103	1班	胡婷	女	86	89	88	94	84	88	88	83
20104	1班	江玲	女	83	72	88	88	77	74	76	89
20105	1班	李金泰	男	92	93	90	72	84	74	78	88

(2) 聚合统计。

聚合统计可分为简单聚合统计和复合聚合统计两种类型。

① 简单聚合统计。简单聚合统计指对单列或多列分组对象只使用一种聚合函数。

• 直接使用统计函数。

分组器对象可直接链式调用聚合函数进行分组统计,常用的聚合函数如表 7-13 所示。

表 7-13 常用聚合函数

函数	功能	函数	功能
mean()	计算组平均值	describe()	生成描述性统计
sum()	计算组值之和	first()	计算各组第一个值
size()	计算组大小(行数)	last()	计算各组最后一个值
count()	计算各组元素个数	nth()	取各组第 n 个值
std()	计算各组标准差	min()	计算各组最小值
var()	计算各组方差	max()	计算各组最大值
sem()	均值的标准误差	median()	计算各组中位数

注意:以上聚合函数均排除组内缺失值 NaN。

【例 7-51】 将 key 作为分组字段,使用 sum()函数对 df 中的'data'进行分组求和。df 及相关计算代码如下。

```
import pandas as pd
df = pd.DataFrame({'key': ['a', 'b', 'c', 'a', 'b', 'c'], 'data':[1, 2, 3, 4, 5, 6]})
df.groupby('key').sum()              #按 key 分组求和
```

运行结果为:

```
      data
key
a     5
b     7
c     9
```

本例的分组聚合过程如图 7-9 所示,原数据为 6 行,按 key 分成了 3 组进行求和,最终聚合成 3 个组结果,少于原数据行数,即聚合结果与原数据的形状不一致。

注意:groupby()函数返回结果时,默认将 by 字段的列名作为新 index,并按此索引进行排序,columns 中不再保留该列名,如想将该列名保留在 columns 中,需设置 as_index=False,该设置相当于链式调用 reset_index()函数。如不需要按分组标签进行排序,可设置参数 sort=True。

【例 7-52】 依例 7-21 的 cj 数据,按'班级'进行分组,计算各班每科的总成绩以及'语文'、'数学'的平均成绩。代码如下。

```
cj.groupby('班级').sum()                             #计算每科成绩的总分
cj.groupby('班级')[['语文','数学']].mean()            #计算'语文'、'数学'成绩的平均分
```

运行结果分别为：

班级	语文	数学	英语	物理	化学	政治	历史	生物
1班	2266	2260	2295	2185	2228	2088	2150	2432
2班	2311	2284	2178	2180	2014	2135	2168	2189
3班	2314	2230	2175	2175	2046	2027	2099	2286

班级	语文	数学
1班	83.925926	83.703704
2班	85.592593	84.592593
3班	85.703704	82.592593

【例7-53】 依例7-21的cj数据，按'班级'、'性别'进行分组，计算各班不同性别学生的'语文'、'数学'平均成绩。代码如下。

```
cj.groupby(['班级','性别'])[['语文','数学']].mean()  #多个列名要用列表
```

运行结果为：

班级	性别	语文	数学
1班	女	84.409091	83.500000
	男	81.800000	84.600000
2班	女	86.555556	85.555556
	男	83.666667	82.666667
3班	女	87.450000	84.650000
	男	80.714286	76.714286

- 使用transform()函数。

transform()函数通常与groupby()函数一起连用，通过调用聚合函数实现简单分组聚合统计。transform()函数将各分组聚合的统计值广播到各分组的数据中，返回与原数据长度相同的对象。

与groupby()函数连用时，传入transform()函数的参数可以是自定义函数或匿名函数，内建的聚合函数直接传入函数字符串别名即可，如'max'、'min'、'sum'、'mean'等，不能是列表或字典，否则会提示TypeError：unhashable type：'list' or 'dict'。

【例7-54】 将key作为分组字段，使用transform()函数对df中的'data'进行分组求和，在df中新增'sum'列记录分组求和结果，计算'data'列数据占各组合计的比例，新增'pct'列保存计算结果。df及相关计算代码如下。

```
import pandas as pd
import numpy as np
df = pd.DataFrame({'key': ['a', 'b', 'c'] * 2, 'data': np.arange(1,7)})
df['sum'] = df.groupby('key').transform(sum)             #按key分组求和
df['pct'] = df['data']/df['sum']                         #计算分组占比
```

运行结果为：

	key	data	sum	pct
0	a	1	5	0.200000
1	b	2	7	0.285714
2	c	3	9	0.333333
3	a	4	5	0.800000
4	b	5	7	0.714286
5	c	6	9	0.666667

本例中，transform()函数将分组求和的值采用广播的方式广播到各组内，返回与原数据同形状的聚合结果，并将其赋值给 df 的新增列'sum'，用于后续计算。transform()函数的运算过程如图 7-10 所示。

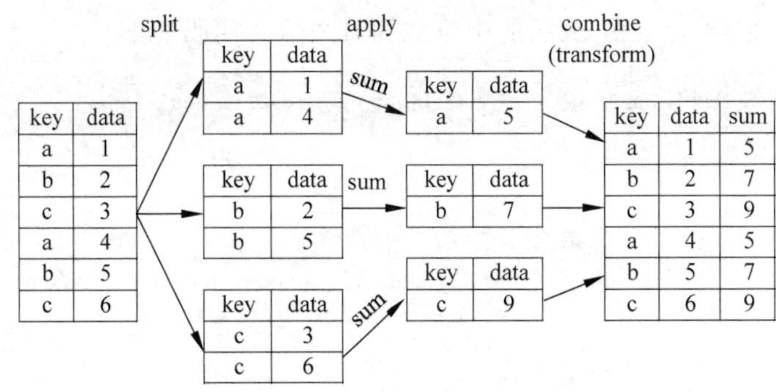

图 7-10　transform()函数的运算过程

与图 7-9 对比，使用 groupby('key')分组后，直接使用 sum()函数的聚合结果是 3 个分组的聚合值(分组标量值，3 行数据)，使用 transform()函数调用 sum()函数进行聚合后，得到与原数据长度(6 行数据)相同的分组聚合值，即 transform()函数既计算了统计值，又将其广播成与原数据形状一致的聚合结果。

② 复合聚合统计。复合聚合统计指对单列或多列分组对象同时使用多种不同的聚合函数。

Pandas 提供了 aggregate()函数实现对分组器对象的单列或多列进行聚合统计，既可以实现简单聚合统计，也可以实现复合聚合统计，例如，对一列使用多种聚合，对每列使用相同的多种聚合，对选定列使用不同的聚合等。

aggregate()函数简写为 agg()函数。语法格式如下。

```
GroupBy.agg(func,axis = 0, * args, ** kwargs)
```

常用参数说明如下。

- func：指定实现某种统计功能的函数，可以接收函数、函数名称(字符串形式)、函数列表或函数名称(字符串形式)列表和字典。

字典的格式为：

```
{'行名或列名':'函数名'}或{'行名或列名':['函数名 1','函数名 2']}
```

- axis：指定操作轴向 0 或 1，默认为 0，沿 0 轴向操作。

【例 7-55】 对一列使用多种聚合。依例 7-21 中的 cj 数据，按'班级'进行分组，计算各班'语文'成绩的最小值、中位数和最大值。代码如下。

```
cj.groupby('班级').agg({'语文':['min','median','max']})    #字典嵌套列表
```

运行结果为：

	语文		
	min	median	max
班级			
1班	71	86.0	94
2班	76	86.0	93
3班	69	87.0	95

【例 7-56】 对多列使用相同的多种聚合。依例 7-21 中的 cj 数据，按'班级'进行分组，计算各班'语文'、'数学'、'英语'成绩的中位数和最大值。代码如下。

```
cj.groupby('班级')[['语文','数学','英语']].agg(['median','max'])
```

运行结果为：

	语文		数学		英语	
	median	max	median	max	median	max
班级						
1班	86.0	94	86.0	93	85.0	93
2班	86.0	93	85.0	94	81.0	87
3班	87.0	95	87.0	96	81.0	93

【例 7-57】 对选定列使用不同的聚合。依例 7-21 中的 cj 数据，按'班级'进行分组，计算各班'语文'成绩的中位数、'数学'成绩的最大值和'英语'成绩的中位数、最大值。代码如下。

```
cj.groupby('班级').agg({'语文':'median','数学':'max','英语':['median','max']})  #函数名称
                                                                                 #用字符串
```

运行结果为：

	语文	数学	英语	
	median	max	median	max
班级				
1班	86.0	93	85.0	93
2班	86.0	94	81.0	87
3班	87.0	96	81.0	93

本例也可使用 NumPy 提供的聚合函数(见表 7-6)得到相同的结果，但传入 agg()函数时不能使用字符串格式。代码如下。

```
import numpy as np
cj.groupby('班级').agg({'语文':np.median,'数学':np.max,'英语':[np.median,np.max]})
```

transform()函数与 agg()函数的区别如下。

transform()函数与 agg()函数的一个区别是分组聚合后返回的数据形状不同，agg()函

数只返回分组聚合结果，与原数据形状不一致，transform()函数将各分组聚合的统计值进行广播，返回结果与原数据形状一致；另一个区别是能否传入函数列表或函数字典，与groupby()函数连用时，transform()函数中传入的函数不能是列表或字典形式，而agg()函数则无此限制，具有高灵活性。

3）数据透视表

数据透视是最常用的数据汇总工具，数据透视表是一种可以对数据动态排布并且分类汇总的表格格式。或许大多数人都在Excel中使用过数据透视表，也体会到它的强大功能，而在Pandas中它被称作pivot_table。

数据透视表(Pivot Table)是一种交互式的表，可以进行某些计算，如求和与计数等。之所以称为数据透视表，是因为可以动态地改变版面布置，以便按照不同方式分析数据，也可以重新安排行号、列标和页字段。每一次改变版面布置时，数据透视表会立即按照新的布置重新计算数据。另外，如果原始数据发生更改，则可以更新数据透视表。

（1）创建数据透视表。

pivot_table()函数语法：

```
DataFrame.pivot_table(values = None, index = None, columns = None, aggfunc = 'mean', fill_value =
None, margins = False, dropna = True, margins_name = 'All', observed = False)
```

常用参数说明如下。

- values：数据透视表的元素值。若不指定values，默认将除行、列索引以外的所有列作为元素值列。
- index：数据透视表的行索引，可选取一列或多列。
- columns：数据透视表的列索引，可选取一列或多列。
- aggfunc：值计算方式，默认计算平均值，即'mean'。
- fill_value：表示NaN用什么填充。默认不填充，fill_value=0表示用0填充。
- margins：表示是否汇总。默认为False，即不进行汇总，margins=True表示汇总。
- dropna：表示是否放弃所有元素均为NaN的列。默认为True，代表放弃所有元素均为NaN的列。
- margins_name：指定汇总栏命名，默认为'All'。

pivot_table()函数中最重要的四个参数是values，index，columns，aggfunc。

【例7-58】 依例7-21中的cj数据，用pivot_table()函数建立一个数据透视表，按'班级'统计不同性别学生的'语文'、'数学'的总成绩，同时进行数据汇总。代码及运行结果如下。

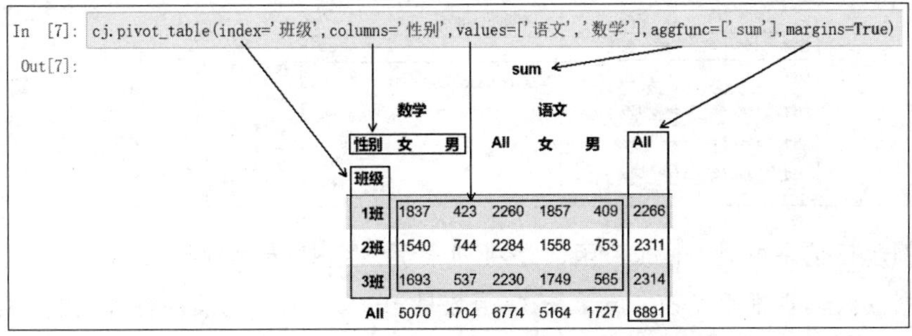

```
In [7]: cj.pivot_table(index='班级', columns='性别', values=['语文', '数学'], aggfunc=['sum'], margins=True)
Out[7]:
```

	sum					
	数学			语文		
性别	女	男	All	女	男	All
班级						
1班	1837	423	2260	1857	409	2266
2班	1540	744	2284	1558	753	2311
3班	1693	537	2230	1749	565	2314
All	5070	1704	6774	5164	1727	6891

由本例结果可知，index所指定的字段作为透视表的行索引；columns指定的字段作为透视表的列索引；values所对应的字段用于aggfunc()函数统计运算，运算结果列示在表体内，同时将字段名和统计函数名也标记为列索引；margins＝True用于汇总数据。

在本例的数据透视表中，列索引是多层级索引(MultiIndex)，共有3个层级，第1层级是aggfunc()函数所指定的统计函数sum()，第2层级是values所指定的字段名，第3层级是columns所指定的“性别”。

(2) 透视表行索引/列索引互换。

Pandas提供了强大的数据堆叠函数(stack())和数据解堆函数(unstack())，可以轻松实现数据透视表的行索引/列索引互换，动态地改变版面布置，重新安排行/列索引。

① stack()函数：将指定层级的列索引旋转到行索引上，使其值由水平排列变成垂直堆叠，故称为堆叠函数。语法格式如下。

DataFrame.stack(level＝－1,dropna＝True)

参数说明如下。

- level：int、str、list，表示需要转换索引轴，默认为－1，表示转换最内层的列索引，转换后为最内层的行索引。
- dropna：是否删除所有值均缺失的行，默认为True。

② unstack()函数：将指定层级的行索引旋转到列索引上，使其值由垂直堆叠变成水平排列，故称为解堆函数。unstack()函数的语法格式如下。

```
DataFrame.unstack(level = - 1,fill_value = None)
```

参数说明如下。

- level：int、str、list，表示需要转换索引轴，默认为－1，表示转换最内层的行索引，转换后为最内层的列索引。
- fill_value：int、str、dict，表示缺失值替换方式。

【例7-59】 依例7-21中的cj数据，进行下列操作：①用pivot_table()函数建立一个数据透视表，名为pt，按'班级'统计不同性别学生的'语文'、'数学'的总成绩；②用stack()函数将列索引中的“性别”转换成行索引。代码及运行结果如下。

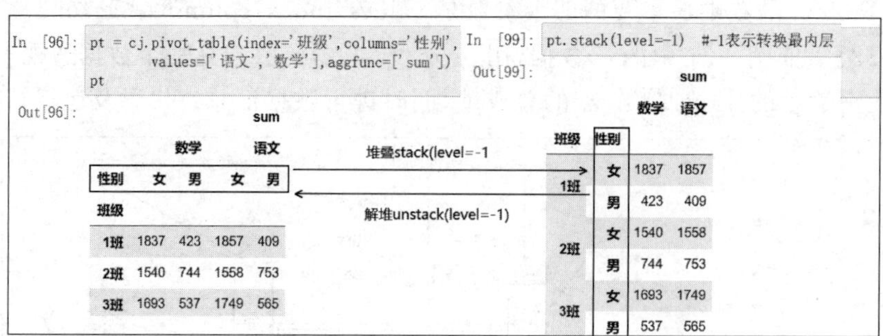

	sum			
	数学		语文	
性别	女	男	女	男
班级				
1班	1837	423	1857	409
2班	1540	744	1558	753
3班	1693	537	1749	565

		sum	
		数学	语文
班级	性别		
1班	女	1837	1857
	男	423	409
2班	女	1540	1558
	男	744	753
3班	女	1693	1749
	男	537	565

由本例运行结果可见，stack()函数是将列索引“性别”转换到行索引上，使其值由原来的水平排列变成垂直堆叠状态；unstack()函数是stack()函数的反向操作，由行索引转换为列索引。

小提示：数据透视表其实是用 pivot_table()函数直接实现了 groupby()函数分组聚合，更加灵活方便。在例 7-59 中所建立的数据透视表 pt，等价于分组聚合代码：

```
cj.groupby(['班级','性别']).agg({'语文':'sum','数学':'sum'}).unstack()
```

（3）透视表的数据访问。

对于数据透视表的数据访问，可通过多层级索引的访问方式实现。

【例 7-60】 依例 7-59 建立的数据透视表 pt，查询透视表中“1 班”中“性别”为'女'的数学总成绩。代码及结果如下。

```
In  [4]: pt.loc['1班',('sum','数学','女')]
Out[4]: 1837
```

7. 高阶函数

高阶函数是指将其他函数作为参数的函数。

在数据处理时，经常对 DataFrame 的逐(多)行、逐(多)列、逐元素进行某种相同方式的操作，例如，将各科成绩均大于或等于 85 分的学生标记为“奖学金候选人”，不符合条件的标记为“无资格”，如何实现逐行逐列的操作？此时很容易想到用 for 循环处理，但需要定义可执行循环的序列，较为烦琐，其实 Pandas 提供了 map()、apply()、applymap()三个高阶函数可简捷高效地处理此类问题。

map()函数：应用于 Series 的每个元素中，同 Python 内置 map()函数。

apply()函数：应用于 Series 或 DataFrame 的行或列中。

applymap()函数：应用于 DataFrame 的每个元素中。

以上三个函数均可以调用其他函数作为参数，可以直接针对 DataFrame 的行、列、元素进行复杂处理，是数据处理中特别实用且高效的方法。

（1）map()函数：用于 Series 或 DataFrame 中的某一列，与 Python 内置的 map()函数一样，根据提供的函数对指定序列逐一元素做映射，可以接收一个函数或含有映射关系的字典型对象。语法格式如下。

```
Series.map(function or dict, na_action = None)
```

参数说明如下。

- function or dict：可接收 Lambda 表达式、自定义函数(def())、Python 内置函数、字典。
- na_action：默认 na_action=None，表示将函数应用于缺失值；na_action='ignore'表示忽略缺失值，即函数不应用于缺失值(并将其保留为 NaN)。

【例 7-61】 依例 7-21 中的 cj 数据，使用 map()函数将“班级”列中的 1 班改为 201 班、2 班改为 202 班、3 班改为 203 班。代码如下。

```
cj['班级']                                                        #列示修改前数据
cj['班级'].map({'1 班':'201 班','2 班':'202 班','3 班':'203 班'})   #使用字典进行映射
```

运行结果为：

```
修改前结果                                    修改后结果
学号                                          学号
20101      1班                                20101      201班
20102      1班                                20102      201班
20103      1班                                20103      201班
20104      1班                                20104      201班
20105      1班                                20105      201班
           ..                                            ...
20323      3班                                20323      203班
20324      3班                                20324      203班
20325      3班                                20325      203班
20326      3班                                20326      203班
20327      3班                                20327      203班
Name:班级, Length: 81, dtype: object           Name:班级, Length: 81, dtype: object
```

【例 7-62】 依例 7-21 中的 cj 数据，使用 map()函数将“语文”列中的分数值改为五级分，即 60 分以下为不及格，60～70(不含)分为及格，70～80(不含)分为中等，80～90(不含)分为良好，90 分及以上为优秀，列示前 5 个数据。代码如下。

```
cj['数学'].head()                   #列示修改前数据
def grade(x):                       #自定义成绩等级函数
    if x>=90:
        return '优秀'
    elif x>=80:
        return '良好'
    elif x>=70:
        return '中等'
    elif x>=60:
        return '及格'
    else:
        return '不及格'

cj['数学'].map(grade).head()        #传入自定义函数,不用(),()表示直接调用
```

运行结果为：

```
修改前结果                                    修改后结果
学号                                          学号
20101      72                                 20101 中等
20102      83                                 20102 良好
20103      89                                 20103 良好
20104      72                                 20104 中等
20105      93                                 20105 优秀
Name:数学, dtype: int64                        Name:数学, dtype: object
```

例 7-62 中 map()函数传递示意图如图 7-11 所示，map()函数将“语文”列中的每个分数值逐一传入 grade()函数，得到等级分数返回值，将其映射为最终结果。

(2) apply()函数：可作用于 Series 或者 DataFrame，功能是遍历整个 Series 或者 DataFrame，对每个元素运行指定的函数。对于 DataFrame 而言，apply()函数是非常重要的数据处理方法，可接收各种函数，处理方式灵活。

① Series.apply()函数：与 Series.map()函数类似，区别在于 apply()函数能够传入功

能更为复杂的函数。语法格式如下。

```
Series.apply(function, args = ())
```

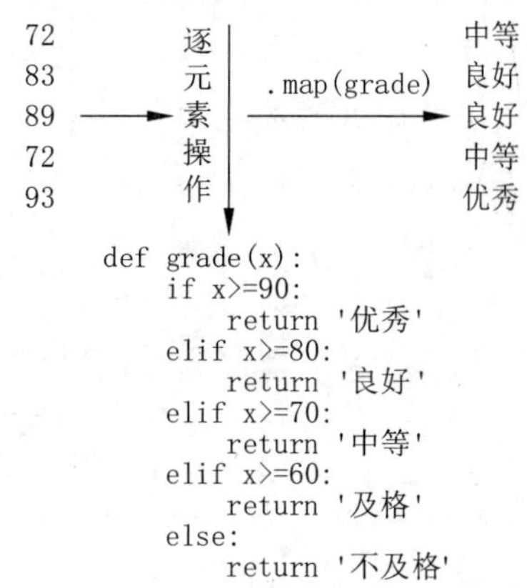
72
83
89
72
93
逐元素操作
.map(grade)
中等
良好
良好
中等
优秀
def grade(x):
if x>=90:
return '优秀'
elif x>=80:
return '良好'
elif x>=70:
return '中等'
elif x>=60:
return '及格'
else:
return '不及格'
图 7-11 map()函数传递示意图

参数说明如下。

- function：同 map()函数。
- args 参数：接收元组，单个元素需加逗号，如(1000,)。

针对 Series 的一般操作，map()函数均能完成，当自定义函数需要增加参数时，可以使用 Series.apply()。

② DataFrame.apply()函数：传递给参数 function 的对象是 Series。

DataFrame.apply()函数语法格式如下。

```
DataFrame.apply(function, axis = 0, args = ())
```

参数说明如下。

- axis 参数：为 0 或"index"时，表示沿 0 轴方向操作；为 1 或"columns"时，表示沿 1 轴方向操作。默认 axis=0 时，将各列(columns)以 Series 的形式作为参数，传入指定的操作方法中，操作后合并返回相应结果。
- 其他参数同 apply()函数。

【例 7-63】 依例 7-21 中的 cj 数据，使用 apply()函数在各科成绩的后面加上"分"，列示前 5 行数据。代码如下。

```
cj.apply(lambda x:x.astype(str) + '分' if x.dtype! = 'Object' else x).head()
```

运行结果为：

学号	班级	姓名	性别	语文	数学	英语	物理	化学	政治	历史	生物
20101	1 班	毕景岚	女	80 分	72 分	84 分	77 分	83 分	85 分	78 分	86 分
20102	1 班	曹海颖	女	87 分	83 分	88 分	75 分	86 分	72 分	81 分	98 分
20103	1 班	胡婷	女	86 分	89 分	88 分	94 分	84 分	88 分	88 分	83 分
20104	1 班	江玲	女	83 分	72 分	88 分	88 分	77 分	74 分	76 分	89 分
20105	1 班	李金泰	男	92 分	93 分	90 分	72 分	84 分	74 分	78 分	88 分

在默认 axis=0 的情况下，apply()函数将 cj 的每一列以 Series 的形式传入 lambda()函数中，将数值型的 Series 用 astype()函数转换为 str 型，再进行字符串连接，返回最终结果，非数据型 Series 保持不变。apply()函数应用过程如图 7-12 所示。

小提示：聚合函数 agg()所实现的功能，apply()函数同样可以实现且功能更强大。

(3) applymap()函数：对 DataFrame 中的每个元素执行指定方法(函数或 Lambda 表达式)的操作。

语法格式如下。

```
DataFrame.applymap(function)
```

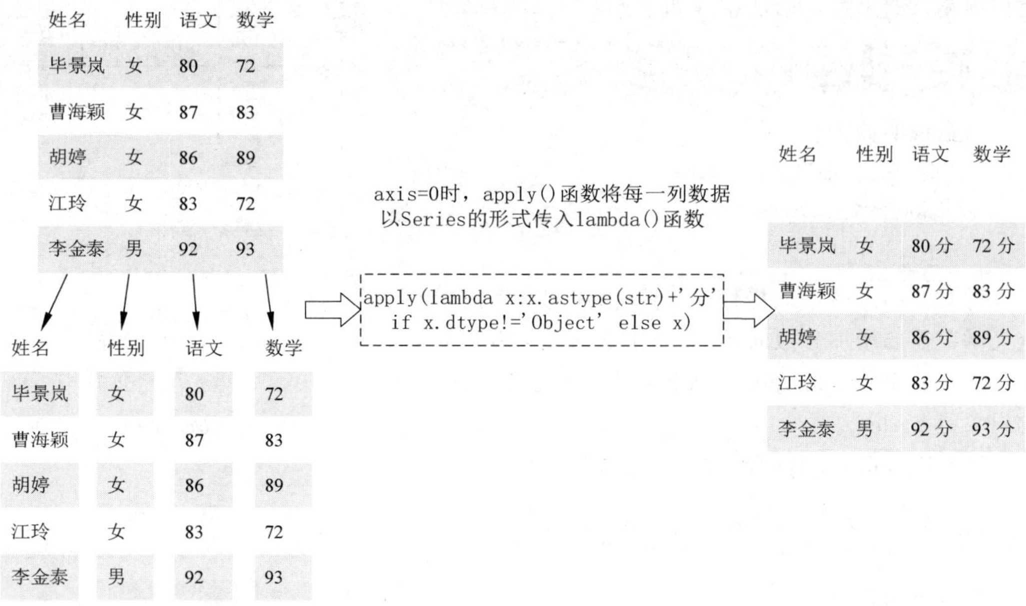

图 7-12 apply()函数应用过程

【例 7-64】 依例 7-21 中的 cj 数据，使用 applymap()函数在各科成绩的后面加上“分”，列示前 5 行数据。代码如下。

```
cj.applymap(lambda x:str(x) + '分' if isinstance(x,int) else x).head()
```

运行结果同例 7-63。

在本例中，applymap()函数将 cj 的每个元素传入 lambda()函数中，将 int 型的元素转换为 str 型，再进行字符串连接，返回最终结果，非数据型元素保持不变。

由此可见，针对 DataFrame 中所有元素的相同操作，applymap()函数更快捷方便。

8. 数据合并

在实际处理数据业务时，所收集的数据往往来源于不同渠道，经常需要将多个数据表合并或者连接在一起，再进行数据处理与分析。Pandas 提供了多种连接、合并的方法，包括 merge()函数、concat()函数、join()函数、append()函数，其中使用最广泛的是 merge()函数。

1）数据合并 merge()函数

只能用于两个表的列合并操作，类似于 Excel 中的 vlookup()函数，可以根据一个或多个键(列名)将两个表合并到一个表中。

merge()函数语法格式如下。

```
pandas.merge(left,right,how = 'inner',on = None,left_on = None,right_on = None,left_index =
False,right_index = False,sort = False,suffixes = ('_x','_y'),copy = True,indicator = False,
validate = None)
```

常用参数说明如下。

- left、right：两个不同的 DataFrame。
- how：连接方式，可取值有'inner'、'outer'、'left'、'right'，默认为'inner'(内连接)，空值

用 NaN 填充。

inner：内连接，取交集。

outer：外连接，取并集。

left：左连接，左侧取全部，右侧取部分。

right：右连接，右侧取全部，左侧取部分。

how 连接方式的示意图如图 7-13 所示。

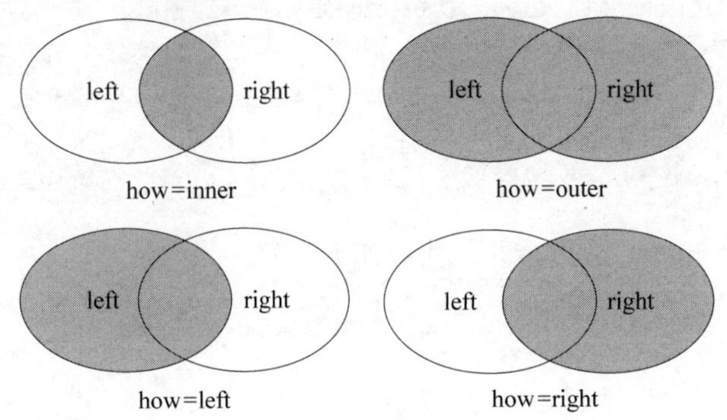

图 7-13 how 连接方式示意图

- on：指定连接键，用于连接的列索引名称或列表，左右两个 DataFrame 中必须同时存在，如果没有指定且 left_index 和 right_index 为 False，则以两个 DataFrame 列名交集作为连接键。
- left_on：左侧 DataFrame 中用于连接键的列名，当左右表的列名不同但代表的含义相同时使用。
- right_on：右侧 DataFrame 中用于连接键的列名。
- left_index：默认为 False，设置为 True 代表使用左侧 DataFrame 中的行索引作为连接键。
- right_index：默认为 False，设置为 True 代表使用右侧 DataFrame 中的行索引作为连接键。
- sort：默认为 True，将合并的数据进行排序，设置为 False 可以提高性能。
- suffixes：字符串值组成的元组，用于指定当左右 DataFrame 存在相同列名时在列名后面附加的后缀名称，默认为('_x', '_y')。
- copy：默认为 True，总是将数据复制到数据结构中，设置为 False 可以提高性能。
- indicator：默认为 False，表示是否显示每行数据的来源情况。
- validate：字符串型，自动检查合并键中是否有重复项。

  'one_to_one'或'1:1'：检查合并键是否在左右数据集中都是唯一的。

  'one_to_many'或'1:m'：检查合并键在左数据集中是否唯一。

  'many_to_one'或'm:1'：检查合并键在右侧数据集中是否唯一。

  'many_to_many'或'm:m'：允许，但不会导致检查。

注意：

- merge()函数里没有 axis 参数，只能进行横向连接(列连接)。

- DataFrame 可直接调用 merge()函数，调用 merge()的 DataFrame 是“左表”，作为形参的 DataFrame 是“右表”。

【例 7-65】 将 name 和 score 这两个 DataFrame 分别采用 how = 'inner'、'outer'、'left'方式进行合并。name 和 score 的代码如下。

```
import pandas as pd
name = pd.DataFrame(
    {'学号': [20101, 20102, 20103, 20104, 20105],
     '姓名': ['毕景岚', '曹海颖', '胡婷', '江玲', '李金泰']})
score = pd.DataFrame(
    {'学号': [20102, 20103, 20104, 20105, 20106],
     '语文': [87, 86, 83, 92, 87],
     '数学': [83, 89, 72, 93, 81]})
```

(1) 指定 how='inner'进行合并。代码如下。

```
name.merge(score,on = '学号')                    #默认 how = 'inner'
```

运行结果为：

name

	学号	姓名
0	20101	毕景岚
1	20102	曹海颖
2	20103	胡婷
3	20104	江玲
4	20105	李金泰

\+

score

	学号	语文	数学
0	20102	87	83
1	20103	86	89
2	20104	83	72
3	20105	92	93
4	20106	87	81

=

how='inner'，取交集

	学号	姓名	语文	数学
0	20102	曹海颖	87	83
1	20103	胡婷	86	89
2	20104	江玲	83	72
3	20105	李金泰	92	93

本例中 how='inner'，取两张表中 on='学号'的交集，即学号由 20102 到 20105。

(2) 指定 how='outer'进行合并。代码如下。

```
name.merge(score,on = '学号',how = 'outer')    #取并集
```

运行结果为：

name

	学号	姓名
0	20101	毕景岚
1	20102	曹海颖
2	20103	胡婷
3	20104	江玲
4	20105	李金泰

\+

score

	学号	语文	数学
0	20102	87	83
1	20103	86	89
2	20104	83	72
3	20105	92	93
4	20106	87	81

=

how='outer'，取并集

	学号	姓名	语文	数学
0	20101	毕景岚	NaN	NaN
1	20102	曹海颖	87	83
2	20103	胡婷	86	89
3	20104	江玲	83	72
4	20105	李金泰	92	93
5	20106	NaN	87	81

本例中 how='outer'，将两张表的数据列按 on='学号'取并集进行列合并，'学号'不匹配的记录，使用缺失值 NaN 进行填充。

(3) 指定 how='left'进行合并，只合并 score 表中的“语文”列。代码如下。

```
name.merge(score[['学号','语文']],on = '学号',how = 'left',indicator = True)  #显示数据源
```

运行结果为：

	name			score				how='left'，左表全部，右表匹配			
	学号	姓名		学号	语文	数学		学号	姓名	语文	_merge
0	20101	毕景岚	0	20102	87	83	0	20101	毕景岚	NaN	left_only
1	20102	曹海颖	+1	20103	86	89	=1	20102	曹海颖	87	both
2	20103	胡婷	2	20104	83	72	2	20103	胡婷	86	both
3	20104	江玲	3	20105	92	93	3	20104	江玲	83	both
4	20105	李金泰	4	20106	87	81	4	20105	李金泰	92	both

当 how='left'时，左表 name 保持全部数据，右表 score 按要求进行匹配合并，本例中右表只指定了要参与合并的列['学号','语文']，未匹配值用 NaN 填充；indicator=True 显示数据源于哪个表，left_only 表示只来源于左表，both 表示来源于两个表。

【例 7-66】 证券代码和年作为 comany 的合并键，id 和 year 作为 income 的合并键，将两个表进行合并。comany 和 income 的代码如下。

```
company = pd.DataFrame({'证券代码': [600893, 600893, 600887, 600887],
                        '年': [2018, 2019, 2018, 2019],
                        '资产总计': [53504, 63115, 47606, 60461]})
income = pd.DataFrame({'id': [600893, 600893, 600887, 600887],
                       'year': [2018, 2019, 2018, 2019],
                       '证券简称': ['航发动力', '航发动力', '伊利股份', '伊利股份'],
                       '营业收入': [23102, 25210, 78976, 90009]})
```

运行结果为：

company

	证券代码	年	资产总计
0	600893	2018	53504
1	600893	2019	63115
2	600887	2018	47606
3	600887	2019	60461

\+

income

	id	year	证券简称	营业收入
0	600893	2018	航发动力	23102
1	600893	2019	航发动力	25210
2	600887	2018	伊利股份	78976
3	600887	2019	伊利股份	90009

合并代码如下。

```
company.merge(income,left_on=['证券代码','年'],right_on=['id','year'])
```

运行结果为：

	证券代码	年	资产总计	id	year	证券简称	营业收入
0	600893	2018	53504	600893	2018	航发动力	23102
1	600893	2019	63115	600893	2019	航发动力	25210
2	600887	2018	47606	600887	2018	伊利股份	78976
3	600887	2019	60461	600887	2019	伊利股份	90009

在本例中，两个表的合并键列名称不同，但值相同，因此分别指定左表的 left_on=['证券代码','年']和右表的 right_on=['id','year']，据此进行合并，合并结果中包含各自的合并键，由操作者决定最终保留哪个合并键。

2）数据拼接 concat()函数

concat()函数：沿特定轴连接两个或两个以上的 DataFrame，既可实现纵向拼接也可实现横向拼接，行列索引均可重复。函数语法格式如下。

```
pandas.concat(objs,axis = 0,join = 'outer',ignore_index = False,keys = None,levels = None,names
= None,verify_integrity = False,sort = None,copy = True)
```

常用参数说明如下。

- objs：指定拼接对象的序列或映射，序列可以是元组或列表。
- axis：轴向，0代表纵向合并(行拼接)，1代表横向合并(列拼接)，默认是0。
- join：连接方式，有'inner'(交集)和'outer'(并集)两种，默认为'outer'。
- ignore_index：是否重建索引，默认为False。
- keys：序列，识别数据来源于哪个表；传递键作为最外层级来构建层次索引，如果为多级索引，应使用元组。默认为None。
- levels：序列列表，生成层次索引的级别，默认为None。
- names：list列表，生成层次索引的名称，默认为None。
- verify_integrity：布尔值，检测新的串联轴是否包含重复项，默认为False。
- sort：布尔值，表示合并的数据是否排序，默认为False，不排序。
- copy：表示是否复制数据，默认为True。

pandas.concat()函数适用于两个或多个DataFrame进行横向(列拼接)或纵向拼接(行拼接)。

【例7-67】 将成绩表df1、df2和df3使用concat()函数进行纵向拼接。df1、df2和df3的代码如下。

```
df1 = pd.DataFrame({'学号': [20101, 20102],
                    '姓名': ['毕景岚', '曹海颖'],
                    '语文': [80, 87],
                    '数学': [72, 83]})
df2 = pd.DataFrame({'学号': [20103, 20104],
                    '姓名': ['胡婷', '江玲'],
                    '语文': [86, 83],
                    '数学': [89, 72]})
df3 = pd.DataFrame({'学号': [20105, 20106],
                    '姓名': ['李金泰', '梁思宇'],
                    '语文': [92, 87],
                    '数学': [93, 81]})
```

运行结果为：

df1

	学号	姓名	语文	数学
0	20101	毕景岚	80	72
1	20102	曹海颖	87	83

df2

	学号	姓名	语文	数学
0	20103	胡婷	86	89
1	20104	江玲	83	72

df3

	学号	姓名	语文	数学
0	20105	李金泰	92	93
1	20106	梁思宇	87	81

(1) 采用默认参数进行纵向拼接。代码如下。

```
pd.concat([df1,df2,df3])
```

运行结果为：

	学号	姓名	语文	数学
0	20101	毕景岚	80	72
1	20102	曹海颖	87	83
0	20103	胡婷	86	89
1	20104	江玲	83	72
0	20105	李金泰	92	93
1	20106	梁思宇	87	81

默认 axis＝0，进行纵向拼接，默认 join＝'outer'；此方式是依照 column 来做纵向合并，相同的 column 纵向合并在一起，没有相同的 column 自成一列，没有数据的位置以 NaN 填充；index 保持原数据的行索引，如重建新 index，需设置 ignore_index＝True。

（2）进行纵向拼接，将原表名作为最外层索引并将第 1、2 层级索引分别命名为'来源'和'序号'。代码如下。

```
pd.concat([df1,df2,df3],keys = ('df1','df2','df3'),names = ['来源','序号'])
```

运行结果为：

来源	序号	学号	姓名	语文	数学
df1	0	20101	毕景岚	80	72
	1	20102	曹海颖	87	83
df2	0	20103	胡婷	86	89
	1	20104	江玲	83	72
df3	0	20105	李金泰	92	93
	1	20106	梁思宇	87	81

【例 7-68】 依例 7-65，将 name 和 score 这两个 DataFrame 采用 join＝'inner'按'学号'进行横向拼接。代码如下。

```
pd.concat([name.set_index('学号'),score.set_index('学号')],axis = 1,join = 'inner')
```

运行结果为：

name

学号	姓名
20101	毕景岚
20102	曹海颖
20103	胡婷
20104	江玲
20105	李金泰

＋

score

学号	语文	数学
20102	87	83
20103	86	89
20104	83	72
20105	92	93
20106	87	81

＝

拼接结果

学号	姓名	语文	数学
20102	曹海颖	87	83
20103	胡婷	86	89
20104	江玲	83	72
20105	李金泰	92	93

本例中 axis＝1，pd.concat()将按 index 进行横向拼接，因此，需将各 DataFrame 的学号设置为 index，以实现 join＝'inner'的拼接，即将相同的"学号"拼接成一行。

由本例可知，横向拼接时，pd.concat()要比 merge()麻烦得多，因此，pd.concat()常用于多表的纵向拼接。

3）横向拼接 join()

DataFrame 内置了 join()函数，该函数基于行索引(index)进行多个表的快速横向拼接，在实际应用中，常常采用 set_index()函数临时设置索引。语法格式如下。

```
DataFrame.join(other,on = None,how = 'left',lsuffix = '',rsuffix = '',sort = False)
```

常用参数说明如下。

- other：连接的 DataFrame、Series、DataFrame 列表或元组。
- on：指定左表中用于连接的列名，右表必须有相同的索引。
- how：连接方式，有 inner、outer、left、right 几种，默认为 left(左连接)。
- lsuffix：两表列名重复时，左表使用的后缀。
- rsuffix：两表列名重复时，右表使用的后缀。
- sort：默认为 True，将合并的数据进行排序，设置为 False 可以提高性能。

join()函数与 merge()函数功能类似，区别在于 join()函数适用于没有重复列名的多个 DataFrame 进行列拼接，如有重复列名，需事先指定 lsuffix、rsuffix 参数，而 merge()函数会自动给相同列名添加后缀，功能上更强大。

【例 7-69】 依例 7-65，使用 join()函数将 name 和 score 这两个 DataFrame，按"学号"采用 how='inner'、'left'进行横向拼接。

(1) 按默认 how='left'进行横向拼接。代码如下。

```
name.join(score.set_index('学号'),on = '学号')    #默认 how = 'left'
```

运行结果为：

name

	学号	姓名
0	20101	毕景岚
1	20102	曹海颖
2	20103	胡婷
3	20104	江玲
4	20105	李金泰

\+

score

	学号	语文	数学
0	20102	87	83
1	20103	86	89
2	20104	83	72
3	20105	92	93
4	20106	87	81

=

how='left'

	学号	姓名	语文	数学
0	20101	毕景岚	NaN	NaN
1	20102	曹海颖	87	83
2	20103	胡婷	86	89
3	20104	江玲	83	72
4	20105	李金泰	92	93

本例中，on 参数只能指定调用 join()函数的 name 表(左表)用于连接的列名，而传入 join()函数的 score(右表)还需使用行索引进行连接，因此使用 set_index('学号')将 score(右表)的行索引临时设置为"学号"；默认连接方式 how='left'，为左连接，空位置的值用 NaN 表示。

(2) 指定 how='inner'进行横向拼接。代码如下。

```
name.join(score.set_index('学号'),on = '学号',how = 'inner')
```

运行结果为：

name

	学号	姓名
0	20101	毕景岚
1	20102	曹海颖
2	20103	胡婷
3	20104	江玲
4	20105	李金泰

\+

score

	学号	语文	数学
0	20102	87	83
1	20103	86	89
2	20104	83	72
3	20105	92	93
4	20106	87	81

=

how='inner'

	学号	姓名	语文	数学
1	20102	曹海颖	87	83
2	20103	胡婷	86	89
3	20104	江玲	83	72
4	20105	李金泰	92	93

注意：合并多个 DataFrame 时，需用列表或元组的方式传入 join()函数，只支持用 DataFrame 的行索引进行连接，不能使用 on 参数；如果有相同的列名，lsuffix 和 rsuffix 参数也不需要指定(即使指定也不生效)，函数会自动加上_x 和_y 的后缀(具体实例详见本书代码资源)。

第8章 Python数据可视化

学习目标

- 掌握 Matplotlib 安装与设置。
- 掌握 Matplotlib. pyplot 模块绘制图形，如柱状图、饼状图、折线图等。
- 掌握 Pyecharts 导入及基本配置。
- 掌握 Pyecharts 绘制基本图形。

8.1 Matplotlib

Matplotlib 是 Python 中最受欢迎的数据可视化软件包之一，支持跨平台运行，是 Python 常用的 2D 绘图库，如绘制直方图、柱形图、折线图、散点图、气泡图、三维图等 2D 图，同时也提供了一部分 3D 绘图接口。Matplotlib 通常与 NumPy、Pandas 一起使用，是数据分析中不可或缺的重要工具之一。

8.1.1 Matplotlib 安装与设置

1. 安装 Matplotlib 与导入

1）Matplotlib 安装

安装 Matplotlib 库时，可通过 pip 工具安装，在 Windows 操作系统下，按 Win＋R 组合键后输入 cmd 命令打开命令窗口，输入下述命令即可安装。

```
pip install matplotlib
```

2）Matplotlib 导入

使用 Matplotlib 库绘图时，通常导入 matplotlib. pyplot 即可，它是绘制各类可视化图形的命令子库，根据惯例将其别名命名为 plt，导入的命令如下。

```
import matplotlib.pyplot as plt
```

3）设置中文支持

Matplotlib 默认情况下不支持中文显示，如果显示中文，则需要做一些额外的设置，设置可以分为全局设置和局部设置两种。

2. 全局设置

全局设置仅需一次，就对所有的操作有效。为防止出现中文乱码以及坐标轴刻度标签负号显示异常问题，需修改如下两个运行时配置（Runtime Configuration）参数，也称为 rc 参数（rcParams）。

```
plt.rcParams["font.family"] = "中文字体名称"        #防止中文乱码
plt.rcParams['axes.unicode_minus'] = False          #使坐标轴刻度标签正常显示负号
```

常用的字体名称 font.family 设置如下。

- sans-serif 西文字体（默认）
- SimHei 中文黑体
- Microsoft YaHei 微软雅黑
- SimSun 宋体
- FangSong 中文仿宋
- STSong 华文宋体
- YouYuan 中文幼圆
- KaiTi 中文楷体
- LiSu 中文隶书

常用的字体风格 font.style 设置如下。

- normal 常规（默认）
- italic 斜体
- oblique 倾斜

font.size 是对字体的大小进行设置（默认为 10）。

3. 局部设置

在某一次绘图中，设置一次，仅对当前绘图有效。如果局部设置和全局设置同时存在，则局部设置生效。

在需要显示中文的函数中，通过关键字参数 fontdict={}进行设置，如要在图表标题显示中文时，可以设置如下。

```
font = {"family":"Kaiti",
        "style":"oblique",
         "weight":"normal",
         "color":"green",
         "size": 20}
```

使用时在函数中直接指定 fontdict=font 即可，例如：

```
plt.title("中文", fontdict = font)
```

8.1.2 图形的基本构成

Matplotlib 生成的图形一般由画布（figure）、坐标系（axes）、坐标轴（axis）、标题（title）、坐标轴标签（x/y label）、坐标刻度（x/y ticks）、图例（legend）等构成，如图 8-1 所示。

（1）画布（figure）：类似于现实中绘图时的画板，可以理解为容纳图形组件的容器，如图 8-1 中最大的点线区域，可设置整张图的分辨率（dpi）、长宽（figsize）等。

（2）坐标系（axes）：画布中的绘图区域，如图 8-1 中第二大的虚点线区域，一个画布中

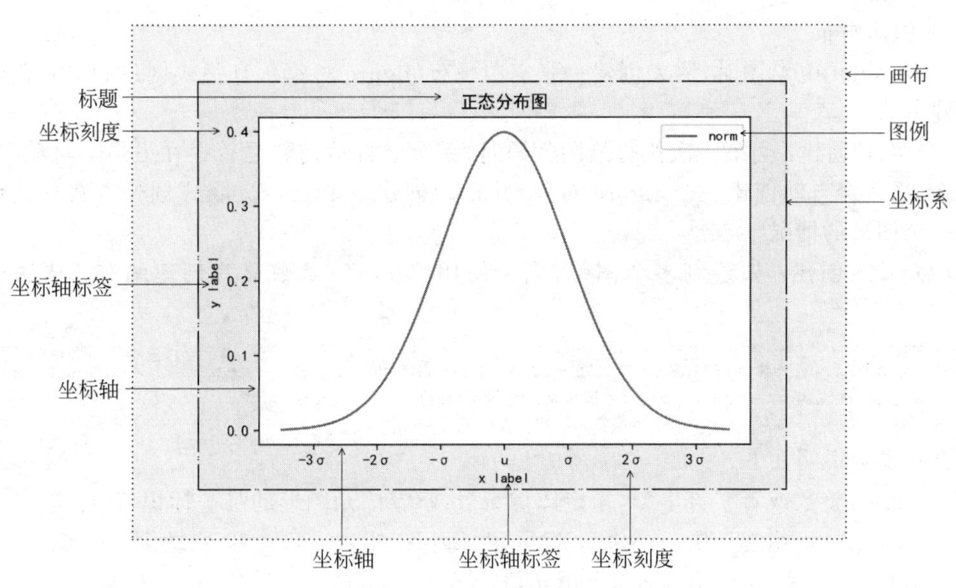

图 8-1 图形的基本构成

可以有一个或多个独立的坐标轴。

(3) 坐标轴(axis):指坐标系中的垂直轴与水平轴,包含轴的长度大小、轴标签(指 x 轴、y 轴)和刻度标签。

画布、坐标系、坐标轴三者之间的关系是:一个画布上,可以有多个绘图区域坐标系,Matplotlib 在每个坐标系上绘图,也就是说,每个坐标系中都有一个坐标轴。

特别注意:在 Matplotlib 中,画布和坐标系置于系统层之上,用户不可见,能够看到的是坐标轴的各种图形。

8.1.3 基本绘图流程

Matplotlib 的基本绘图流程主要包括创建画布与子图、添加画布内容和保存与展示图形三部分,具体流程如图 8-2 所示。

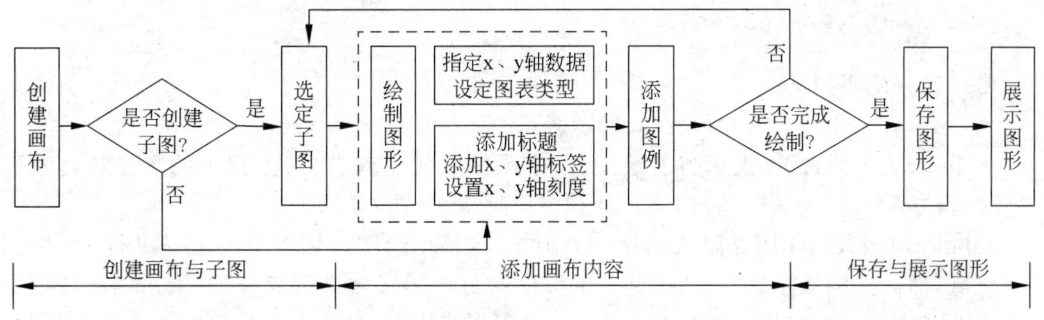

图 8-2 Matplotlib 基本绘图流程

1. 创建画布与子图

绘图的第 1 个流程是创建画布,并选择是否建立子图。如不创建子图,可以省略此步骤,系统会自动创建一个 figure 对象,自动创建一个坐标系,直接在此坐标系上绘制即可。如果创建 n 个子图则有 n 个坐标系,绘图时需依次选定某个坐标系进行图形绘制。

1）创建画布

在 Matplotlib 绘图时，需先创建一张空白画布(figure 对象)，有隐式创建和显式创建两种创建方式。

(1) 隐式创建：当第一次执行绘图代码时，系统会自动判断是否存在 figure 对象，如果不存在，系统会自动创建一个 figure 对象，并自动创建一个 axes。隐式创建方式只适用于绘制一个图形的情况。

(2) 显式创建：如绘制多个图形，则需使用 figure()函数显式创建画布。语法格式如下。

```
plt.figure(num = None, figsize = None, dpi = None, facecolor = None, edgecolor = None, frameon = True, FigureClass = Figure, clear = False, ** kwargs)
```

常用参数说明如下。

- num：整数或者字符串型，指定图像编号或名称，是图形的唯一标识符，可选。
- figsize：元组型(float, float)，指定 figure 的宽和高，单位为英寸，默认值为 rcParams["figure.figsize"]（默认值：[6.4, 4.8]）。
- dpi：指定绘图对象的分辨率，即每英寸内的像素点数(Dots Per Inch)，dpi 越高，则图像的清晰度越高，默认值为 rcParams["figure.dpi"]（默认值：100.0）。
- facecolor：背景颜色，默认值为 rcParams["figure.facecolor"]（默认值：'white'）。
- edgecolor：边框颜色，默认值为 rcParams["figure.edgecolor"]（默认值：'white'）。
- frameon：布尔型，表示是否显示边框，默认为 True。

返回值为 Figure 对象，图形的像素为 figsize×dpi。

2）创建子图

如果将一个画布分为多个绘图区域，每个绘图区域都拥有属于自己的坐标系(axes)，在各绘图区域中可以绘制不同的图形，这种绘图形式称为创建子图，可以使用 subplot()函数或 subplots()函数创建子图。

(1) subplot()。

subplot()函数用于创建子图并选择绘图区域，返回一个 axes 对象。语法格式如下。

```
plt.subplot(nrows, ncols, index)
```

常用参数说明如下。

- nrows、ncols：子图的行数和列数，表示绘图区域被分为 nrows 行 ncols 列。
- index：子图索引，表示当前绘图区，子图按照从左到右、从上到下的顺序进行索引编号。

subplot()函数的作用是隐式创建一个画布，将整个绘图区域等分为 nrows 行 ncols 列个子区域，然后按照从左到右、从上到下的顺序对每个子区域进行编号，左上角的区域编号为 1，如图 8-3 所示。如果子图数量小于 10，可以省略逗号，把 3 个参数简写为一个 3 位数，例如，将 subplot(2,2,3)简写为 subplot(223)。

(2) subplots()。

subplots()函数用于快速创建多子图环境，将画布分为 nrows 行 ncols 列的绘图空间，返回一个 figure 和一个 axes 对象(二维数组)，需要两个变量分别接收，选择区域时使用子图的列表索引进行访问。语法格式如下。

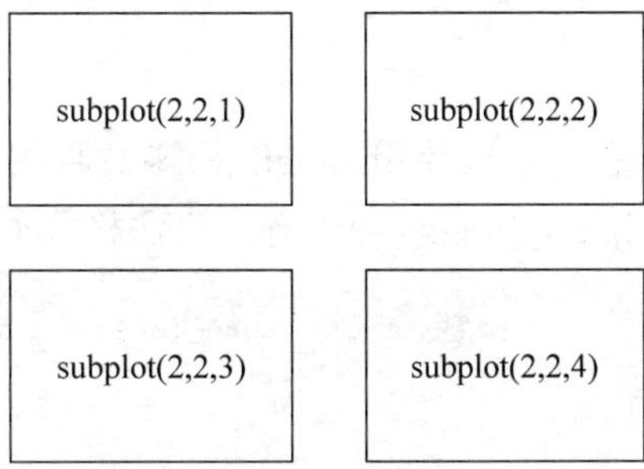

图 8-3 subplot()创建子图示意图

```
plt.subplots(nrows, ncols, sharex = False, sharey = False, squeeze = True, subplot_kw = None,
gridspec_kw = None, ** fig_kw)
```

常用参数说明如下。

- nrows、ncols：子图的行数和列数，表示绘图区域被分为 nrows 行 ncols 列。
- sharex、sharey：是否共享 x 轴或 y 轴，可选值有'none'，'all'，'row'，'col'，'True'，'False'。默认为 False，代表子图的 x、y 轴独立。
- ** fig_kw：figure 函数的参数都可以使用，如 figsize 等。

2．添加画布内容

第 2 个流程是添加画布内容，是绘图的主体部分。首先，要确定 x、y 轴的数据及绘图类型，在 Matplotlib 中，大部分图形样式的绘制方法都存在于 pyplot 模块中，常用的图形绘制函数如表 8-1 所示。

表 8-1 常用的图形绘制函数

图　形	说　明	图　形	说　明
plt. plot()	折线图	plt. pie()	饼状图
plt. scatter()	散点图	plt. area()	面积图
plt. bar()	柱状图	plt. stackplot()	堆叠图
plt. hist()	直方图	plt. boxplot()	箱线图

其次，绘制图形并添加图形的标题，设置 x、y 轴的标签、刻度、范围等，添加这些内容是并列的，没有先后顺序。

最后，添加图例。

添加画布内容的常用函数如表 8-2 所示。

表 8-2 添加画布内容的常用函数

函　数	说　明	函　数	说　明
plt. title()	设置图形标题	plt. xlim()	设置 x 轴范围
plt. xlabel()	设置 x 轴名称	plt. ylim()	设置 y 轴范围
plt. ylabel()	设置 y 轴名称	plt. xticks()	设置 x 轴刻度
plt. legend()	设置图例	plt. yticks()	设置 y 轴刻度
plt. grid()	设置网格线	plt. text()	添加文本标签
plt. annotate()	添加注释	plt. bar_label()	添加数据标签

3. 保存与展示图形

1）保存图形

使用 Matplotlib 完成绘图后，可以使用 savefig()函数将图形保存成各种常见的文件格式，如 'png'，'pdf'，'svg'，'jpg'，'jpeg'，'tif'等。语法格式如下。

```
plt.savefig(fname, * , dpi = 'figure', format = None, facecolor = 'auto', edgecolor = 'auto')
```

常用参数说明如下。

- fname：指定图形保存路径及文件名称。
- dpi：指定所保存图形的每英寸像素点数。
- format：文件格式，如.png，.pdf。

2）展示图形

Matplotlib 在画布中绘制的图形需使用 plt.show()函数将其展示出来，该函数无需参数。

提示：必须在 plt.show()之前调用 plt.savefig()进行图片保存，因为 plt.show()会释放 figure 资源，如果在 plt.show()之后保存图片将只能保存空图片。

8.1.4 常用图形绘制

1. 绘制折线图

Matplotlib 绘制折线图主要使用 plot()函数。语法格式如下。

```
plt.plot(x, y, scalex = True, scaley = True, data = None, ** kwargs)
```

常用参数说明如下。

- x、y：表示 x、y 轴数据，接收数组、列表、元组等。
- scalex、scaley：表示是否自动缩放 x、y 轴，默认为 True。
- data：可索引对象(如 dict、DataFrame)，如果给定 data，则只需提供在 x、y 中绘制的标签名称，如以 DataFrame 中的列作为 x、y 轴数据。

下列常用参数列入可变长度参数 ** kwargs 中。

- color(c)：设置折线颜色，接收字符串，详见表 8-3。
- marker：设置线条上标记点的样式，默认为 None，接收字符串，详见表 8-4。
- linestyle(ls)：设置线型的样式，默认为实线'-'，接收字符串，详见表 8-5。
- linewidth(lw)：设置线型的宽度，接收数值。
- alpha：设置线型的透明度，取值为 0.0～1.0。
- label：图例内容，接收字符串。

color 设置方法：color＝'颜色名字'，也可通过 RGB 对应的十六进制颜色码设置颜色，基本颜色字符及十六进制颜色码如表 8-3 所示。

表 8-3　color 线条颜色

color 参数设置	颜　　色	对应十六进制颜色码
color＝'b'	蓝(blue)	color＝'＃0000FF'

续表

color 参数设置	颜　色	对应十六进制颜色码
color='g'	绿(green)	color='#008000'
color='r'	红(red)	color='#FF0000'
color='w'	白(white)	color='#FFFFFF'
color='m'	洋红(magenta)	color='#FF00FF'
color='y'	黄(yellow)	color='#FFFF00'
color='k'	黑(black)	color='#000000'
color='c'	青(cyan)	color='#00FFFF'

表 8-4　marker 线条标记点样式

marker 参数设置	标 记 点	marker 参数设置	标 记 点
marker='.'	实心点	marker='+'	加号
marker='s'	正方形	marker='v'	一角朝下三角形
marker='o'	实心圈	marker='^'	一角朝上三角形
marker='*'	星号	marker='D'	菱形
marker='p'	五边形	marker='H'	六边形

表 8-5　linestyle 线型样式

linestyle 参数设置	线　型	效　果
linestyle='-'	默认实线	————————
linestyle='--'	虚线	- - - - - - - - - - - -
linestyle='-.'	点画线	-·-·-·-·-·-·-
linestyle=':'	点状线	······························

对于定义线条 color 和 marker 样式的操作，可以将二者结合起来使用，进行快速设置，如“ro”表示红色的实心圈。

【例 8-1】 读取“气温数据. xlsx”，绘制哈尔滨历史气温折线图，具体数据详见本书资源。绘制代码如下。

```
import matplotlib.pyplot as plt                          #导入 plot 模块
import pandas as pd                                      #导入 Pandas
plt.rcParams["font.family"] = 'SimHei'                   #设置中文字体为黑体
plt.rcParams['axes.unicode_minus'] = False               #使坐标轴刻度标签正常显示负号
#导入 Excel 文件
df = pd.read_excel('气温数据.xlsx',sheet_name = '哈尔滨气温')
x = df['月份']
y1 = df['历史最高气温']
y2 = df['历史最低气温']

fig = plt.figure(figsize = (4.5,2.5),dpi = 200)          #创建画布,900×500px
                                                         #线颜色为红色,线宽为 1,透明度为 0.8
plt.plot(x,y1,label = '历史最高气温',color = 'red',lw = 1,alpha = 0.8)
                                                         #标记点为实心圆'o',字号为 3,线型为虚线,
                                                         #线宽为 1
plt.plot(x,y2,label = '历史最低气温',marker = 'o',markersize = 3,ls = '--',lw = 1)
plt.xticks(rotation = 30,fontsize = 6)                   #x 轴刻度旋转 30°,字号为 6
plt.yticks(range(-40,50,10),fontsize = 6)                #y 轴刻度由-40 至 40,步长为 10,字号为 6
```

```
plt.xlabel('月份',fontsize=6)                          #x轴标签为"月份",字号为6
plt.ylabel('温度(℃)',fontsize=6)                       #y轴标签为"温度(℃)",字号为6
plt.gca().spines[['top','right']].set_visible(False) #获取当前坐标轴,隐藏右、上边线
plt.legend(fontsize=6)                                 #图例字号为6
plt.title('哈尔滨历史温度曲线图',fontsize=10)           #标题字号为10
plt.savefig('哈尔滨历史温度曲线图.png')                 #在当前目录中保存图片格式为.png
plt.show()                                             #展示图形
```

运行结果如图 8-4 所示。

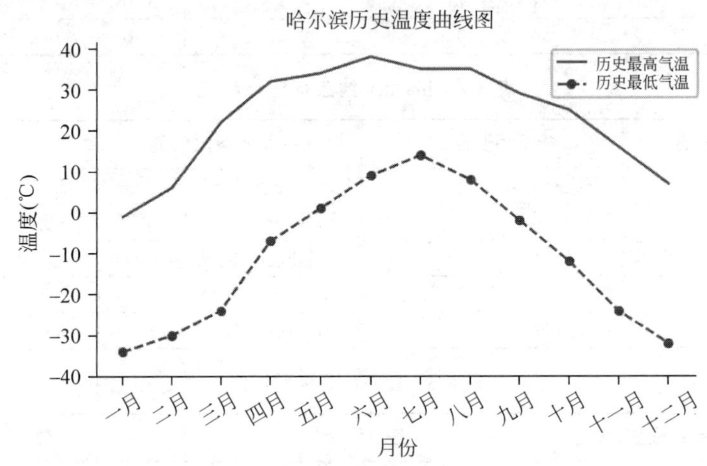

图 8-4　哈尔滨历史温度曲线图

2. 绘制散点图

散点图表示某变量随另一变量变化的大致趋势。散点图与折线图类似，也是由一个个点构成，但散点图的各点之间不会以线条连接，可以使用 plot()函数和 scatter()函数绘制散点图。scatter()函数专门用于绘制散点图，使用方式与 plot()函数类似，只是灵活性更高，可以单独控制每个散点的不同属性。语法格式如下。

```
plt.scatter(x, y, s=None, c=None, marker=None, cmap=None, norm=None, vmin=None, vmax=
None, alpha=None, linewidths=None, *, edgecolors=None, plotnonfinite=False, data=None,
**kwargs,)
```

常用参数说明如下。

- x,y：输入数据，shape 为(n,)的数组。
- s：点的大小，标量或 shape 为(n,)的数组，可选，默认为 rcParams['lines.markersize'] ** 2。
- c：点的色彩或颜色顺序，可选，默认为'b','c'可以是单个颜色格式的字符串，可以是一系列颜色，也可以是一个 RGB 或 RGBA 二维数组，但不应该是单个 RGB 数字或一个 RGBA 序列，因为不便于区分。
- marker：表示标记点的样式，可选，默认为'o'。
- cmap：颜色地图(colormap)，标量或者是一个 colormap 的名字。cmap 仅在 c 是一个浮点数组时使用。可选，默认为 None。

【例 8-2】　读取“气温数据.xlsx”，绘制哈尔滨历史气温散点图，具体数据详见本书资源。绘制代码如下。

```
import matplotlib.pyplot as plt                              #导入 plot 模块
import pandas as pd                                          #导入 Pandas
plt.rcParams["font.family"] = 'SimHei'                       #设置中文字体为黑体
plt.rcParams['axes.unicode_minus'] = False                   #使坐标轴刻度标签正常显示负号

#导入 Excel 文件
df = pd.read_excel('气温数据.xlsx',sheet_name = '哈尔滨气温')
x = df['月份']
y1 = df['历史最高气温']
y2 = df['历史最低气温']

fig = plt.figure(figsize = (4.5,2.5),dpi = 200)              #创建画布,900 * 500px
#颜色为红色,透明度为 0.8
plt.scatter(x,y1,label = '历史最高气温',color = 'red',alpha = 0.8)
plt.scatter(x,y2,label = '历史最低气温',marker = 'v')        #标记点为倒三角
plt.xticks(rotation = 30,fontsize = 6)                       #x 轴刻度旋转 30°,字号为 6
plt.yticks(range( - 40,50,10),fontsize = 6)                  #y 轴刻度由 - 40 至 40,步长为 10,字号为 6
plt.xlabel('月份',fontsize = 6)                              #x 轴标签为"月份",字号为 6
plt.ylabel('温度(°C)',fontsize = 6)                          #y 轴标签为"温度(℃)",字号为 6
plt.gca().spines[['top','right']].set_visible(False)         #获取当前坐标轴,隐藏右、上边线
plt.legend(fontsize = 6)                                     #图例字号为 6
plt.title('哈尔滨历史温度散点图',fontsize = 10)              #标题字号为 10
plt.show()                                                   #展示图形
```

运行结果如图 8-5 所示。

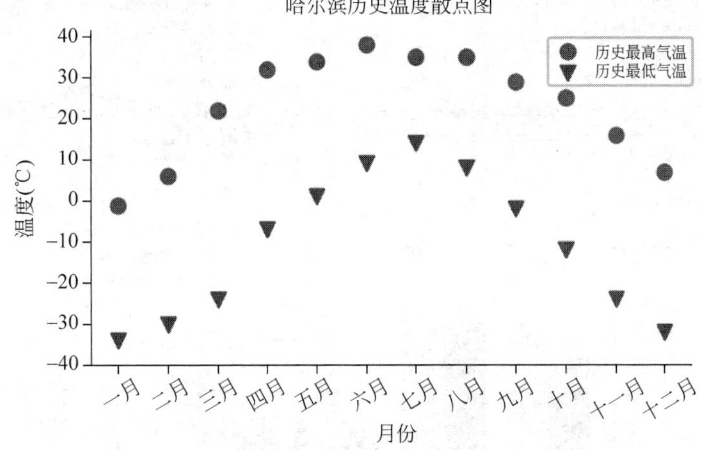

图 8-5　哈尔滨历史温度散点图

3. 绘制柱形图

柱形图又称柱状图、长条图,是一种以长方形的长度为变量的统计图表,用来比较两个或两个以上的数据(不同时间或者不同条件),只有一个变量,通常用于较小的数据集分析。

绘制柱状图主要使用 bar()函数。语法格式如下。

```
plt.bar(x, height, width = 0.8, bottom = None, *, align = 'center', data = None, ** kwargs)
```

常用参数说明如下。

- x：x 轴数据,接收数组、列表、元组等。
- height：柱状的高度,即 y 轴数值,接收数组、列表、元组等。
- width：柱状的宽度,默认为 0.8。

- bottom：设置 y 边界坐标轴起点。
- align：柱状与 x 坐标的对齐方式，默认值为'center'，表示居中位置，align='edge'表示边缘位置。
- data：可索引对象(如 dict、DataFrame)。

下列常用参数列入可变长度参数 ** kwargs 中。

- color、edgecolor(ec)：柱状填充颜色、图形边缘颜色。
- alpha：设置柱状的透明度，取值为 0.0～1.0。
- label：图例内容，接收字符串。

【例 8-3】 简单绘制学院 A 和学院 B 的教师职称柱状图。代码如下。

```
import matplotlib.pyplot as plt                            #导入 plot 模块
import numpy as np                                         #导入 NumPy
plt.rcParams["font.family"] = 'SimHei'                     #设置中文字体为黑体

fig = plt.figure(figsize = (4.5,2.5),dpi = 200)            #画布为 900×500px
level = ['教授','副教授','讲师','助教','其他']
numA  = [26,31,14,16,8]                                    #学院 A 的职称数据
numB  = [41,39,35,28,12]                                   #学院 B 的职称数据
x = np.arange(len(level))                                  #生成序列作为 x 的数值刻度
#防止两个柱形重叠在一起,x 的坐标分别加减 width 的一半(0.2)
bar1 = plt.bar(x - 0.2,numA,width = 0.4,label = '学院 A')
bar2 = plt.bar(x + 0.2,numB,width = 0.4,label = '学院 B')
plt.xticks(x,level,fontsize = 7)                           #将 x 轴的刻度由 x 映射为 level,字号为 7
plt.bar_label(bar1)                                        #添加数据标签
plt.bar_label(bar2)                                        #添加数据标签
plt.legend(fontsize = 7)                                   #显示图例,字号为 7
plt.gca().spines[['top','right']].set_visible(False)#获取当前坐标轴,隐藏右、上边线
plt.show()                                                 #展示图形
```

运行结果如图 8-6 所示。

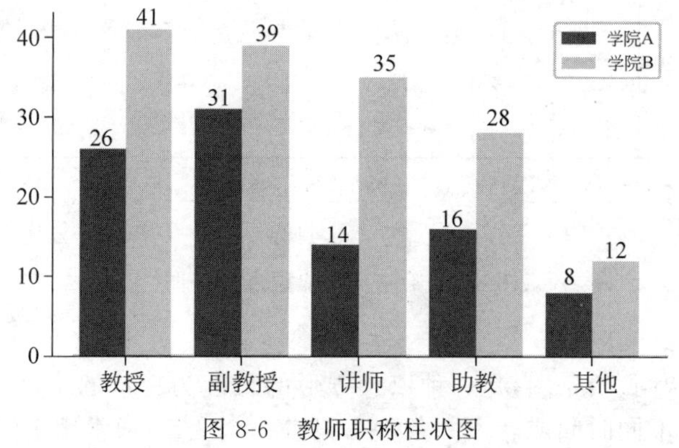

图 8-6　教师职称柱状图

4. 绘制饼形图

饼形图常用来显示各个部分在整体中所占的比例。例如，各地区的销售收入占比情况可以通过饼形图进行展示，直观明了。Matplotlib 绘制饼形图主要使用 pie()函数。语法格式如下。

```
plt.pie(x, explode = None, labels = None, colors = None, autopct = None, pctdistance = 0.6, shadow =
False, labeldistance = 1.1, startangle = 0, radius = 1, counterclock = True, wedgeprops = None, textprops
= None, center = (0, 0), frame = False, rotatelabels = False, * , normalize = True, data = None, )
```

常用参数说明如下。

- x：绘图数据，表示饼图每一部分的比例，接收数组、列表、元组，如果 sum(x)>1 则使用 sum(x)归一化(即计算各项百分比)。
- explode：指定每一部分偏移中心的距离(以半径为 1，按占半径的比例设置)，接收列表或元组。
- labels：设置标签，接收列表或元组。
- colors：设置饼图颜色，接收列表或元组。
- autopct：设置饼图各部分百分比显示格式，如'%.2f%%'(两位小数百分比)，%d%%(整数百分比)。
- shadow：是否显示阴影，默认为 False。
- radius：设置饼图半径，默认值为 1。
- labeldistance：标签位置相对于半径的比例，默认值为 1.1。
- pctdistance：饼图百分数显示位置相对于半径的比例，默认值为 0.6。
- center：设置饼图中心的坐标，浮点型，默认值为 (0,0)。
- wedgeprops：字典型，设置饼图内外边界的属性，如环的宽度、环的界限颜色与宽度等。

【例 8-4】 绘制学院 A 的教师职称分布情况的饼形图。代码如下。

```
from matplotlib import pyplot as plt
plt.rcParams['font.family'] = 'SimHei'                    #解决中文乱码

plt.figure(figsize = (4.5,2.5),dpi = 200)                 #设置画布大小,900×500px
level = ['教授','副教授','讲师','助教','其他']
numA   = [26,31,14,16,8]                                  #学院 A 的职称数据
plt.pie(numA,                                             #绘图数据
        labels = level,                                   #添加区域水平标签
        labeldistance = 1.05,                             #设置各扇形标签(图例)与圆心的距离
        autopct = '%.1f%%',                               #设置百分比的格式,这里保留一位小数
        startangle = 90,                                  #设置饼图的初始角度
        radius = 0.5,                                     #设置饼图的半径
        center = (0.2,0.2),                               #设置饼图的原点
        textprops = {'fontsize':9, 'color':'k'},          #设置文本标签的属性值
        pctdistance = 0.6)                                #设置百分比标签与圆心的距离
plt.axis('equal')                                         #设置 x、y 轴刻度一致,保证为圆形
plt.title('教师职称分析')                                 #设置标题
plt.show()
```

运行结果如图 8-7 所示。

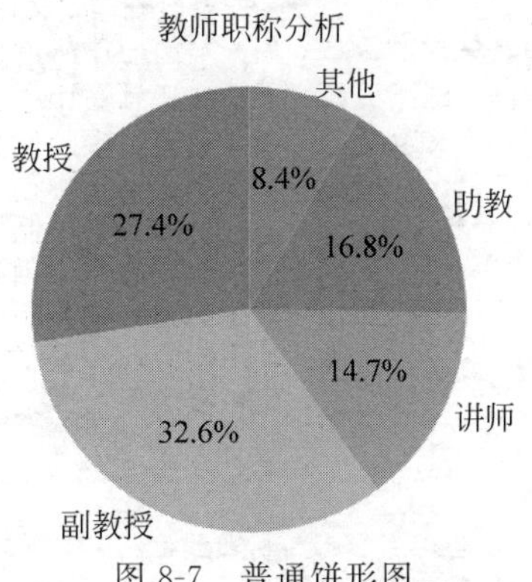

图 8-7 普通饼形图

【例 8-5】 绘制学院 A 的教师职称分布情况的环形图。代码如下。

```
from matplotlib import pyplot as plt
plt.rcParams['font.family'] = 'SimHei'                    #解决中文乱码

plt.figure(figsize = (4.5,2.5),dpi = 200)                 #设置画布大小,900×500px
level = ['教授','副教授','讲师','助教','其他']
numA  = [26,31,14,16,8]
plt.pie(numA,                                             #绘图数据
        labels = level,                                   #添加区域水平标签
        labeldistance = 1.05,                             #设置各扇形标签(图例)与圆心的距离
        autopct = '%.1f%%',                               #设置百分比的格式,这里保留一位小数
        startangle = 90,                                  #设置初始角度
        radius = 0.5,                                     #设置半径
        center = (0.2,0.2),                               #设置原点
        textprops = {'fontsize':9, 'color':'k'},          #设置文本标签的属性值
        pctdistance = 0.8,                                #设置百分比标签与圆心的距离
        wedgeprops = {'width':0.2})                       #环的宽度为 0.2
plt.axis('equal')                                         #设置 x、y 轴刻度一致,保证为圆形
plt.title('教师职称分析')                                  #设置标题
plt.show()
```

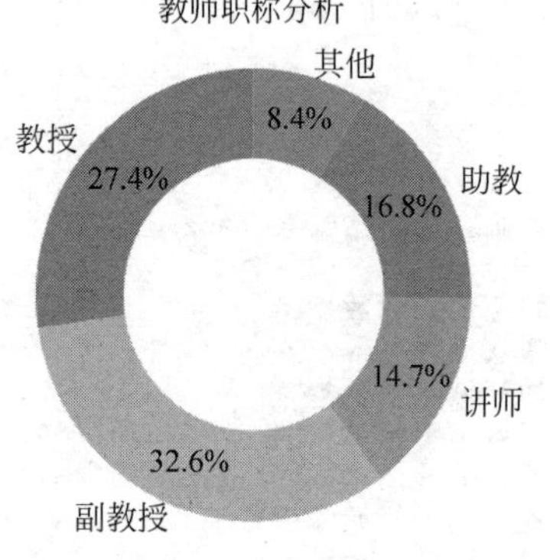

图 8-8 环形图

运行结果如图 8-8 所示。

5. 绘制组合图形

Matplotlib 可以实现在一张画布上绘制多个子图，通过 subplot()、subplots() 函数都可以创建并绘制组合图形。

1) subplot()函数

subplot()函数直接将画布划分为 n 个绘图区，每个 subplot()函数只能绘制一个子图，如果 subplot()函数新创建的绘图区与之前创建的绘图区重叠，原绘图区将被删除。subplot()函数语法格式见 8.1.3 节内容。

【例 8-6】 使用 subplot()函数创建 2×2 个子图(子图行数 nrows=2,子图列数 ncols=2)。代码如下。

```
from matplotlib import pyplot as plt
plt.rcParams['font.family'] = 'SimHei'          #解决中文乱码

plt.subplot(2,2,1)                              #在默认画布中创建 2×2 个图形并选择第 1 个子图
plt.scatter(range(5),range(5))                  #在子图 1 中绘制散点图
plt.subplot(2,2,2)                              #在默认画布中创建 2×2 个图形并选择第 2 个子图
plt.plot(range(5),range(5)[::-1])               #在子图 2 中绘制折线图
plt.subplot(2,2,3)                              #在默认画布中创建 2×2 个图形并选择第 3 个子图
plt.pie(range(5),autopct = '%.2f%%')            #在子图三中绘制饼形图
plt.subplot(2,2,4)                              #在默认画布中创建 2×2 个图形并选择第 4 个子图
plt.bar(range(5),range(5))                      #在子图 4 中绘制柱形图
plt.savefig('组合图.png')                        #保存为.png 格式
plt.show()                                      #展示图形
```

运行结果如图 8-9 所示。

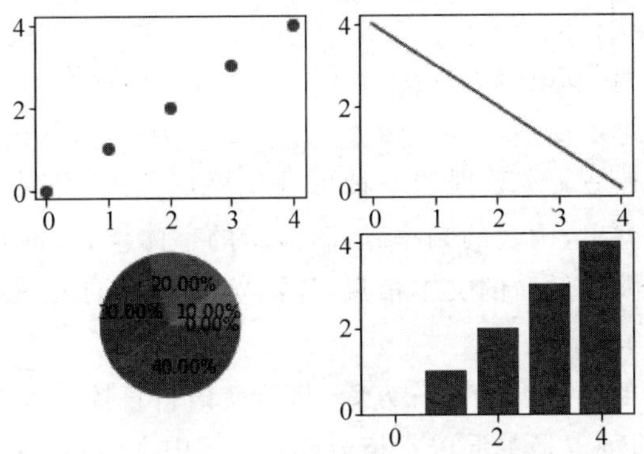

图 8-9 subplot()组合图

2) subplots()函数

【例 8-7】 依例 8-6,使用 subplots()函数创建一个画布 fig,并创建 2×2 个子图(子图行数 nrows=2,子图列数 ncols=2),用 ax 接收 axes 对象,创建并绘制同要求的散点图。代码如下。

```
from matplotlib import pyplot as plt
plt.rcParams['font.family'] = 'SimHei'                #解决中文乱码

fig,ax = plt.subplots(2,2)                            #创建画布 fig 和 2×2 个子图
#绘制子图时,先通过索引选取子图再进行绘制
ax[0,0].scatter(range(5),range(5))                    #选取子图 1,绘制散点图
ax[0,1].plot(range(5),range(5)[::-1])                 #选取子图 2,绘制散点图
ax[1,0].pie(range(5),autopct='%.2f%%')                #选取子图 3,绘制散点图
ax[1,1].bar(range(5),range(5))                        #选取子图 4,绘制散点图
plt.savefig('组合图.png')                              #保存为.png 格式
plt.show()                                            #展示图形
```

运行结果同例 8-6。

本例中,ax 接收 axes 对象后,ax 成为一个二维数组,需使用二维数组索引的方式指定绘图区(axes),如 ax[0,1],操作起来稍显烦琐,可以使用 flatten()函数将其转换为一维数组后,再进行索引,简化索引操作。

使用 flatten()函数后,如下的绘图代码可以得到相同的运行结果。

```
fig,ax = plt.subplots(2,2)
ax = ax.flatten()                                     #用 flatten()函数将二维数组 ax 转换为一维数组
ax[0].scatter(range(5),range(5))                      #选取子图 1,绘制散点图
ax[1].plot(range(5),range(5)[::-1])                   #选取子图 2,绘制散点图
ax[2].pie(range(5),autopct='%.2f%%')                  #选取子图 3,绘制散点图
ax[3].bar(range(5),range(5))                          #选取子图 4,绘制散点图
plt.savefig('组合图.png')                              #保存为.png 格式
plt.show()                                            #展示图形
```

以上两个函数实现了在一张画布上绘制多个子图,区别主要体现在:subplots()函数一次性创建画布并一次性建立所有子图的 axes 对象,后续直接进行索引调用 axes 对象即可,使用该函数可以使用较少代码实现多子图绘制;subplot()函数隐式创建画布并创建子图,每次只能返回一个坐标系对象(axes),绘制多子图时,需分次调用 subplot(),总代码量

较多。

在确定子图编号时 subplot()函数从 1 开始，subplots()函数从 0 开始。

6. 绘制词云图

词云图(WordCloud)是文本数据的一种可视化展现方式，是对文本中出现频率较高的"关键词"予以视觉上的突出，出现的频率越高，显示的字体越大、越突出，这个关键词也就越重要。词云图过滤掉了大量低质的文本信息，让浏览者通过词云图可以快速感知最突出的文字，迅速抓住重点，了解主旨。

WordCloud 是优秀的词云展示第三方库，将英文语料直接输入 WordCloud 中即可快速生成词云图，英文语料的特点是单词以空格分隔；对于中文语料，词与词之间一般没有字符分隔，需先借助比较流行的中文分词库 jieba 进行分词，再将其用空格分隔连接成字符串(连接成英文语料特点)，最后输入 WordCloud 生成相应的中文词云图。

1) WordCloud 库和 jieba 库的安装与导入

本书安装的 WordCloud 库版本为 1.8.2.2，jieba 库的版本为 0.42.1，可通过 pip 工具安装。在 Windows 操作系统下，按 Win+R 组合键后输入 cmd 命令打开命令窗口，输入下述命令直接安装。

```
pip install WordCloud
pip install jieba
```

导入 jieba 库和 WordCloud 库时使用如下命令。

```
import WordCloud as wc
import jieba
```

2) 使用 WordCloud 生成词云图

使用 WordCloud 生成词云图的步骤主要有：创建 WordCloud 对象，配置基本参数；调用.generate()方法生成词云图；保存或显示词云图。

(1) 创建 WordCloud 对象，配置基本参数。

创建 WordCloud 对象的语法格式为：WordCloud.WordCloud(参数)。

常用参数说明如下。

- font_path：指定词云图中字体的文件路径+后缀名，如果设置的是英文字体，则中文将显示为方框，默认为 None。
- width：指定词云对象生成图片的宽度，默认为 400px。
- height：指定词云对象生成图片的高度，默认为 200px。
- min_font_size：指定词云中字体的最小字号，默认为 4 号。
- max_font_size：指定词云中字体的最大字号，根据高度自动调节。
- font_step：指定词云中字体字号的步进间隔，默认为 1。
- max_words：指定词云显示的最大单词数量，默认为 200。
- stop_words：指定词云的排除词列表，即不显示的单词列表。
- mask：指定词云形状(将指定图片作为蒙版)，默认为长方形，通常为 ndarray。

一般用法为：

```
from PIL import Image
mask = np.array(Image.open('xxx.jpg'))
```

• background_color：指定词云图片的背景颜色，默认为黑色。

(2) 调用.generate()方法生成词云图。

语法为：

```
WordCloud.generate(txt)
```

根据文本 txt 生成词云图，返回当前对象本身。

(3) 保存或显示词云图。

调用 WordCloud.to_file(filename)函数，将词云对象输出为 filename 图像文件，可保存为.png 或.jpg，如：

```
WordCloud.to_file("outfile.png")
```

使用 plt.imshow(WordCloud)、plt.show()可分别进行图像处理和展示图形。

【例 8-8】 使用 WordCloud 创建简易的词云图，使用 Matplotlib 进行图形展示。代码如下。

```
import WordCloud as wc
import random
import matplotlib.pyplot as plt
#初始化 WordCloud，背景设置为白色
w = wc.WordCloud(background_color = 'white')
#用 random 模块重复抽取列表中的 500 个英文单词
words = random.choices(
['Python','Java','matplotlib','PhP','Numpy','Pandas','Pytorch','Pyecharts'], k = 500)
text = " ".join(words)          #将 words 连接成字符串文本，用空格隔开
w.generate(text)                #根据文本生成词云图
plt.imshow(w)                   #imshow()函数只负责图像处理，不能展示图形
plt.axis('off')                 #关闭坐标轴
plt.show()                      #展示图形
```

运行结果如图 8-10 所示。

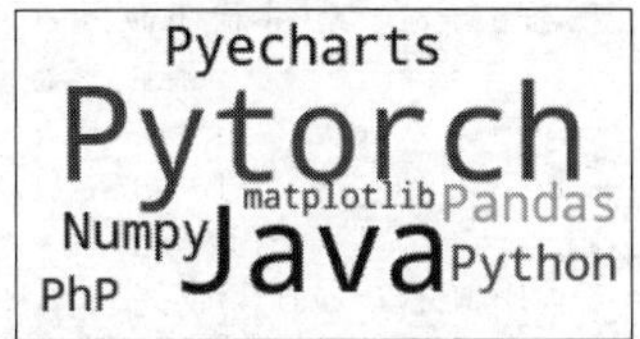

图 8-10　简易词云图

3) jieba 库使用

中文文本之间每个汉字都是连续书写的，需要通过特定的方法来获得其中的每个词组，这种手段叫作分词。jieba 是优秀的中文分词第三方库，它通过中文词库的方式来完成分词。jieba 库提供了精确模式、全模式、搜索引擎模式三种分词模式。

(1) 精确模式：把文本精确地切分开，不存在冗余单词。

(2) 全模式：把文本中所有可能的词语都扫描出来，有冗余。

(3) 搜索引擎模式：在精确模式基础上，对长词进行切分。

jieba 库常用的分词函数如下。

(1) jieba.lcut(sentence,cut_all=False)：返回列表类型的分词结果，sentence 表示需要分词的句子；cut_all 表示是否采用全模式，默认为 False，采用精确模式。

（2）jieba.lcut_for_search(sentence)：搜索引擎模式，返回列表类型的分词结果，存在冗余单词。

（3）jieba.add_word(word)：向分词词典增加新词 word。

【例 8-9】 将'这是一个非常漂亮的花纸杯'采用三种分词模式进行分词。代码示例如下。

```
import jieba                                              #导入 jieba
jieba.lcut('这是一个非常漂亮的花纸杯')                        #精确模式分词
jieba.lcut('这是一个非常漂亮的花纸杯',cut_all = True)          #全模式分词,有冗余单词
jieba.lcut_for_search('这是一个非常漂亮的花纸杯')              #搜索引擎模式分词,有冗余单词
```

运行结果分别为：

```
['这是', '一个', '非常', '漂亮', '的', '花', '纸杯']
['这', '是', '一个', '非常', '漂亮', '的', '花纸', '纸杯']
['这是', '一个', '非常', '漂亮', '的', '花', '纸杯']
```

4）生成中文词云图步骤

（1）读取文件内容，进行文本预处理。

（2）借助 jieba 库对中文进行分词，然后将结果合并，并以空格隔开。

（3）打开图片文件，得到对应数组。

（4）创建 wordcloud 对象，设置基本信息。

（5）生成词云图，保存或显示词云图。

【例 8-10】 读取文本文件"先进制造业.txt"，利用 jieba 库进行精确模式分词，选取长度大于 1 的词语，使用 WordCloud 库生成词云图，图片蒙版为 butterfly.png，再以 Matplotlib 进行词云图展示。代码如下。

```
import WordCloud as wc
import jieba
import numpy as np
import matplotlib.pyplot as plt
from PIL import Image

#读取 txt 文件
with open('先进制造业.txt') as fp:
    text = fp.read()
word = jieba.lcut(text)                                   #用 jieba 进行分词
word = [i for i in word if len(i)> 1]                     #选择两个字及以上的词语
text = " ".join(word)                                     #用空格分隔连接成字符串
#用 WordCloud 生成词云图
mask = np.array(Image.open('butterfly.png'))             #将蝴蝶图片转成数组 ndarray,作为蒙版
word_cloud = wc.WordCloud(
            font_path = r'C:\Windows\Fonts\STZHONGS.TTF'     #设置中文字体
            mask = mask,background_color = 'white')       #背景为白色
word_cloud.generate(text)                                 #根据文本生成词云图
#用 plt 展示词云图
fig = plt.figure(figsize = (4,3),dpi = 300)               #创建画布,1200×900px
plt.imshow(word_cloud)                                    #只负责图像处理,不能展示图形
plt.axis('off')                                           #关闭坐标轴
plt.show()                                                #展示图形
```

运行结果如图 8-11 所示。

图 8-11 词云图

8.2 Pyecharts

8.2.1 Pyecharts 概述

Echarts(Enterprise Charts,商业级数据图表)是一个由百度开源的数据可视化库,凭借着良好的交互性、精巧的图表设计,得到了众多开发者的认可。Pyecharts 是一个用于生成 Echarts 图表的类库,通过将 Echarts 与 Python 进行对接,实现在 Python 中直接使用数据生成 Echarts 图表的功能。

1. Pyecharts 的优势

与 Matplotlib 相比,Pyecharts 具有以下优势: 图表支持中文显示,无须额外设置; 简洁的 API 使开发者使用起来非常便捷,所有方法均支持链式调用; 囊括 30 多种常见图表,应有尽有; 拥有高度灵活的配置项,可轻松搭配出精美的图表; 使用 Pyecharts 可以生成独立的网页格式的图表,可轻松地集成至 Flask、Django 等主流 Web 框架; Pyecharts 官网中详细的文档和示例可以帮助开发者快速上手; 400 多个地图文件、原生百度地图为地理数据可视化提供了强有力的支持。

2. Pyecharts 的安装与导入

1) 安装 Pyecharts

本书安装的 Pyecharts 版本为 1.9.0,可通过 pip 工具安装,在 Windows 操作系统下,按 Win+R 组合键后输入 cmd 命令打开命令窗口,输入下述命令即可安装。

```
pip install pyecharts
```

2) 导入 Pyecharts 相关模块

使用 Pyecharts 绘图时,需导入图表模块(pyecharts.charts)中所要使用的图表类和 Pyecharts 配置项模块(options),配置项模块里封装了几乎所有全局配置项和系列配置项的相关对象。通过配置项模块,可以更好地设置个性化图表,为图表注入灵魂。导入相关模块的代码如下。

```
from pyecharts.charts import 图表类名          #导入图表类型
from pyecharts import options as opts          #导入配置项
```

3. Pyecharts 图表类型

Pyecharts 主要有以下 7 种图表类型。

（1）基本图表：Calendar（日历图）、Funnel（漏斗图）、Gauge（仪表盘）、Graph（关系图）、Liquid（水球图）、Parallel（平行坐标系）、Pie（饼图）、Polar（极坐标系）、Radar（雷达图）、Sankey（桑基图）、Sunburst（旭日图）、ThemeRiver（主题河流图）、WordCloud（词云图）。

（2）直角坐标系图表：Bar（柱状图/条形图）、Boxplot（箱线图）、EffectScatter（涟漪特效散点图）、HeatMap（热力图）、Kline/Candlestick（K 线图）、Line（折线/面积图）、PictorialBar（象形柱状图）、Scatter（散点图）、Overlap（层叠多图）。

（3）树形图表：Tree（树图）、TreeMap（矩形树图）。

（4）地理图表：Geo（地理坐标系）、Map（地图）、BMap（百度地图）。

（5）3D 图表：Bar3D（3D 柱状图）、Line3D（3D 折线图）、Scatter3D（3D 散点图）、Surface3D（3D 曲面图）、Map3D（三维地图）。

（6）组合图表：Grid（并行多图）、Page（顺序多图）、Tab（选项卡多图）、Timeline（时间线轮播多图）。

（7）HTML 组件图表：Component（通用配置项）、Table（表格）、Image（图像）。

4. Pyecharts 图表绘制基本步骤

（1）导入相关模块并初始化具体类型的图表。

（2）添加图表数据。

传入 Pyecharts 进行绘图的数据，需是 Python 原生的数据格式（如字典、列表、元组、字符串），而 Python 的数据分析一般需要使用 NumPy、Pandas，NumPy 中的 int64、int32 等数据类型，并不继承自 Python 原生数据类型，因此需要自行将数据格式转换成 Python 原生的数据格式，常使用 Series. tolist()或 array. tolist()函数将 Pandas 或 NumPy 数据转换为 Python 列表，再传入 Pyecharts 进行绘图。

（3）设置配置项，包括全局配置项、系列配置项设置。

（4）保存及显示图表。

使用. render('图形保存路径及文件名称')命令将图形渲染成 HTML 文件，如不指定路径，则直接保存在当前工作目录下的 render. html 文件；如果使用的是 Jupyter Notebook，直接使用. render_notebook()即可直接显示图表内容，无须接收任何参数。

【例 8-11】 采用链式调用方式和普通调用方式分别绘制例 8-3 的柱形图，并与例 8-3 的绘图代码进行对比。绘图代码如下。

```
#链式调用方式
from pyecharts.charts import Bar    #导入 Bar 类
level = ['教授','副教授','讲师','助教','其他']
numA   = [26,31,14,16,8]
numB   = [41,39,35,28,12]
bar  = (
    Bar()                   #初始化 Bar 类
    .add_xaxis(level)       #指定 x 轴数据
#设置图例名称,指定 y 轴数据
    .add_yaxis("学院 A", numA)
    .add_yaxis('学院 B', numB)
    )
bar.render_notebook()       #jupyter 展示图形
```

```
#普通调用方式
from pyecharts.charts import Bar    #导入 Bar 类
level = ['教授','副教授','讲师','助教','其他']
numA   = [26,31,14,16,8]
numB   = [41,39,35,28,12]
bar  = Bar()                #初始化 Bar 类
bar.add_xaxis(level)        #指定 x 轴数据
#设置图例名称,指定 y 轴数据
bar.add_yaxis("学院 A", numA)
bar.add_yaxis('学院 B', numB)
bar.render_notebook()       #jupyter 展示图形
```

运行结果如图 8-12 所示。

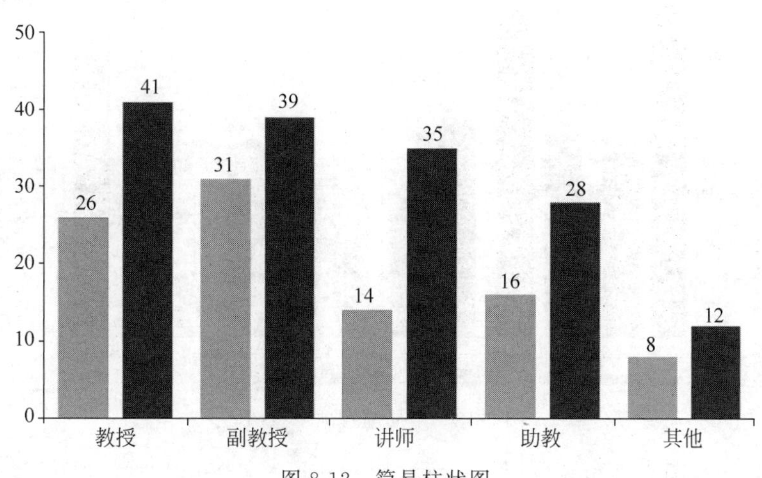

图 8-12　简易柱状图

本例采用两种调用方式绘制了简易的柱状图，结果一致，链式调用方式使代码变得更简洁、易懂。与例 8-3 用 Matplotlib 柱状图绘制代码相比，Pyecharts 使用更少的代码便绘制了同样内容且更美观的图形。

8.2.2 Pyecharts 图表配置项

Pyecharts 遵循"先配置后使用"的基本原则，所有的配置项统一于 pyecharts. options 模块中，该模块包含众多关于定制图表组件及样式的配置项。按照配置内容不同，Pyecharts 的配置项分为全局配置项和系列配置项，通过这些配置项，可以对图中的展示内容进行自定义，绘制出非常精美、别具特色的图表。

1. 全局配置项

全局配置项是指对图表整体生效的配置项目，可以设置图表的标题、图例、提示框、工具箱等展示内容，全局配置项共有 22 个组件，详见 Pyecharts 官网。最常用的组件为：初始化配置项、标题配置项、图例配置项、坐标轴配置项、工具箱配置项、视觉映射配置项和区域缩放配置项，如图 8-13 所示。

默认情况下，图例配置项和提示框配置项是显示的，其他几个配置项默认情况下是不显示的，需要自行设置。初始化配置项需在实例化图形(初始化图形类)时进行设置，其他全局配置通过 set_global_opts() 方法进行设置。语法格式如下。

```
.set_global_opts(title_opts = opts.TitleOpts(), legend_opts = opts.LegendOpts(), toolbox_
opts = opts.ToolboxOpts()…)
```

其中，title_opts 表示标题组件的配置项，legend_opts 表示图例组件的配置项，toolbox_opts 表示工具箱组件的配置项。

1) 初始化配置项

在初始化配置中，可以设置画布的长和宽、网页标题、图表主题、背景色等；初始化可通过 init_opts = opts. InitOpts()设置，其常用的关键参数如下。

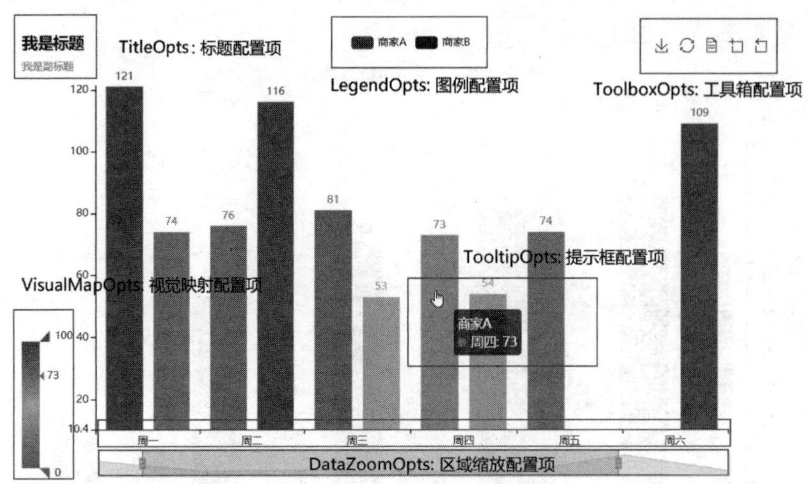

图 8-13　全局配置项示意图

- width：str，图表画布宽度（像素 px），如 width＝'1200px'，默认值为 900px。
- height：str，图表画布高度（像素 px），如 height＝'800px'，默认值为 500px。
- chart_id：str，图表 ID，图表唯一标识。
- theme：图表主题风格，其参数值主要由 ThemeType 模块提供，默认值为 white。

如需定制特定风格的主题，需先导入 ThemeType 模块，再设定相应的主题风格。代码如下。

```
from pyecharts.globals import ThemeType          #导入主题模块
theme = ThemeType.主题风格                        #设置主题风格
```

Pyecharts 内置提供了 10 多种不同的主题风格，另外也提供了便捷的定制主题的方法。

- bg_color：图表背景颜色，默认为 None。

例如，对柱状图进行初始化，命名为 bar，画布 width 为 600px，height 为 300px。初始化代码如下。

```
from pyecharts.charts import Bar                        #导入图表类型
from pyecharts import options as opts                   #导入配置项
#初始化 Bar 类时可进行初始化配置项的设置，如不设置则按默认值处理
bar = Bar(init_opts = opts.InitOpts(width = '600px', height = '300px'))
```

本例的上述代码是通过构造方法创建配置项，也可以通过字典的方式创建配置项，两者等价。以字典方式创建配置项的代码如下。

```
bar = Bar(dict(width = "600px", height = "300px"))
#或者
bar = Bar({"width": "600px", "height": "300px"})
```

2）标题配置项

标题配置项中常用的为标题内容及展示位置、标题字体、大小等。调用标题配置项代码如下。

```
title_opts = opts.TitleOpts()
```

常用的关键参数说明如下。

- title：str，主标题文本，支持使用\n换行。
- subtitle：str，副标题文本，支持使用\n换行。
- pos_left：str，标题组件离容器左侧的距离，可以是具体像素值，也可以是百分比，还可以是left、center、right，组件会根据相应的位置自动对齐。
- pos_right：str，标题组件离容器右侧的距离。
- pos_top：str，标题组件离容器上侧的距离，可以是具体像素值，也可以是百分比，还可以是top、middle、bottom，组件会根据相应的位置自动对齐。
- pos_bottom：str，标题组件离容器下侧的距离。
- title_textstyle_opts：主标题字体样式配置项，设置主标题颜色、字体样式、字体粗细、字体大小以及对齐方式等，详见options模块的TextStyleOpts()方法。如将主标题颜色设置为红色，字体大小为14，代码为：title_textstyle_opts = opts.TextStyleOpts(color='red', font_size=18)。
- subtitle_textstyle_opts：副标题字体样式配置项，用法同上。

3）图例配置项

图例的展示形式、位置也需在全局配置项中设置。调用图例配置项代码如下。

```
legend_opts = opts.LegendOpts()
```

常用的关键参数说明如下。

- type_：图例的类型，可选，默认为plain，表示普通图例；scroll表示可滚动翻页的图例。
- selected_mode：表示图例选择的模式，控制是否可以通过单击图例改变系列的显示状态。默认开启图例选择，可以设成False关闭，也可以设成single或者multiple使用单选或者多选模式。
- is_show：表示是否显示图例组件，默认为True。
- pos_left/pos_right：图例组件离容器左/右侧的距离。
- pos_top/pos_bottom：图例组件离容器上/下侧的距离。
- orient：图例列表的布局朝向，默认为horizontal表示水平，可选；vertical表示垂直。

4）坐标轴配置项

在全局配置项中可以对坐标轴进行相关设置，调用x轴配置项代码为xaxis_opts = opts.AxisOpts()，调用y轴配置项代码为yaxis_opts = opts.AxisOpts()。

常用的关键参数说明如下。

- name：坐标轴名称。
- is_show：是否显示坐标轴，默认为True。
- is_inverse：是否反向坐标轴，默认为False。
- name_location：坐标轴名称显示位置，可选值有start、middle、center、end，默认为end。
- name_gap：坐标轴名称与轴线之间的距离，默认为15。
- name_rotate：坐标轴名称旋转角度值，解决坐标轴名称过长的问题。

- axislabel_opts：坐标轴标签配置项。例如，设置坐标轴标签旋转角度值，解决坐标轴标签名称过长的问题时，可以设置为 axislabel_opts=opts.LabelOpts(rotate=-30)。

5）工具箱配置

Pyecharts 的工具箱配置可以实现快速保存图片、数据视图、切换成其他图形等 10 多种功能，快捷方便。调用工具箱配置代码如下。

```
toolbox_opts = opts.ToolboxOpts()
```

常用的关键参数说明如下。

- is_show：是否显示工具栏组件，默认为 False。
- orient：工具栏的布局朝向，可选值有 horizontal（默认），表示水平；vertical，表示垂直。
- pos_left：图例组件离容器左侧的距离。
- pos_right：图例组件离容器右侧的距离。
- pos_top：图例组件离容器上侧的距离。
- pos_bottom：图例组件离容器下侧的距离。

2. 系列配置项

系列配置项主要用于图形细节的设定，如配置图元样式、文字样式、标签样式、点线样式等，共有 17 个系列配置项，默认设定基本能满足绘图要求，也可以通过 set_series_opts() 方法进行个性化设置，设置方法详见 Pyecharts 官网（网址详见前言二维码）。

（1）标签配置项：可设置标签的字体、大小、位置、旋转角度等。调用配置的代码如下。

```
label_opts = opts.LabelOpts()
```

常用参数说明如下。

- is_show：是否显示标签，默认为 True。
- position：标签的位置，可选值有 top、left、right、bottom、inside、insideLeft、insideRight、insideTop、insideBottom、insideTopLeft、insideBottomLeft、insideTopRight、insideBottomRight，默认为 top。
- color：文字的颜色。
- font_size：文字的字体大小，默认为 12。
- font_style：文字字体的风格，可选值有 normal、italic、oblique。
- font_family：文字的字体系列，还可以是 serif、monospace、Arial、Courier New、Microsoft YaHei 等。
- rotate：标签旋转，从 -90°到 90°，正值是逆时针。

【例 8-12】 一个标签配置项的设置为 label_opts = opts.LabelOpts(is_show=True, position='right', color='blue', font_size=12, rotate=30)，请解释其功能。

LabelOpts()方法的参数 is_show 设为 True，表示显示标签；参数 position 设为 right，表示标注于图形右方；参数 color 设为 blue，表示标签文本的颜色为蓝色；参数 font_size 设为 12，表示标签文本的字体大小为 12 号；参数 rotate 设为 30，表示标签逆时针旋转 30°。

(2) 线样式配置项：可设置线条的宽度、透明度、线型等。调用配置的代码如下。

```
linestyle_opts = opts.LineStyleOpts()
```

常用参数说明如下。

- width：线宽，Numeric，默认为 1。
- opacity：图形透明度，Numeric，支持从 0 到 1 的数字，为 0 时不绘制该图形，默认为 1。
- type_：线的类型，str，可选值有 solid、dashed、dotted，默认为 solid。

8.2.3　Pyecharts 常用图表绘制

Pyecharts 中绘图时多次调用同一对象的属性或函数(方法)时可以采用普通调用方式。也可以采用链式调用方式。链式调用可以只写一次对象名，调用完一个函数后还能再继续调用其他函数，以避免多次重复使用同一个对象变量，使代码变得简洁、易懂。

1. 绘制折线图

绘制折线图使用 Line 类实现，折线图属于 Pyecharts 的直角坐标系图表，添加 x、y 坐标轴数据和系列配置项的主要方法如下。

```
add_xaxis(x_axis)                                          #指定 x 轴数据
add_yaxis(series_name, y_axis, symbol, symbol_size, … )   #指定 y 轴数据等
```

常用参数说明如下。

- series_name：str，系列名称，用于 tooltip 的显示和 legend 的图例筛选。
- x_axis/y_axis：数值型的序列。
- symbol：str，可选，表示标记的图形，可以为 circle(圆形)、rect(矩形)、roundRect(圆角矩形)、triangle(三角形)、diamond(菱形)、pin(大头针)、arrow(箭头)、none(默认)。
- symbol_size：标记的大小，可以接收单一数值，也可以接收诸如[width, height]的数组。例如，[20, 10]表示标记的宽为 20px，高为 10px。
- 系列配置项的各项设置，如图元样式、标签、标记点、标记线、线样式、区域填充、提示框等配置项。

【例 8-13】 读取"气温数据.xlsx"，绘制哈尔滨历史气温折线图。绘制代码如下。

```
import pandas as pd                                        #导入 Pandas
from pyecharts.charts import Line                          #导入折线图模块
from pyecharts import options as opts                      #导入配置项

#导入 Excel 文件
df = pd.read_excel('气温数据.xlsx',sheet_name = '哈尔滨气温')
x = df['月份'].tolist()                                    #Series 转换为 list
y1 = df['历史最高气温'].tolist()                           #Series 转换为 list
y2 = df['历史最低气温'].tolist()                           #Series 转换为 list
line = Line(init_opts = opts.InitOpts(chart_id = 'line1'))  #初始化折线图,指定 chart_id = 'line1'
#为折线图添加 x 轴和 y 轴数据
line.add_xaxis(x)                                          #添加 x 轴数据
line.add_yaxis(series_name = '历史最高气温',y_axis = y1)    #添加 y 轴数据 y1
```

```
line.add_yaxis(series_name = '历史最低气温',y_axis = y2,                    # 添加 y 轴数据 y2
                linestyle_opts = opts.LineStyleOpts(type_ = 'dashed'))      # 线型设置为虚线
# 全局配置项
line.set_global_opts(title_opts = opts.TitleOpts('哈尔滨历史温度曲线图',   # 主标题
                                    pos_left = 'center'),                 # 标题居中
                # 图例在容器右侧 10 %,垂直列示
                legend_opts = opts.LegendOpts(pos_right = '10 % ',orient = 'veritcal'),
                xaxis_opts = opts.AxisOpts(name = '月份',                  # x 轴标签
                # x 轴线不在 y 轴 0 刻度上
                    axisline_opts = opts.AxisLineOpts(is_on_zero = False)),
                yaxis_opts = opts.AxisOpts(name = '温度(°C)'))             # y 轴标签
line.render_notebook()                                 # 在 Jupyter Notebook 中显示图形
```

运行结果如图 8-14 所示。

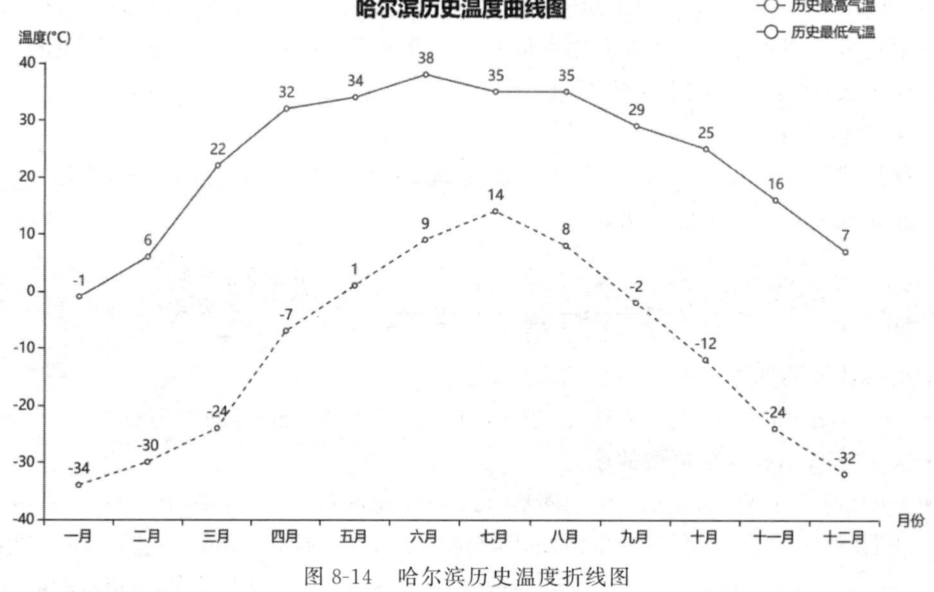

图 8-14　哈尔滨历史温度折线图

2. 绘制散点图

绘制散点使用 Scatter 类实现，属于 Pyecharts 的直角坐标系图表，指定 x、y 坐标轴数据的主要方法与 Line 模块相同，也为 .add_xaxis(x_axis) 和 .add_yaxis(series_name, y_axis)，参数用法大致相同，只是系列配置项中只包括图元样式、标签、标记点、标记线、提示框配置项，没有线样式、区域填充配置项。

【例 8-14】 读取“气温数据.xlsx”，绘制哈尔滨历史气温散点图，具体数据详见本书资源。绘制代码如下。

```
import pandas as pd                                    # 导入 Pandas
from pyecharts.charts import Scatter                   # 导入散点图模块
from pyecharts import options as opts                  # 导入配置项
# 导入 Excel 文件
df = pd.read_excel('气温数据.xlsx',sheet_name = '哈尔滨气温')
x = df['月份'].tolist()                                # Series 转换为 list
y1 = df['历史最高气温'].tolist()                        # Series 转换为 list
y2 = df['历史最低气温'].tolist()                        # Series 转换为 list
# 初始化散点图,图表的 ID 为 scatter1,用于组合图形的标识
```

```
scatter = Scatter(init_opts = opts.InitOpts(chart_id = 'scatter1'))
#为散点图添加 x 轴和 y 轴数据
scatter.add_xaxis(x)                                              #添加 x 轴数据
scatter.add_yaxis(series_name = '历史最高气温',y_axis = y1)    #添加数据 y1
#添加 y2,标记点为'arrow'
scatter.add_yaxis(series_name = '历史最低气温',y_axis = y2,symbol = 'arrow')
#全局配置项
scatter.set_global_opts(title_opts = opts.TitleOpts('哈尔滨历史温度散点图',
                                    pos_left = 'center'),   #标题居中
               #图例在容器右侧 10%,垂直列示
               legend_opts = opts.LegendOpts(pos_right = '10%',orient = 'veritcal'),
               xaxis_opts = opts.AxisOpts(name = '月份',     #x 轴标签
                   #x 轴线不在 y 轴 0 刻度上
                   axisline_opts = opts.AxisLineOpts(is_on_zero = False)),
               yaxis_opts = opts.AxisOpts(name = '温度(°C)'))      #y 轴标签
scatter.render_notebook()                                         #在 Jupyter Notebook 中显示图形
```

运行结果如图 8-15 所示。

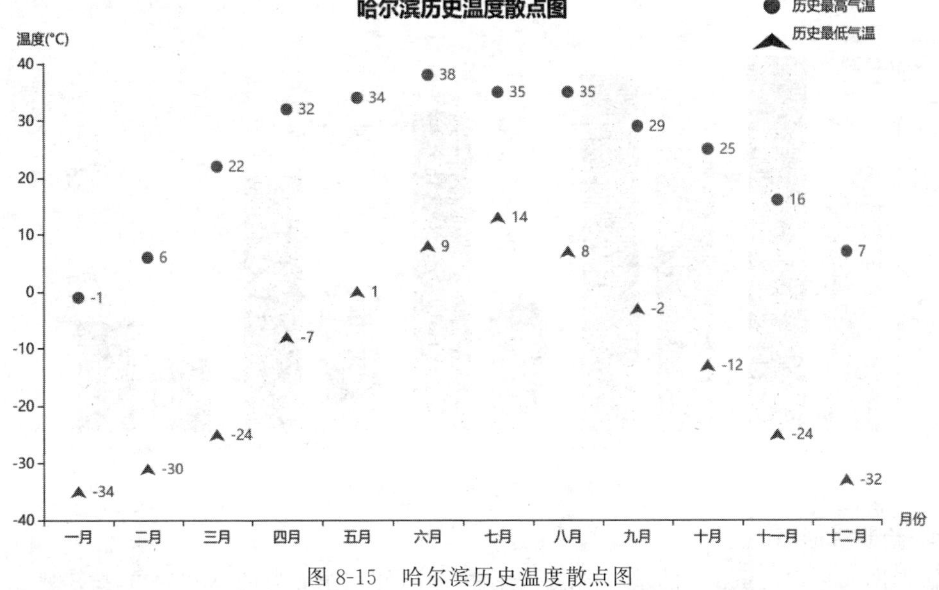

图 8-15 哈尔滨历史温度散点图

3. 绘制柱形图

绘制柱形图或条形图使用 Bar 类实现,属于 Pyecharts 的直角坐标系图表,指定 x、y 坐标轴数据的主要方法与 Line 模块大致相同,也为. add_xaxis(x_axis)和. add_yaxis(series_name, y_axis),参数用法也相同。

【例 8-15】 绘制学院 A 和学院 B 的教师职称柱状图。代码如下。

```
from pyecharts.charts import Bar                            #导入柱状图模块
from pyecharts import options as opts                       #导入配置项
level = ['教授','副教授','讲师','助教','其他']
numA   = [26,31,14,16,8]
numB   = [41,39,35,28,12]
#初始化柱形图,设置背景色为白色,图表的 ID 为 bar1,用于组合图形的标识
bar  = Bar(init_opts = opts.InitOpts(chart_id = 'bar1', bg_color = 'white'))
#为柱状图添加数据
```

```
bar.add_xaxis(level)                                          #指定 x 轴数据
bar.add_yaxis('学院 A', numA)                                 #设置图例名称,指定 y 轴数据
bar.add_yaxis('学院 B', numB)                                 #设置图例名称,指定 y 轴数据
#全局配置
bar.set_global_opts(
    title_opts = opts.TitleOpts("教师职称分析", pos_left = 'center',           #主标题居中
                   subtitle = 'C 大学',                        # 副标题
                   subtitle_textstyle_opts = opts.TextStyleOpts(font_size = 18)), #字号为 18
    legend_opts = opts.LegendOpts(pos_right = '10 % '),        #图例距容器右侧 10 %
    xaxis_opts = opts.AxisOpts(name = "职称"),                  # x 轴坐标轴名称
    #工具箱设置,离容器顶距离 10 %
    toolbox_opts = opts.ToolboxOpts(is_show = True,pos_top = '10 % '))
bar.render_notebook()                                         #在 Jupyter Notebook 中显示图形
```

运行结果如图 8-16 所示。

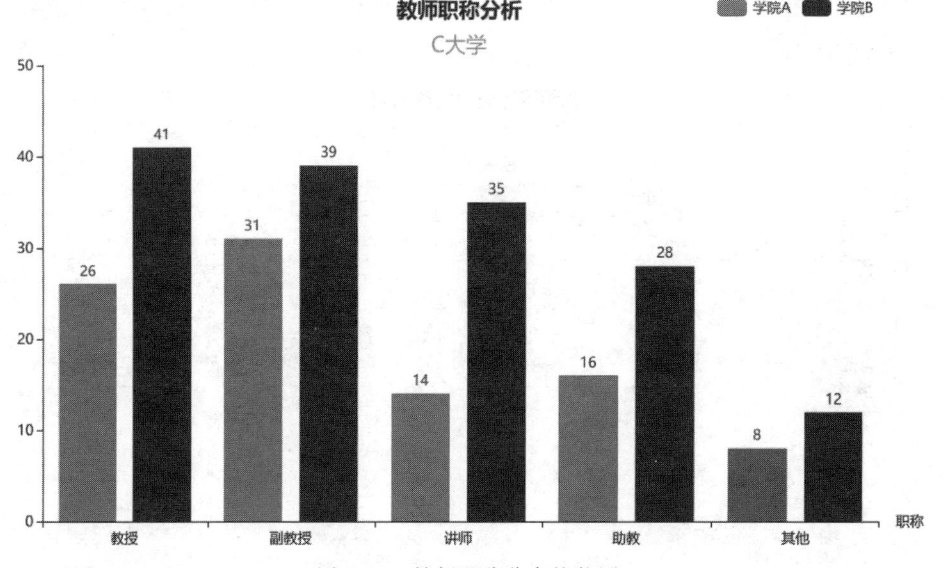

图 8-16　教师职称分布柱状图

4. 绘制饼形图

饼形图属于 Pyecharts 的基本图表,绘制饼形图使用 Pie 类的.add()方法实现。.add()方法的语法格式如下。

```
.add(series_name, data_pair, color = None, radius = None, center = None, rosetype = None, is_
clockwise = True, … , itemstyle_opts = None)
```

常用参数说明如下。

- series_name：str,系列名称,用于 tooltip 的显示和 legend 的图例筛选。
- data_pair：系列数据项,格式为［(key1, value1), (key2, value2)］。
- color：str,可选,表示系列 label 的颜色。
- radius：饼图的半径,可选,可以接收一个包含两个元素的数组,数组的第一项是内半径,第二项是外半径。默认设置成百分比,相对于容器宽高中最小值的 1/2。
- center：饼图的中心(圆心)坐标,可选,数组的第一项是横坐标,第二项是纵坐标。默认设置成百分比,设置成百分比时第一项是相对于容器宽度,第二项是相对于容

器高度。

- rosetype：str，是否展示成南丁格尔图，通过半径区分数据大小，可选择的有 radius 和 area 两种模式。radius 表示通过扇区圆心角展现数据的百分比，半径展现数据的大小；area 表示所有扇区圆心角相同，仅通过半径展现数据大小，默认为 None。
- 系列配置项的各项设置，如图元样式、标签、提示框等配置项。

【例 8-16】 绘制学院 A 的教师职称分布情况的普通饼形图。代码如下。

```
from pyecharts import options as opts
from pyecharts.charts import Pie

level = ['教授','副教授','讲师','助教','其他']
numA  = [26,31,14,16,8]
data_pair = [list(z) for z in zip(level,numA)]                 #转换成由数据对构成的二维列表
pie = Pie(init_opts = opts.InitOpts(bg_color = 'white'))       #初始化设置背景色为白色
#为饼形图添加数据
pie.add('A学院职称',data_pair = data_pair)                      #指定x轴数据
#设置全局配置项
pie.set_global_opts(
    title_opts = opts.TitleOpts("教师职称分析",pos_left = 'center'),      # 主标题居中
#图例右侧距离容器的15%,垂直列示
    legend_opts = opts.LegendOpts(pos_right = '15%',orient = 'vertical'))
#设置系列配置项,将标签配置项中的标签内容格式器formatter设置为{b}和{d},即显示数据项名
#称和百分比
pie.set_series_opts(label_opts = opts.LabelOpts(formatter = "{b}: {d}"))
pie.render_notebook()                                           #在Jupyter Notebook中显示图形
```

运行结果如图 8-17 所示。

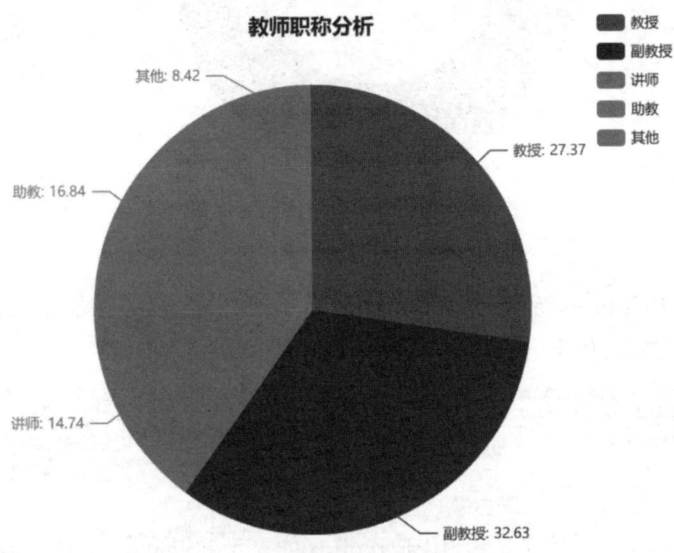

图 8-17　教师职称分布饼形图

【例 8-17】 绘制学院 A 的教师职称分布情况的环形图。代码如下。

```
from pyecharts import options as opts
from pyecharts.charts import Pie
```

```
level = ['教授','副教授','讲师','助教','其他']
numA  = [26,31,14,16,8]
data_pair = [list(z) for z in zip(level,numA)]             #转换成由数据对构成的二维列表
#初始化设置,图表的 ID 为 pie1,用于组合图形的标识
pie1 = Pie(init_opts = opts.InitOpts(chart_id = 'pie1'))  #为饼形图添加数据
pie1.add('A 学院职称',data_pair = data_pair,radius = ['40 %','70 %'])     #指定数据用环状图
#设置全局配置项
pie1.set_global_opts(
     title_opts = opts.TitleOpts("教师职称分析",pos_left = 'center'),      #主标题居中
     #图例右侧距离容器的 5 %,垂直列示
     legend_opts = opts.LegendOpts(pos_right = '5 %',orient = 'vertical'))
     #设置系列配置项,将标签配置项中的标签内容格式器 formatter 设置为{b}和{d}
     #即显示数据项名称和百分比
pie1.set_series_opts(label_opts = opts.LabelOpts(formatter = "{b}: {d}"))
pie1.render_notebook()                                    #在 Jupyter Notebook 中显示图形
```

运行结果如图 8-18 所示。

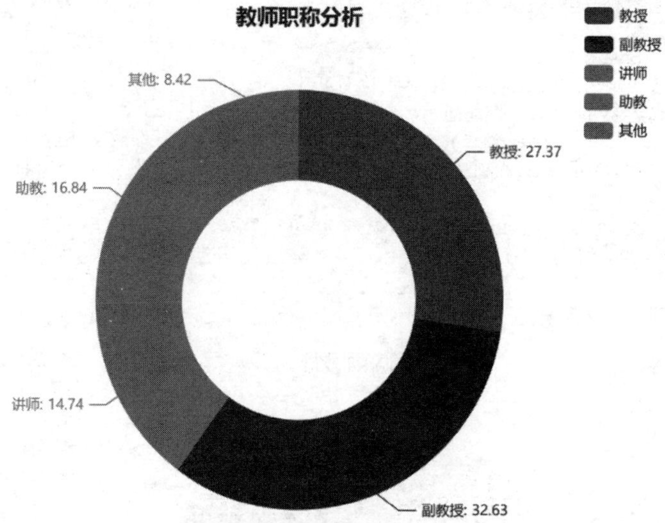

图 8-18　教师职称分布环形图

5. 漏斗图

漏斗图属于 Pyecharts 的基本图表，绘制漏斗图使用 Funnel 类的.add()方法实现。.add()方法的语法格式如下。

```
.add(series_name, data_pair, is_selected = True, color = None, sort_ = "descending", gap = 0,
itemstyle_opts = None)
```

常用参数有说明如下。

- series_name：str，系列名称，用于 tooltip 的显示和 legend 的图例筛选。
- data_pair：系列数据项，格式为[(key1，value1)，(key2，value2)]。
- color：str，可选，表示系列 label 的颜色。
- sort_：str，数据排序，可以取 ascending、descending、none（表示按 data 顺序），默认为 descending。
- 系列配置项的各项设置，如图元样式、标签、提示框等配置项。

【例 8-18】 绘制学院 A 的教师职称分布情况的漏斗图。代码如下。

```
from pyecharts.charts import Funnel
from pyecharts import options as opts

level = ['教授','副教授','讲师','助教','其他']
numA  = [26,31,14,16,8]
data_pair = [list(z) for z in zip(level,numA)]       # 转换成由数据对构成的二维列表
# 初始化设置,图表的 ID 为 funnel1,用于组合图形的标识
funnel = Funnel(init_opts = opts.InitOpts(chart_id = 'funnel1'))
funnel.add('A 学院职称',data_pair = data_pair)        # 为漏斗图添加数据
# 设置全局配置项
    # 主标题居中
    funnel.set_global_opts(title_opts = opts.TitleOpts("教师职称分析",pos_left = 'center'),
    # 图例左侧居中垂直显示
    legend_opts = opts.LegendOpts(orient = 'vertical',pos_left = 'left',pos_top = 'middle'))
# 设置系列配置项,将标签配置项中的标签内容格式器 formatter 设置为显示数据项名称和百分比
funnel.set_series_opts(label_opts = opts.LabelOpts(formatter = "{b}: {d}"))
funnel.render_notebook()                               # 在 Jupyter Notebook 中显示图形
```

运行结果如图 8-19 所示。

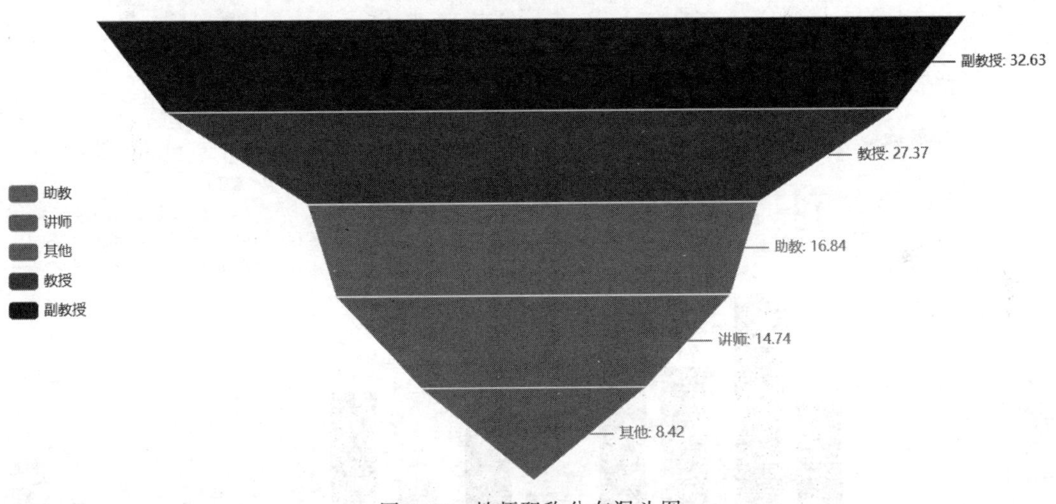

图 8-19 教师职称分布漏斗图

6. 绘制组合图形

Pyecharts 除了可以绘制精美的单个动态图表外,还可以将多个图表组合起来,拼装出精美的组合图形,如数据大屏看板等。Pyecharts 提供了平行多图(Grid)、选项卡多图(Tab)、顺序多图(Page)和时间线轮播多图(Timeline)四种组合图形。本章主要介绍选项卡多图(Tab)、顺序多图(Page)。

组合图形绘图流程如下。

(1) 引入 Grid、Page、Tab、Timeline 及具体图表类型。

(2) 绘制单个图形。

(3) 初始化组合图形。

(4) 使用 add()方法添加需要展示的图形,并设置显示位置。

(5) 展示组合图形。

注意：使用 Grid 组合图形，第一个图需添加直角坐标系的图表，即有 x、y 轴的图（如折线图、柱状图等），其他顺序无图表类型要求。

1) 选项卡多图

选项卡多图是设置多个选项的模块，每个选项代表一个活动的区域，单击不同的选项，即可展现不同的图表内容，以节约页面空间。绘制选项卡多图，仅需将单个图形逐一使用 add()方法添加进选项卡即可。add()方法的语法格式如下。

```
.add(加入的图表名, 选项卡标签名称)。
```

【例 8-19】 将例 8-13 的折线图、例 8-15 的柱状图、例 8-17 的环形图和例 8-18 的漏斗图组合成选项卡多图。代码如下。

```
from pyecharts.charts import Tab                  # 导入 Tab 类

tab1 = Tab()                                      # 初始化 Tab 类
tab1.add(line, '哈尔滨历史温度折线图')               # 添加折线图,设置选项名称
tab1.add(bar, '教师职称柱状图')                      # 添加柱状图,设置选项名称
tab1.add(pie, '教师职称环状图')
tab1.add(funnel,'教师职称漏斗图')
tab1.render_notebook()                            # 在 Jupyter Notebook 中展示图形
```

运行结果如图 8-20 所示。

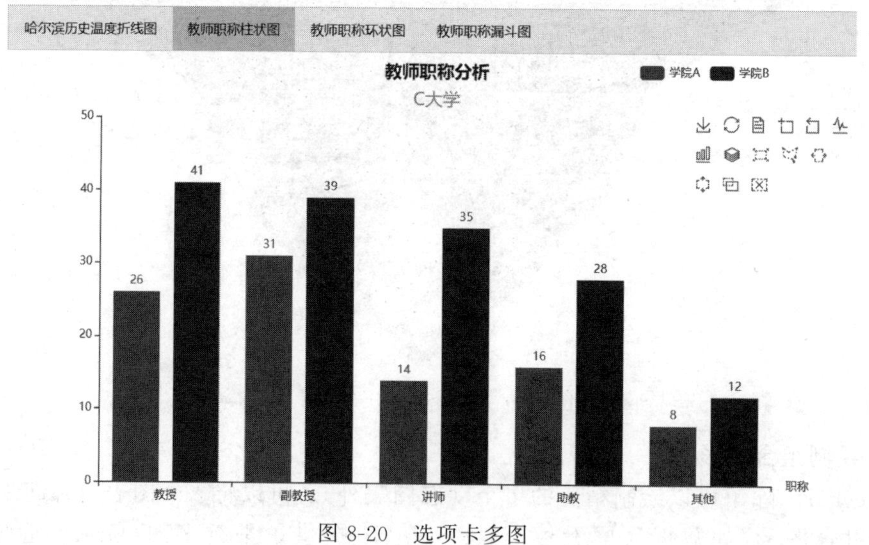

图 8-20　选项卡多图

2) 顺序多图

顺序多图常用于制作大屏看板，将多个图组合到一个 HTML 页面中进行展示。绘制顺序多图的主要步骤如下。

(1) 导入 Page 模块。

```
from pyecharts.charts import Page
```

(2) 初始化 Page。

```
page1 = Page(layout = Page.DraggablePageLayout)
```

Page()常用参数是 layout(布局配置项)，即页面布局。

- layout=Page.SimplePageLayout：简单页面布局，默认选项。
- layout=Page.DraggablePageLayout：可拖动页面布局，子图可被任意拖动、缩放。

注意：layout 参数设置为 Page.DraggablePageLayout，生成的 HTML 文件可调节图形位置，图形按照添加的顺序进行排列，顺序决定图形的层级，越靠前的图形，层级越低，反之越高，可根据可视化展示需求调整图形顺序。

(3) 使用.add()方法添加多个图表，其语法格式为：.add(图表 1, 图表 2,…)。

(4) 使用.render()方法生成一个 HTML 文件。

(5) 打开该 HTML 文件，进行图表拖曳布局后，单击左上角的 save config 保存布局文件。单击后，本地会生成一个 chart_config.json 的文件，其中包含每个图表 ID 对应的布局位置。

(6) 使用.save_resize_html()函数调用布局配置文件 chart_config.json，重新渲染成 HTML。语法格式如下。

```
.save_resize_html(source, cfg_file, dest)
```

常用参数说明如下。

- source：str 保存的原 HTML 文件名。
- cfg_file：Optional[str] = None。
- dest：str，新 HTML 文件名。

【例 8-20】 将例 8-13 的折线图、例 8-15 的柱状图、例 8-17 的环形图和例 8-18 的漏斗图组合成顺序多图。代码如下。

```
from pyecharts.charts import Page                    #导入 Page
page1 = Page(layout = Page.DraggablePageLayout)     #初始化 Page 类,可拖动页面布局
page1.add(line,bar,pie1,funnel)                     #一次性添加各图形
#生成 HTML 文件
page1.render('顺序多图.html')
```

执行上述代码后，在当前目录中打开已保存的“顺序多图.html”文件，进行图表拖曳布局，完成后单击左上角的 save config，如图 8-21 所示。网页自动下载一个 chart_config.json

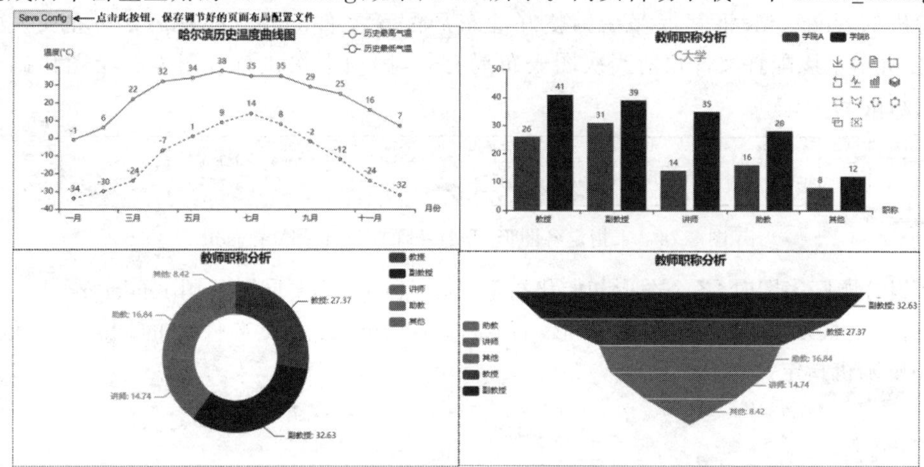

图 8-21 顺序多图调整布局

布局配置文件，将其上传至当前的工作目录。

最后，使用.save_resize_html()函数调用布局配置文件 chart_config.json，重新渲染成 HTML 文件。代码如下。

```
page1.save_resize_html('顺序多图.html', # 指定要调整布局的图形名称
    cfg_file = 'chart_config.json',      # 指定最终布局的配置文件
    dest = '顺序多图 2.html');           # 保存为顺序多图 2.html,结尾使用分号不显示 HTML 代码
```

最终的组合图结果如图 8-22 所示。

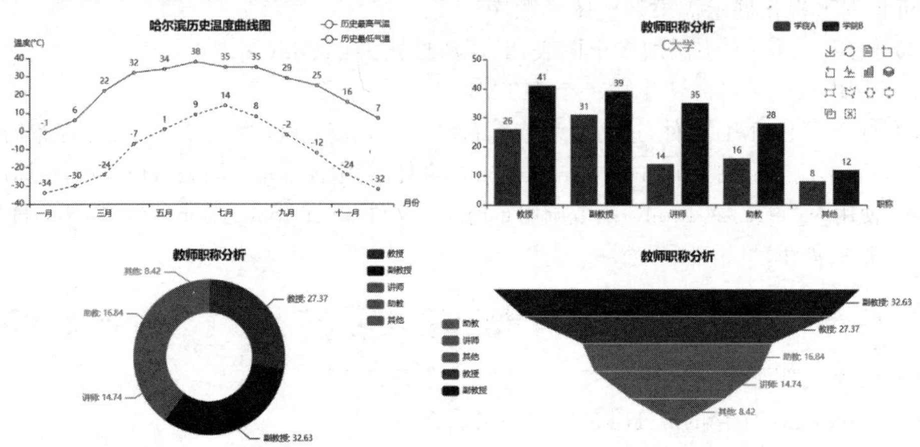

图 8-22 顺序多图最终结果

注意：chart_config.json 文件是已经调整好布局的配置文件，以各图表初始化时指定的 chart_id 为关键字，如 Line(init_opts=opts.InitOpts(chart_id='line1'))，确定其在 HTML 中布局的位置及宽高，如图 8-23 所示。该 JSON 配置文件一直有效，不会因多次执行单个图形绘制代码而改变。


```
[{"cid":"line1","width":"679px","height":"330px","top":"31.80000114440918px","left":"8px"},
{"cid":"bar1","width":"701px","height":"329px","top":"34.60000228881836px","left":"688px"},
{"cid":"pie1","width":"678px","height":"320px","top":"362.3999938964844px","left":"7px"},
{"cid":"funnel1","width":"703px","height":"317px","top":"365.2000122070312 5px","left":"687px"}]
```


图 8-23 指定各图形 chart_id 的 chart_config.json

如各图表初始化时不指定 chart_id，每次执行绘图代码，Pyecharts 都会给各图表生成一个随机的 chart_id，将其保存在调整好的布局配置文件 chart_config.json 的 cid 中，如图 8-24 所示。该配置文件仅对当次图表布局有效，因为下次执行各图表的绘图代码时，又会生成新的 chart_id。


```
[{"cid":"81a8e8bacdac45d289a93f0df09b7b31","width":"578px","height":"247px","top":"31.80000114440918px","left":"8px"},
{"cid":"c027a73287f04aee913c5ad21430023e","width":"739px","height":"250px","top":"30.600000381469727px","left":"587px"},
{"cid":"91557075953a49018851818a06d39497","width":"580px","height":"235px","top":"279.3999938964844px","left":"6px"},
{"cid":"929d4d44e99c4575b24e05bfdfdcbe08","width":"681px","height":"241px","top":"281.2000122070312 5px","left":"585px"}]
```


图 8-24 未指定各图形 chart_id 的 chart_config.json

在组合顺序多图时，各个图形初始化指定 chart_id 时，不要同时使用 render_notebook()命令在 Jupyter Notebook 中展示各图形，否则 chart_config.json 文件中的 chart_id 依然是 Pyecharts 随机指定。

第二部分

数据分析综合案例篇

第9章 白葡萄酒品质分析

9.1 数据集描述

视频讲解

通过第 1～8 章的学习，读者对 Python 基本数据结构、读取存入、控制结构等内容已经有所掌握。本章通过一个实际数据分析案例，巩固一下前面所学习的知识。本章将使用白葡萄酒的各项指标数据，对白葡萄酒品质进行分析预测。

葡萄酒是一种成分复杂的酒精饮料，不同产地、年份和品种的葡萄酒成分不同，这也是导致其质量差异很大的重要因素。至今，质量评价主要还是依靠品鉴专家的感官，但是培养品鉴专家的成本比较高，这是一个方面的问题。另外，味道是最难理解的一种感官，因此用味蕾评价葡萄酒也就成为一件艰巨的任务，同时还存在一定争议。为了评估葡萄酒的品质，可以根据酒的物理化学性质与品质的关系，找出高品质的葡萄酒具体与什么性质密切相关，这些性质又是如何影响葡萄酒的品质，通过模型定质，那么前面两个问题也就迎刃而解了。

白葡萄酒数据集最早是由学者 P. Cortez 等在其研究的论文中提供的，后来被收集整理在 uci 机器学习数据库中。该数据集包括 4898 个样本，每个样本含有 12 个变量，分别是固定酸度(fixed acidity)、挥发性酸度(volatile acidity)、柠檬酸(citric acid)、残糖(residual sugar)、氯化物(chlorides)、游离二氧化硫(free sulfur dioxide)、总二氧化硫(total sulfur dioxide)、密度(density)、pH 值(pH)、硫酸盐(sulphates)、酒精(alcohol)、葡萄酒品质(quality)。图 9-1 和图 9-2 分别展示了白葡萄酒数据集的数据全貌和各个字段的数据类型，前 11 个字段都是 float 类型，最后一个字段 quality 是 int 类型，对应着各个样本的品质分类。

	fixed acidity	volatile acidity	citric acid	residual sugar	chlorides	free sulfur dioxide	total sulfur dioxide	density	pH	sulphates	alcohol	quality
0	7.0	0.27	0.36	20.7	0.045	45.0	170.0	1.00100	3.00	0.45	8.8	6
1	6.3	0.30	0.34	1.6	0.049	14.0	132.0	0.99400	3.30	0.49	9.5	6
2	8.1	0.28	0.40	6.9	0.050	30.0	97.0	0.99510	3.26	0.44	10.1	6
3	7.2	0.23	0.32	8.5	0.058	47.0	186.0	0.99560	3.19	0.40	9.9	6
4	7.2	0.23	0.32	8.5	0.058	47.0	186.0	0.99560	3.19	0.40	9.9	6
...	...	...	...	...	...	...	...	...	...	...	...	...
4893	6.2	0.21	0.29	1.6	0.039	24.0	92.0	0.99114	3.27	0.50	11.2	6
4894	6.6	0.32	0.36	8.0	0.047	57.0	168.0	0.99490	3.15	0.46	9.6	5
4895	6.5	0.24	0.19	1.2	0.041	30.0	111.0	0.99254	2.99	0.46	9.4	6
4896	5.5	0.29	0.30	1.1	0.022	20.0	110.0	0.98869	3.34	0.38	12.8	7
4897	6.0	0.21	0.38	0.8	0.020	22.0	98.0	0.98941	3.26	0.32	11.8	6

4898 rows × 12 columns

图 9-1　白葡萄酒数据集

```
fixed acidity           float64
volatile acidity        float64
citric acid             float64
residual sugar          float64
chlorides               float64
free sulfur dioxide     float64
total sulfur dioxide    float64
density                 float64
pH                      float64
sulphates               float64
alcohol                 float64
quality                   int64
dtype: object
```

图 9-2 白葡萄酒数据字段类型

9.2 白葡萄酒数据分析

视频讲解

9.2.1 导入数据

1. 使用 CSV 库导入数据并存放于列表中查看

读取数据的方法有多种，针对本章的白葡萄酒数据集而言，因为已经存放在 CSV 文档中，所以可以通过打开 CSV 文档的方式获取数据，实现代码如下。

```
import csv                  # 导入 CSV 库

with open(r".\data\white_wine.csv",mode = 'r') as f:
    reader = csv.reader(f)
    content = [ ]
    for row in reader:
        content.append(row)
print(content[0])           # 显示数据的第一行，也就是白葡萄酒样本对应的各个变量属性
```

2. 使用 Pandas 库导入数据并查看数据类型

上述代码虽然可以获得所需要的数据，只不过数据是被存放在列表 content 中，这对于进行数据分析而言是不方便的，因此，可以使用前面讲过的 Pandas 库进行数据的导入，进而利用 Pandas 的强大数据分析功能展开数据分析。

```
import pandas as pd

io = r".\data\white_wine.csv"
data = pd.read_csv(io,header = 0)
# Pandas 的 read_csv()方法可以读取 CSV 文档，header = 0 表示设置第 0 行为表头/列名
df = pd.DataFrame(data)  # 将数据 data 转换成 DataFrame 格式，即二维表格式
df = df.iloc[ : , :]
'''
iloc 利用 index 的具体位置(所以只能是整数型参数)，来获取想要的行(或列)，这里是获得全部的
行和列，如果只是要获取某一个变量，如 quality，则可以将第二个冒号': '换成 11
'''
df.dtypes                   # 查看各个变量的类型
```

视频讲解

9.2.2 数据描述性统计及数据分布

1. 数据描述性统计

使用代码 data.describe(include='all')可以得到数据的描述性统计，如图 9-3 所示。

count 表示计数,指这一组数据中包含数据的个数；mean 表示平均值,是这一组数据的平均值；std 表示标准差；min 表示数据最小值；max 表示数据最大值；百分位数则表示至少有 $p\%$的数据项小于或等于这个值,且至少有$(100-p)\%$的数据项大于或等于这个值。以 fixed acidity 样本特征为例,第二十五百分位表示有 25%的样本的 fixed acidity 小于此测量值,75%的样本 fixed acidity 大于此测量值。

```
1 data.describe(include='all')
```

	fixed acidity	volatile acidity	citric acid	residual sugar	chlorides	free sulfur dioxide	total sulfur dioxide	density	pH	sulphates	alcohol	quality
count	4898.000000	4898.000000	4898.000000	4898.000000	4898.000000	4898.000000	4898.000000	4898.000000	4898.000000	4898.000000	4898.000000	4898.000000
mean	6.854788	0.278241	0.334192	6.391415	0.045772	35.308085	138.360657	0.994027	3.188267	0.489847	10.514267	5.877909
std	0.843868	0.100795	0.121020	5.072058	0.021848	17.007137	42.498065	0.002991	0.151001	0.114126	1.230621	0.885639
min	3.800000	0.080000	0.000000	0.600000	0.009000	2.000000	9.000000	0.987110	2.720000	0.220000	8.000000	3.000000
25%	6.300000	0.210000	0.270000	1.700000	0.036000	23.000000	108.000000	0.991723	3.090000	0.410000	9.500000	5.000000
50%	6.800000	0.260000	0.320000	5.200000	0.043000	34.000000	134.000000	0.993740	3.180000	0.470000	10.400000	6.000000
75%	7.300000	0.320000	0.390000	9.900000	0.050000	46.000000	167.000000	0.996100	3.280000	0.550000	11.400000	6.000000
max	14.200000	1.100000	1.660000	65.800000	0.346000	289.000000	440.000000	1.038980	3.820000	1.080000	14.200000	9.000000

图 9-3　白葡萄酒数据描述性统计

2. 数据分布

前面已经将数据转换成 DataFrame 的二维表格式,这样就可以使用 iloc 方法定位各个样本特征列,也就可以绘制出各个特征的数据分布图。

下面只展示 fixed acidity 和 pH 两个样本特征的数据分布,其他特征的数据分布读者可以自行练习。结果如图 9-4 和图 9-5 所示。

```
import numpy as np
from matplotlib import pyplot as plt

df = df.iloc[:,0]
#第 0 列表示第一个样本固定酸含量特征,如果要绘制其他特征可以使用其索引
#图 9-5 是将第 0 列换成 8,即 pH 特征
df.hist(grid = True,bins = 100,color = 'g', alpha = 1,xrot = 300,xlabelsize = 10)
```

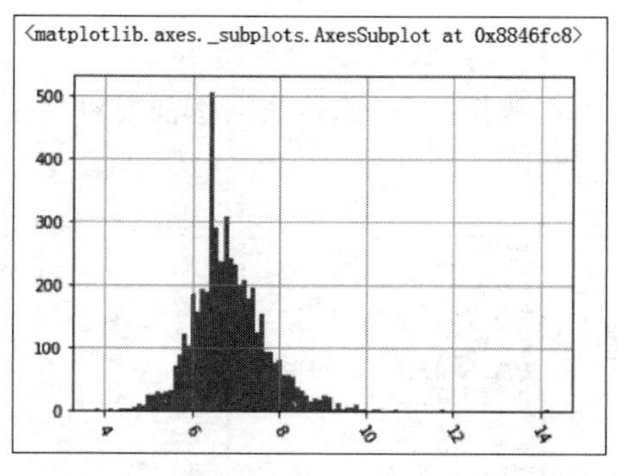

图 9-4　固定酸含量特征数据分布

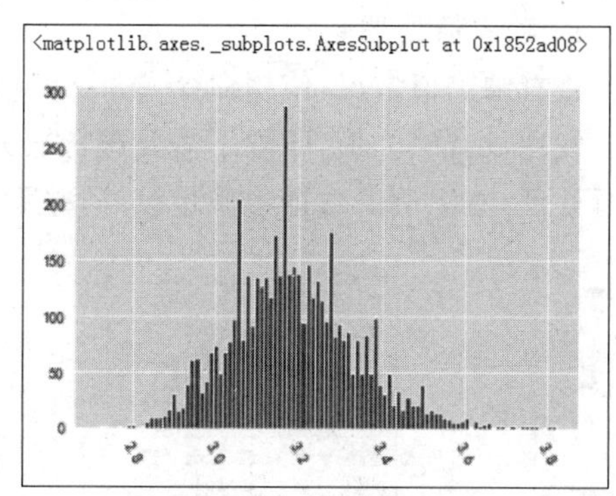

图 9-5　pH 特征数据分布

hist()函数被定义为一种从数据集中了解某些数值变量分布的快速方法。它将数字变量中的值划分为 bins。它计算落入每个分类箱中的检查次数。这些容器负责通过可视化容器来快速直观地了解变量中值的分布。

9.2.3 数据清洗

1. 列名重命名

从数据的描述性统计可以发现，白葡萄酒数据的样本特征名称中存在空格，且为英文，这里对列名进行一下重命名，采用中文命名法，代码如下，显示结果如图 9-6 所示。

视频讲解

```
df = df.iloc[:,:]
ch_name = ['固定酸度','挥发性酸度','柠檬酸','残糖','氯化物','游离二氧化硫','总二氧化硫',
'密度','pH值','硫酸盐','酒精','葡萄酒品质']
df.columns = ch_name
df
```

	固定酸度	挥发性酸度	柠檬酸	残糖	氯化物	游离二氧化硫	总二氧化硫	密度	pH值	硫酸盐	酒精	葡萄酒品质
0	7.0	0.27	0.36	20.7	0.045	45.0	170.0	1.00100	3.00	0.45	8.8	6
1	6.3	0.30	0.34	1.6	0.049	14.0	132.0	0.99400	3.30	0.49	9.5	6
2	8.1	0.28	0.40	6.9	0.050	30.0	97.0	0.99510	3.26	0.44	10.1	6
3	7.2	0.23	0.32	8.5	0.058	47.0	186.0	0.99560	3.19	0.40	9.9	6
4	7.2	0.23	0.32	8.5	0.058	47.0	186.0	0.99560	3.19	0.40	9.9	6
...	...	...	...	...	...	...	...	...	...	...	...	...
4893	6.2	0.21	0.29	1.6	0.039	24.0	92.0	0.99114	3.27	0.50	11.2	6
4894	6.6	0.32	0.36	8.0	0.047	57.0	168.0	0.99490	3.15	0.46	9.6	5
4895	6.5	0.24	0.19	1.2	0.041	30.0	111.0	0.99254	2.99	0.46	9.4	6
4896	5.5	0.29	0.30	1.1	0.022	20.0	110.0	0.98869	3.34	0.38	12.8	7
4897	6.0	0.21	0.38	0.8	0.020	22.0	98.0	0.98941	3.26	0.32	11.8	6

图 9-6 白葡萄酒数据列名重命名

2. 数据类型处理

查看各个列的数据类型，使用 df.dtypes，结果如图 9-7 所示。

从图 9-7 可以看出，除了葡萄酒品质为 int 类型外，其余特征的数据类型都为 float64 型，没有问题，所以不需要进行数据类型处理。

3. 缺失值处理

查看缺失值情况，使用命令 df.isnull().sum(axis=0)，结果如图 9-8 所示。

发现没有缺失值，所以不需要进行缺失值处理。一般情况下，原始数据集都要对缺失值进行处理，本案例的数据集质量较好，并不含有缺失值。

```
固定酸度        float64
挥发性酸度       float64
柠檬酸         float64
残糖          float64
氯化物         float64
游离二氧化硫      float64
总二氧化硫       float64
密度          float64
pH值         float64
硫酸盐         float64
酒精          float64
葡萄酒品质       int64
dtype: object
```

图 9-7 白葡萄酒样本特征数据类型

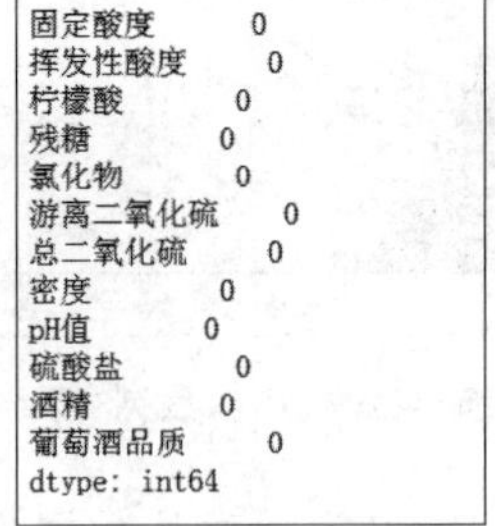

```
固定酸度      0
挥发性酸度     0
柠檬酸       0
残糖        0
氯化物       0
游离二氧化硫    0
总二氧化硫     0
密度        0
pH值       0
硫酸盐       0
酒精        0
葡萄酒品质     0
dtype: int64
```

图 9-8 缺失值情况

4. 异常值处理

简单通过 describe()函数来查看一下是否存在异常值，没有发现明显的异常值。异常值也可以在对样本特征分布图观察中有所发现，本案例数据集不存在异常值，因此也不需要处理。

9.2.4　数据分析

1. 葡萄酒品质评分分析

1）品质评分频数统计

品质评分频数统计可以让大家看清白葡萄酒数据集中的 4898 个样本总共有多少个品质分类，从而对数据有一个大体了解，使用命令 print(sorted(df['葡萄酒品质'].unique()))即可查到品质分类情况，使用命令 df.葡萄酒品质.value_counts()就可以查看到各个品质的频数，如图 9-9 所示。这里使用了“df['葡萄酒品质']”和“df.葡萄酒品质”两种形式（原数据中的样本特征已经更名为中文名称），读者可以体会它们之间的用法形式。

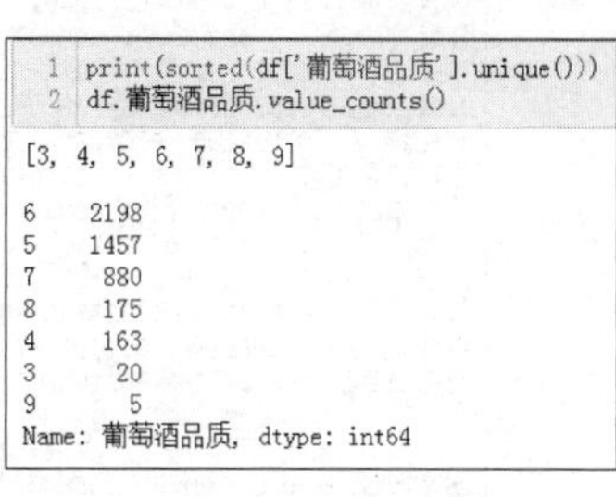

```
print(sorted(df['葡萄酒品质'].unique()))
df.葡萄酒品质.value_counts()
```

```
[3, 4, 5, 6, 7, 8, 9]

6    2198
5    1457
7     880
8     175
4     163
3      20
9       5
Name: 葡萄酒品质, dtype: int64
```

图 9-9　葡萄酒品质评分频数统计

视频讲解

从图 9-9 可以看出，葡萄酒品质评分为 3～9 分，其中，品质评分为 6 的数量是最多的，其次是评分为 5，品质评分为 9 的数量是最少的。

2）绘制品质评分直方图

这里引入 Seaborn 库，绘制白葡萄酒品质评分直方图，程序代码和运行结果如图 9-10 所示。可以发现，白葡萄酒的品质评分大部分集中在 5～7 分，评分为 9 的几乎没有。

```
import seaborn as sns
#使用seaborn画图
plt.figure()
sns.set_style('dark')    #设置背景为灰色
sns.distplot(df['葡萄酒品质'],norm_hist=True,kde=True,color='red')
#norm_hist如果设置为False，则直方图高度就显示计数而非密度
plt.xlabel('品质评分')
plt.ylabel('密度')
plt.title('白葡萄酒品质分布')
plt.rcParams['font.sans-serif']=['SimHei']
plt.rcParams['axes.unicode_minus'] = False
plt.show()
```

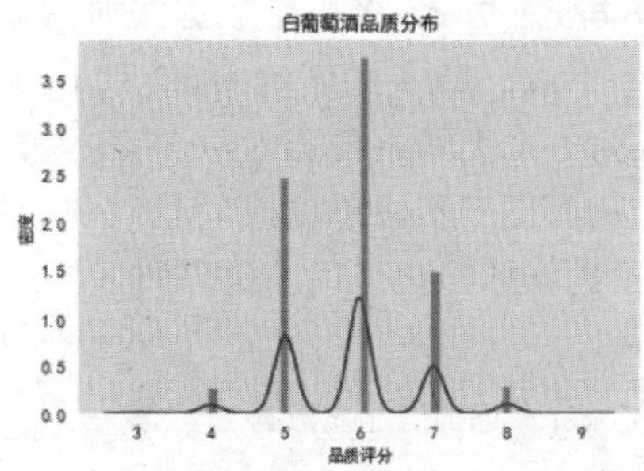

图 9-10　白葡萄酒品质评分直方图

2. 白葡萄酒化学成分相关性分析

使用 corr()方法来获取白葡萄酒各化学成分之间的相关性，如图 9-11 所示。从各变量的相关系数来看，酒精含量、硫酸盐、pH 值、游离二氧化硫这些指标与品质呈现正相关，即当这些指标的含量增加时，葡萄酒的质量会提高；非挥发性酸、挥发性酸、残余糖分、氯化

物、柠檬酸、总二氧化硫和密度这些指标与质量呈负相关，即当这些指标的含量增加时，葡萄酒的品质会降低。从相关系数可以看出，对葡萄酒质量影响最大的是葡萄酒的酒精含量，其相关系数为 0.435 575，其次是酒的密度，但酒的密度对酒的品质是负相关的。再次就是氯化物、挥发性酸度、总二氧化硫、固定酸度等，也是与酒的品质负相关。

```
print(df.corr())
```

```
            固定酸度    挥发性酸度      柠檬酸        残糖       氯化物    游离二氧化硫    总二氧化硫
固定酸度    1.000000 -0.022697  0.289181  0.089021  0.023086 -0.049396  0.091070
挥发性酸度  -0.022697  1.000000 -0.149472  0.064286  0.070512 -0.097012  0.089261
柠檬酸      0.289181 -0.149472  1.000000  0.094212  0.114364  0.094077  0.121131
残糖        0.089021  0.064286  0.094212  1.000000  0.088685  0.299098  0.401439
氯化物      0.023086  0.070512  0.114364  0.088685  1.000000  0.101392  0.198910
游离二氧化硫 -0.049396 -0.097012  0.094077  0.299098  0.101392  1.000000  0.615501
总二氧化硫   0.091070  0.089261  0.121131  0.401439  0.198910  0.615501  1.000000
密度        0.265331  0.027114  0.149503  0.838966  0.257211  0.294210  0.529881
pH值       -0.425858 -0.031915 -0.163748 -0.194133 -0.090439 -0.000618  0.002321
硫酸盐     -0.017143 -0.035728  0.062331 -0.026664  0.016763  0.059217  0.134562
酒精       -0.120881  0.067718 -0.075729 -0.450631 -0.360189 -0.250104 -0.448892
葡萄酒品质  -0.113663 -0.194723 -0.009209 -0.097577 -0.209934  0.008158 -0.174737

              密度       pH值       硫酸盐        酒精     葡萄酒品质
固定酸度     0.265331 -0.425858 -0.017143 -0.120881 -0.113663
挥发性酸度   0.027114 -0.031915 -0.035728  0.067718 -0.194723
柠檬酸       0.149503 -0.163748  0.062331 -0.075729 -0.009209
残糖         0.838966 -0.194133 -0.026664 -0.450631 -0.097577
氯化物       0.257211 -0.090439  0.016763 -0.360189 -0.209934
游离二氧化硫  0.294210 -0.000618  0.059217 -0.250104  0.008158
总二氧化硫    0.529881  0.002321  0.134562 -0.448892 -0.174737
密度         1.000000 -0.093591  0.074493 -0.780138 -0.307123
pH值        -0.093591  1.000000  0.155951  0.121432  0.099427
硫酸盐       0.074493  0.155951  1.000000 -0.017433  0.053678
酒精        -0.780138  0.121432 -0.017433  1.000000  0.435575
葡萄酒品质   -0.307123  0.099427  0.053678  0.435575  1.000000
```

图 9-11　白葡萄酒各化学成分之间的相关性

3. 建立线性回归模型

1）样本选取

这里简单使用全样本的方式，即将白葡萄酒数据集中的 4898 个样本全部作为训练样本进行模型训练，注意在实际的工作过程中应该进行训练样本和测试样本的划分，否则容易造成过拟合现象，会降低模型的泛化能力。

2）自变量的标准化

数据的标准化，是通过一定的数学变换方式，将原始数据按照一定的比例进行转换，使之落入一个小的特定区间内，例如 0～1 或 −1～1 的区间内，消除不同变量之间性质、量纲、数量级等特征属性的差异，将其转换为一个无量纲的相对数值，也就是标准化数值，使各指标的数值都处于同一个数量级别上，从而便于不同单位或数量级的指标能够进行综合分析和比较。采用这一方法对自变量数据进行标准化处理。代码如下。

```
#样本选择全样本
#定义一个 dependent_variable 变量来存放葡萄酒品质数据
dependent_variable = df['葡萄酒品质']
#定义一个 independent_variable 变量存放除葡萄酒品质以外的其他所有变量
independent_variable = df[df.columns.difference(['葡萄酒品质'])]
#下面进行自变量的标准化处理
independent_variable_standardized = (independent_variable-independent_variable.mean())/
independent_variable.std()
#形成标准化后的数据集
wine_standardized = pd.concat([dependent_variable, independent_variable_standardized], axis = 1)
```

3)建立回归模型

```
import statsmodels.formula.api as smf
#定义回归数学公式
my_regression = '葡萄酒品质~pH值+固定酸度+密度+总二氧化硫+挥发性酸度+'\
                '柠檬酸+残糖+氯化物+游离二氧化硫+硫酸盐+酒精'
my_standardized = smf.ols(my_regression, data=wine_standardized).fit()
print(my_standardized.summary())
```

回归结果如图 9-12 所示。

```
                            OLS Regression Results
==============================================================================
Dep. Variable:                  葡萄酒品质   R-squared:                       0.282
Model:                            OLS   Adj. R-squared:                  0.280
Method:                 Least Squares   F-statistic:                     174.3
Date:                Mon, 15 Nov 2021   Prob (F-statistic):               0.00
Time:                        14:42:30   Log-Likelihood:                -5543.7
No. Observations:                4898   AIC:                         1.111e+04
Df Residuals:                    4886   BIC:                         1.119e+04
Df Model:                          11
Covariance Type:            nonrobust
==============================================================================
                 coef    std err          t      P>|t|      [0.025      0.975]
------------------------------------------------------------------------------
Intercept      5.8779      0.011    547.502      0.000       5.857       5.899
pH值           0.1036      0.016      6.513      0.000       0.072       0.135
固定酸度        0.0553      0.018      3.139      0.002       0.021       0.090
密度          -0.4495      0.057     -7.879      0.000      -0.561      -0.338
总二氧化硫      -0.0121      0.016     -0.756      0.450      -0.044       0.019
挥发性酸度      -0.1878      0.011    -16.373      0.000      -0.210      -0.165
柠檬酸          0.0027      0.012      0.231      0.818      -0.020       0.025
残糖            0.4133      0.038     10.825      0.000       0.338       0.488
氯化物         -0.0054      0.012     -0.452      0.651      -0.029       0.018
游离二氧化硫     0.0635      0.014      4.422      0.000       0.035       0.092
硫酸盐          0.0721      0.011      6.291      0.000       0.050       0.095
酒精            0.2381      0.030      7.988      0.000       0.180       0.297
==============================================================================
Omnibus:                      114.161   Durbin-Watson:                   1.621
Prob(Omnibus):                  0.000   Jarque-Bera (JB):              251.637
Skew:                           0.073   Prob(JB):                     2.28e-55
Kurtosis:                       4.101   Cond. No.                         12.5
==============================================================================
```

图 9-12 OLS 回归结果

线性回归模型为：

葡萄酒品质＝0.1036×pH 值＋0.0553×固定酸度－0.4495×密度－0.0121×总二氧化硫－0.1878×挥发性酸度＋0.0027×柠檬酸＋0.4133×残糖－0.0054×氯化物＋0.0635×游离二氧化硫＋0.0721×硫酸盐＋0.2381×酒精＋5.8779

4. 预测

有了这个线性回归模型，对新的样本而言就可以预测出其相应的品质，结果的准确程度取决于模型的好坏，本案例的模型泛化能力不一定好，原因在于没在模型训练的时候对数据集进行划分，应该将一部分数据集作为训练样本，而另一部分作为测试样本，之后选择一个得分较好的模型作为最终的预测模型，这样就可以提升模型的泛化能力。另外一个需要注意的问题是，按照建立的回归模型进行预测的时候得到的是白葡萄酒品质的连续型数值而不是分类结果，因此还需要判断其到底属于哪一类品质的白葡萄酒。

第10章 药品销售数据分析

视频讲解

10.1 案例介绍与数据集描述

1. 案例介绍

数据分析是指用适当的统计分析方法对收集来的大量数据进行分析，提取有用的信息及形成结论，进而对数据加以详细研究和概括总结的过程。在本案例中，以某医院药房2018年销售数据为例，目的是了解该医院2018年的药品销售情况，具体可以通过以下几个业务指标来体现，如月均消费次数、月均消费金额、客单价以及消费趋势等。

2. 数据集描述

数据集一共有6578行数据，其中，第一行是字段名称，数据共有7列，分别是购药时间、社保卡号(已做部分标星处理)、商品编码、商品名称、销售数量、应收金额、实收金额，如表10-1所示。数据存储在Excel表中，为了防止读取数据时有些数据可能读取不出来，可以在读取时指定类型为object。图10-1是数据的原始格式，即XLSX格式。

表10-1　药品销售数据集描述

字段名称	类　型	备　注
购药时间	object	带有年月日及星期
社保卡号	object	卡号
商品编码	object	内部商品编码
商品名称	object	商品名称(含非药物)
销售数量	object	售卖数量
应收金额	object	折扣前应收金额
实收金额	object	折扣后实收金额

购药时间	社保卡号	商品编码	商品名称	销售数量	应收金额	实收金额
2018-01-01 星期五	*******528	236701	强力VC银翘片	6	82.8	69
2018-01-02 星期六	*******528	236701	清热解毒口服液	1	28	24.64
2018-01-06 星期三	*******2828	236701	感康	2	16.8	15
2018-01-11 星期一	*******0343428	236701	三九感冒灵	1	28	28
2018-01-15 星期五	*******54328	236701	三九感冒灵	8	224	208
2018-01-20 星期三	*******9528	236701	三九感冒灵	1	28	28
2018-01-31 星期日	*******64928	236701	三九感冒灵	2	56	56
2018-02-17 星期三	*******7328	236701	三九感冒灵	5	149	131.12
2018-02-22 星期一	*******5687828	236701	三九感冒灵	1	29.8	26.22
2018-02-24 星期三	*******9528	236701	三九感冒灵	4	119.2	104.89
2018-03-05 星期六	*******6389628	236701	三九感冒灵	2	59.6	59.6
2018-03-05 星期六	*******85028	236701	三九感冒灵	3	84	84
2018-03-05 星期六	*******7400828	236701	清热解毒口服液	1	28	24.64
2018-03-07 星期一	*******7400828	236701	清热解毒口服液	5	140	112
2018-03-09 星期三	*******9843728	236701	清热解毒口服液	6	168	140

图10-1　原始数据XLSX格式

10.2 数据清洗

数据清洗的过程一般包括：数据导入、选择子集、列名重命名、缺失值处理、数据类型转换、异常值处理以及数据排序等。

10.2.1 数据导入

视频讲解

原始数据存放在与代码文件同级的 data 文件夹下，引入相应的 NumPy 库和 Pandas 库。代码如下。

```
import numpy as np
import pandas as pd
from pandas import Series,DataFrame

filename = r'./data/朝阳医院 2018 年销售数据.xlsx'
data = pd.ExcelFile(filename)
data = data.parse('Sheet1',dtype = 'object')
#读取时用 object 的目的是防止有些数据读取不了
data.head()
```

结果显示出读取到的数据前 5 行，head()函数没有加参数，默认显示前 5 行数据，如图 10-2 所示。

	购药时间	社保卡号	商品编码	商品名称	销售数量	应收金额	实收金额
0	2018-01-01 星期五	*******528	236701	强力VC银翘片	6	82.8	69
1	2018-01-02 星期六	*******528	236701	清热解毒口服液	1	28	24.64
2	2018-01-06 星期三	*******2828	236701	感康	2	16.8	15
3	2018-01-11 星期一	*******0343428	236701	三九感冒灵	1	28	28
4	2018-01-15 星期五	*******54328	236701	三九感冒灵	8	224	208

图 10-2 读取到的药品销售数据前 5 行

读取到数据之后，可以简单查看数据的相关信息，做到心中有数。

```
#查看行列信息
data.shape
显示结果 (6578, 7)          数据共 6578 行、7 列
#查看索引
data.index
显示结果 RangeIndex(start = 0, stop = 6578, step = 1)
#查看列名
data.columns
显示结果 Index(['购药时间', '社保卡号', '商品编码', '商品名称', '销售数量', '应收金额', '实收
金额'], dtype = 'object')
#查看每一列的数目
data.count()
显示结果购药时间      6576
社保卡号      6576
商品编码      6577
商品名称      6577
销售数量      6577
```

```
应收金额     6577
实收金额     6577
dtype: int64
```

从上面的显示结果可以看到，该数据集一共有 6578 行数据，其中第一行是标题，有 7 列。“购药时间”和“社保卡号”有 6576 条数据，而其余的有 6577 条，说明数据中存在着缺失值。“购药时间”和“社保卡号”各缺失一行数据，后面要对数据缺失值、异常值等进行进一步处理。

10.2.2 选择子集

按照数据清洗的步骤来说，数据导入后要选择子集，这是因为在数据分析的过程中，有可能数据量会非常大，但并不是每一列都有分析的价值，这时候就要从这些数据中选择有用的子集进行分析，这样才能提高分析的价值和效率。但是本案例中数据量并不是很大，数据列也只有 7 列，因此暂不需要选择子集，可以忽略这一步，直接转到数据清洗的下一步。

10.2.3 列名重命名

在数据分析的过程中，有些列名和数据容易混淆或者让人产生歧义。如本数据集的第一列是“购药时间”，然而在做数据分析的时候应该是站在商家的角度来看，因此将列名改为“销售时间”就会更清晰明了。在这里可以采用 rename()函数来实现。代码如下。

```
#数据列重新命名
data.rename(columns = {'购药时间':'销售时间'},inplace = True)
#inplace 参数设置为"True"表示不创建新的对象,直接对原始对象进行修改,替换原数据
#inplace 参数设置为"False"表示对数据进行修改,创建并返回新的对象承载修改结果 data
```

得到结果显示如图 10-3 所示。

	销售时间	社保卡号	商品编码	商品名称	销售数量	应收金额	实收金额
0	2018-01-01 星期五	*******528	236701	强力VC银翘片	6	82.8	69
1	2018-01-02 星期六	*******528	236701	清热解毒口服液	1	28	24.64
2	2018-01-06 星期三	*******2828	236701	感康	2	16.8	15
3	2018-01-11 星期一	*******0343428	236701	三九感冒灵	1	28	28
4	2018-01-15 星期五	*******54328	236701	三九感冒灵	8	224	208
...	...	...	...	...	...	...	...
6573	2018-04-27 星期三	*******86128	2367011	高特灵	10	56	54.8
6574	NaN	NaN	NaN	NaN	NaN	NaN	NaN
6575	2018-04-27 星期三	0010087865628	2367011	高特灵	2	11.2	9.86
6576	2018-04-27 星期三	0013406628	2367011	高特灵	1	5.6	5
6577	2018-04-28 星期四	0011926928	2367011	高特灵	2	11.2	10

6578 rows × 7 columns

图 10-3　列名重命名后数据全貌

10.2.4　缺失值处理

一般在进行数据分析之前,都需要对读取到的数据进行缺失值和异常值的处理,保证数据集数据的完整性以及数据分析结果的准确性。缺失值和异常值可能是由于数据录入遗漏或者录错导致的,如果发现存在大量的缺失值,那么数据将变得不可用或者不得已使用特定数据填充的方式来解决,如果缺失值很少,则可以将含缺失值的行数据删除。

经过查看数据集的基本信息,发现“购药时间”和“社保卡号”各缺失一行数据。由于缺失值记录很少,所以在这里可以使用 dropna()函数对缺失值记录进行删除。dropna()函数包括 5 个参数：dropna(axis＝0，how＝'any'，thresh＝None，subset＝None，inplace＝False),其中,axis＝0 表示删除含有缺失值的行,是默认值,如果 axis＝1,表示删除含有缺失值的列；how 参数可以取 all 或者 any,how＝'all' 时表示删除全是缺失值的行(列),而 how＝'any'时表示删除只要含有缺失值的行(列)；thresh＝n 表示保留至少含有 n 个非 NaN 数值的行；subset 参数用来定义要在哪些列中查找缺失值；inplace 表示是否直接在原 DataFrame 上修改数据。本案例缺失值处理代码如下。

```
#处理缺失值
print('处理缺失值之前',data.shape)
data = data.dropna(subset = ['销售时间','社保卡号'],how = 'any')
print('处理缺失值之后',data.shape)
data.info()
#数据显示看不到销售时间或社保卡号有 NaN 值的数据,直观地看图 10-3 中的 6574 行被删除了
```

输出结果如图 10-4 所示。

通过运行下面的命令得到的结果如图 10-5 所示,可以发现另外被删除的三行数据。

```
data.tail(10)
#可以使用 tail()查看尾部的 10 行数据,发现 6570、6571 和 6574 行数据被删除
```

```
处理缺失值之前 (6578, 7)
处理缺失值之后 (6575, 7)
<class 'pandas.core.frame.DataFrame'>
Int64Index: 6575 entries, 0 to 6577
Data columns (total 7 columns):
 #   Column  Non-Null Count  Dtype
---  ------  --------------  -----
 0   销售时间    6575 non-null   object
 1   社保卡号    6575 non-null   object
 2   商品编码    6575 non-null   object
 3   商品名称    6575 non-null   object
 4   销售数量    6575 non-null   object
 5   应收金额    6575 non-null   object
 6   实收金额    6575 non-null   object
dtypes: object(7)
memory usage: 410.9+ KB
```

图 10-4　缺失值处理结果

	销售时间	社保卡号	商品编码	商品名称	销售数量	应收金额	实收金额
6566	2018-04-25 星期一	*******9192628	2367011	高特灵	3	16.8	15.46
6567	2018-04-25 星期一	*******9350528	2367011	高特灵	2	11.2	9.86
6568	2018-04-26 星期二	*******2558628	2367011	高特灵	2	11.2	10
6569	2018-04-26 星期二	*******45828	2367011	高特灵	2	11.2	10
6571	2018-04-25 星期二	*******	2367011	高特灵	2	11.2	9.86
6572	2018-04-27 星期三	*******0482828	2367011	高特灵	1	5.6	5
6573	2018-04-27 星期三	*******86128	2367011	高特灵	10	56	54.8
6575	2018-04-27 星期三	0010087865628	2367011	高特灵	2	11.2	9.86
6576	2018-04-27 星期三	0013406628	2367011	高特灵	1	5.6	5
6577	2018-04-28 星期四	0011926928	2367011	高特灵	2	11.2	10

图 10-5　删除缺失值后的后十条数据

本案例数据集经查看没有异常值,因此这一步异常值处理就可以省略了。

10.2.5　数据类型转换

在数据导入的时候为了防止数据导入不进来,Python 会强制转换为 object 类型,然而这样的数据类型在分析的过程中是不利于运算和分析的。例如,“销售数量”“应收金额”“实

收金额"等应该是浮点型。另外,在"销售时间"这一列数据中存在"星期"字样的数据,但在数据分析过程中不需要用到,因此要把销售时间列中的日期和星期使用 split()函数进行分隔,分隔后的时间,返回的是 Series 数据类型。

首先定义一个函数去除销售时间里的星期,然后获取销售时间这一列数据,调用函数去除星期,获得日期,然后替换销售时间列数据。代码如下。

```
def splittime(timecolumn):
    timelist = []
    for val in timecolumn:
        data = val.split(' ')[0]
        #注意引号内有一个空格,否则会提示没有分隔符; [0]表示分隔后取第一个值
        timelist.append(data)
    timeSer = Series(timelist)
    return timeSer

time = data.loc[:,'销售时间']                #获取销售时间这一列数据
timedata = splittime(time)                   #调用函数去除星期,获得日期
data.loc[:,'销售时间'] = timedata            #修改销售时间这一列的数据
data
```

显示处理后的结果如图 10-6 所示。

	销售时间	社保卡号	商品编码	商品名称	销售数量	应收金额	实收金额
0	2018-01-01	*******528	236701	强力VC银翘片	6	82.8	69
1	2018-01-02	*******528	236701	清热解毒口服液	1	28	24.64
2	2018-01-06	*******2828	236701	感康	2	16.8	15
3	2018-01-11	*******0343428	236701	三九感冒灵	1	28	28
4	2018-01-15	*******54328	236701	三九感冒灵	8	224	208
...	...	...	...	...	...	...	...
6572	2018-04-27	*******0482828	2367011	高特灵	1	5.6	5
6573	2018-04-27	*******86128	2367011	高特灵	10	56	54.8
6575	2018-04-28	0010087865628	2367011	高特灵	2	11.2	9.86
6576	NaN	0013406628	2367011	高特灵	1	5.6	5
6577	NaN	0011926928	2367011	高特灵	2	11.2	10

6576 rows × 7 columns

图 10-6　去除销售时间中的星期

处理了销售时间中的星期问题,接下来把分隔后的日期转为时间格式。为了方便后面的数据统计,可以用 astype()函数对其他数据进行类型转换,将"销售数量""应收金额""实收金额"等转换为 float 类型。代码如下。

```
#字符串转日期类型
data.loc[:,'销售时间'] = pd.to_datetime(data.loc[:,'销售时间'],format = '%Y-%m-%d',errors
= 'coerce')
data['销售数量'] = data['销售数量'].astype('float')
data['应收金额'] = data['应收金额'].astype('float')
data['实收金额'] = data['实收金额'].astype('float')
data.dtypes
```

类型结果查看如图10-7所示。

需要注意的一个问题是，在进行日期时间类型转换的时候，不符合日期格式的数据将被换成None值，如图10-6所示的后三行数据，因此，需要再次删除“销售时间”和“社保卡号”上的空行。代码如下。

```
销售时间      datetime64[ns]
社保卡号            object
商品编码            object
商品名称            object
销售数量           float64
应收金额           float64
实收金额           float64
dtype: object
```

图10-7　转换后的字段类型

```
data = data.dropna(subset = ['销售时间','社保卡号'],how = 'any')
data.head()
```

运行结果如图10-8所示。

	销售时间	社保卡号	商品编码	商品名称	销售数量	应收金额	实收金额
0	2018-01-01	*******528	236701	强力VC银翘片	6	82.8	69
1	2018-01-02	*******528	236701	清热解毒口服液	1	28	24.64
2	2018-01-06	*******2828	236701	感康	2	16.8	15
3	2018-01-11	*******0343428	236701	三九感冒灵	1	28	28
4	2018-01-15	*******54328	236701	三九感冒灵	8	224	208

图10-8　再次删除“销售时间”和“社保卡号”缺失值后前五行数据

10.2.6　异常值处理

经过上述一系列处理，可以利用describe()函数查看数据是否还存在异常值，代码为data.describe()，运行结果如图10-9所示。可以看出最小值min出现了负数，这些都是异常值，这里要去掉异常值，排除异常值造成的影响。可以筛选出正常的数据，也就是大于0的值，排除“销售数量”这一列中的负值。

如图10-9所示，销售量出现了负数，很显然数据是异常的，应去掉以排除异常值的影响，使用下面的代码。

```
delete = data.loc[:,'销售数量']> 0
data = data.loc[delete,:]
data.describe()
```

最后运行结果如图10-10所示。

	销售数量	应收金额	实收金额
count	6549.000000	6549.000000	6549.000000
mean	2.384486	50.449076	46.284370
std	2.375227	87.696401	81.058426
min	-10.000000	-374.000000	-374.000000
25%	1.000000	14.000000	12.320000
50%	2.000000	28.000000	26.500000
75%	2.000000	59.600000	53.000000
max	50.000000	2950.000000	2650.000000

图10-9　处理后的数据

	销售数量	应收金额	实收金额
count	6506.000000	6506.000000	6506.000000
mean	2.405626	50.927897	46.727653
std	2.364565	87.650282	80.997726
min	1.000000	1.200000	0.030000
25%	1.000000	14.000000	12.600000
50%	2.000000	28.000000	27.000000
75%	2.000000	59.600000	53.000000
max	50.000000	2950.000000	2650.000000

图10-10　去除异常值后的数据

接下来可以利用drop_duplicates()函数删除重复的数据，使用下面的代码。

```
#删除重复的数据
data = data.drop_duplicates(subset = ['销售时间','社保卡号'])
```

10.2.7 数据排序

此时的时间数据没有进行顺序排列，所以还需要进行排序，排序之后索引会被打乱，所以还需要重置一下索引。其中，by 表示按哪一列进行排序，ascending＝True 表示升序排列，ascending＝False 表示降序排列。代码如下。

```
data = data.sort_values(by = '销售时间',ascending = True)
data = data.reset_index(drop = True)
#这一步一定要注意重新设置索引,否则会导致后面计算月份代码出现问题,因为是用索引去定位
#最后一条记录的,如果不更新索引就会出现错误
data
```

运行后结果显示如图 10-11 所示。

	销售时间	社保卡号	商品编码	商品名称	销售数量	应收金额	实收金额
0	2018-01-01	*******528	236701	强力VC银翘片	6	82.8	69
1	2018-01-01	*******83128	861464	复方利血平片(复方降压片)	1	2.5	2.2
2	2018-01-01	*******0654328	861458	复方利血平氨苯蝶啶片(北京降压0号)	1	10.3	9.2
3	2018-01-01	*******91628	861456	酒石酸美托洛尔片(倍他乐克)	2	14	12.6
4	2018-01-01	*******6728	865099	硝苯地平片(心痛定)	2	3.4	3
...	...	...	...	...	...	...	...
5286	2018-07-19	*******2828	865425	G苯磺酸氨氯地平片(6盒/疗程)	6	69	57.5
5287	2018-07-19	*******9136328	865099	硝苯地平片(心痛定)	2	2.4	2
5288	2018-07-19	*******6928	865099	硝苯地平片(心痛定)	2	2.4	2
5289	2018-07-19	*******9383628	2367011	开博通	2	62	56
5290	2018-07-19	*******4256528	871158	厄贝沙坦片(吉加)	2	34	30

5291 rows × 7 columns

图 10-11　按销售时间升序排列结果

到这里，数据清洗工作顺利完成，接下来可以展开建模分析了。

视频讲解

10.3 建模分析

在对数据进行处理之后，就可以利用这些数据来构建模型，从而计算相关的业务指标并用可视化的方式呈现结果便于今后进行营销决策。

10.3.1 月均消费次数

月均消费次数指标指的是总消费次数与月份数的比值，反映的是药房平均每月有多少笔消费记录。代码如下。

```
#计算月均消费次数
#查看多少行,也就是总计多少次消费
num = data.shape[0]
print('共计消费',num,'次')
#计算月份数
start = data.loc[0,'销售时间']
end = data.loc[num - 1,'销售时间']
```

```
totaldays = (end - start).days
months = totaldays                          #30
print('共计',months,'个月')
#月均消费次数
count_month_mean = num                      #months
print('月均消费',count_month_mean,'次')
```

运行上述代码会得到如图 10-12 所示结果。一共消费 5342 次,共计 6 个月,平均每月消费 890 次。

```
共计消费 5342 次
共计 6 个月
月均消费 890 次
```

图 10-12 月均消费次数结果

10.3.2 月均消费金额

月均消费次数指标只能反映消费频次,不能反映每个月药品销售额,可以通过月均消费金额,即总消费金额除以月份数,反映出几个月的平均消费情况。代码如下。

```
#月均消费金额
money = data.loc[:,'实收金额'].sum()
money_month_mean = money                 #months
print('月均消费金额',money_month_mean,'元')
```

得到的运行结果是:

```
月均消费金额 39214.0 元
```

10.3.3 客单价

了解了月消费次数以及月均消费金额,那么每笔消费的单价是多少呢?可以使用客户单价=总消费金额÷总消费次数来反映这一指标。代码如下。

```
#客单价
p = money/num
print('客单价为',p,'元')
```

结果是:

```
客单价为  44.04444402845376 元
```

10.4 可视化分析

10.4.1 消费趋势

虽然在建模分析部分已经了解了一些药品销售的情况,但是很多问题还不够直观。例如,每个月份的每一天具体销售情况如何,整体销售情况又如何,这些内容完全可以通过图表展示出来,便于查看、分析,有了图表就可以发现消费的趋势。代码如下。

```
#消费趋势图
import matplotlib
import matplotlib.pyplot as plt
#画图是用于显示中文字符
```

```
from pylab import mpl
mpl.rcParams['font.sans-serif'] = ['SimHei']                #设置字体为黑体
#在操作之前先复制一份数据,防止影响清洗后的数据
groupData = data
groupData
#设置销售时间为索引
groupData.index = groupData["销售时间"]                     #这一步非常关键,否则按月分组无法进行
#接下来就可以画图了
plt.plot(groupData['实收金额'])
plt.title('按天消费金额图')
plt.xlabel('时间')
plt.ylabel('实收金额')
plt.show()
```

运行结果如图 10-13 所示。

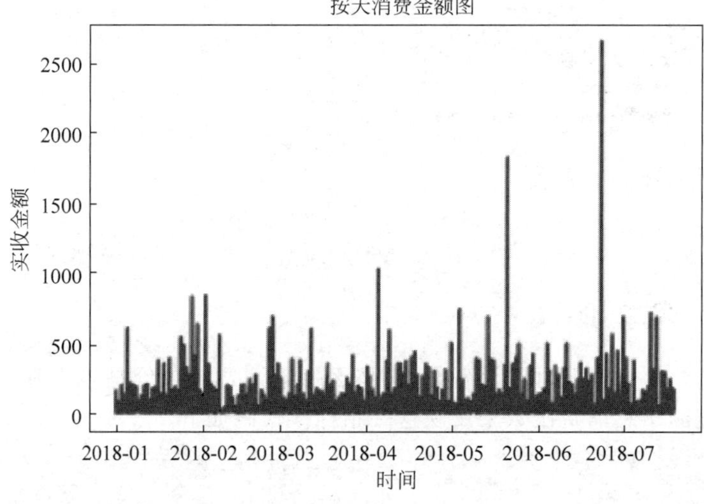

图 10-13　消费趋势图

从结果可以看出,每天消费总额差异较大,除了个别天出现比较大笔的消费,大部分消费情况维持在 500 元以内。

10.4.2　每月消费金额

有了消费趋势图,可以大体了解每天的消费情况对比,也能比较直观地看到消费的集中情况,但是如果要知道每个月的消费情况对比,这是无法在消费趋势图中准确发现的,因此需要根据销售时间进行分组统计出每个月的消费总额,然后用折线图的方式绘制出来,就可以直观地比较各个月份的消费金额情况了。代码如下。

```
#将销售时间聚合按月分组,计算每个月的消费总额
monthDF = groupData.groupby(groupData.index.month).sum()
#描绘按月消费金额图
plt.plot(monthDF['实收金额'])
plt.title("按月消费金额图")
plt.xlabel("月份")
plt.ylabel("实收金额")
plt.show()
```

运行结果如图 10-14 所示。

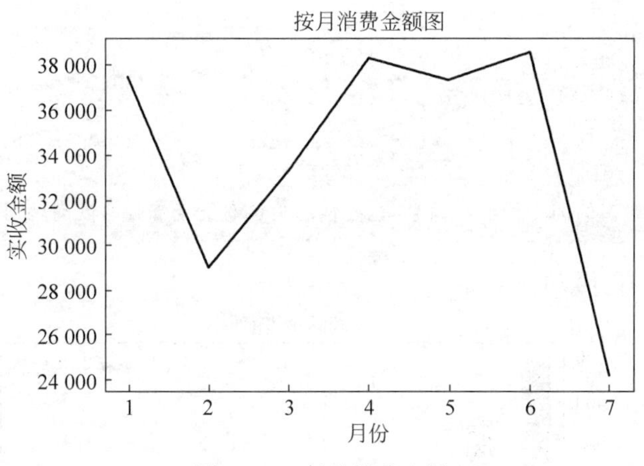

图 10-14　每月消费金额

结果显示，7 月消费金额最少，这是因为 7 月份的数据不完整，所以不具有参考价值。1 月、4 月、5 月和 6 月的月消费金额差异不大，2 月和 3 月的消费金额迅速降低，这可能是 2 月和 3 月处于春节期间，大部分人都回家过年的原因。

10.4.3　药品销售情况

通过图 10-13 和图 10-14，对药房药品销售的大体情况有了一定了解，如果进一步分析的话还需要有很多工作要做。例如，每个药品的销售数量情况是什么样的？哪些药品销售金额比较大？哪些药品销售利润大？这里仅针对销售数量最多的前十种药品进行条形图可视化展示。首先将“商品名称”和“销售数量”这两列数据聚合为 Series 形式，方便后面统计，并按降序排序。代码如下。

```
#聚合统计各种药品的销量
medicine = groupData[['商品名称','销售数量']]
re_medicine = medicine.groupby('商品名称')[['销售数量']].sum()
#对药品销售数量按降序排序
re_medicine = re_medicine.sort_values(by = "销售数量",ascending = False)
#截取销售量最多的前十种药品,并用条形图可视化
top_medicine = re_medicine.iloc[:10,:]
print(top_medicine)
```

运行结果如图 10-15 所示。

```
                              销售数量
商品名称
苯磺酸氨氯地平片(安内真)          1629
开博通                    1203
酒石酸美托洛尔片(倍他乐克)          894
硝苯地平片(心痛定)             687
苯磺酸氨氯地平片(络活喜)           610
复方利血平片(复方降压片)           405
G琥珀酸美托洛尔缓释片(倍他乐克)        337
非洛地平缓释片(波依定)            294
缬沙坦胶囊(代文)              292
KG替米沙坦片(欧美宁)(6盒/疗程)      288
```

图 10-15　销售数量前十药品情况

接下来，针对截取的销售数量最多的前十种药品，用柱状图展示结果。代码如下。

```
top_medicine.plot(kind = 'bar')
plt.title("药品销售前十")
plt.xlabel("药品种类")
plt.ylabel("销售数量")
plt.legend(loc = 0)
plt.show()
#得到销售数量最多的前十种药品信息，这些信息将会有助于加强医院对药房的管理
```

运行结果如图 10-16 所示。

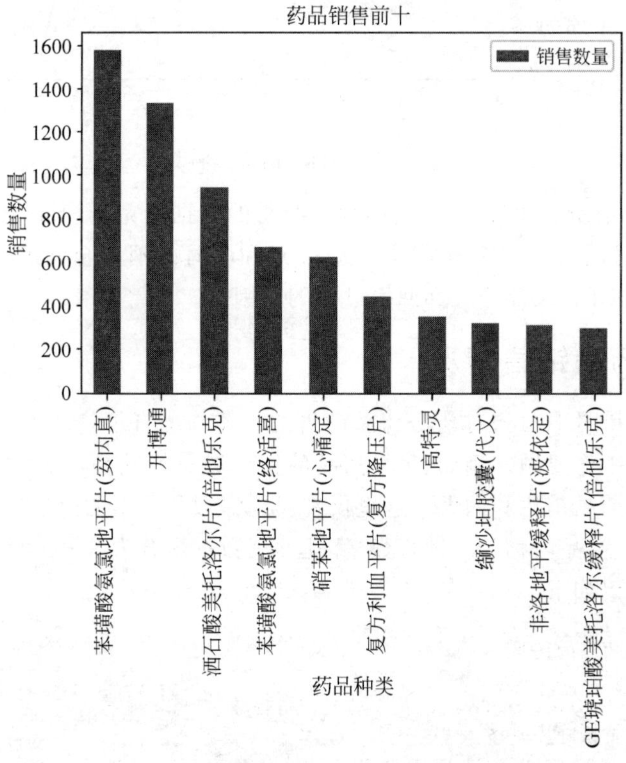

图 10-16　销售量前十药品销售情况

至此，药品销售数据分析基本完成，虽然还有很多更为详细的信息没有处理，但大体上已经对药房药品销售情况有了一个概括性了解，这对于今后的药品管理来讲是比较重要的，如药品库存管理、促销策略、统计分析等。

第11章 电商用户行为分析

11.1 数据集描述与用户行为分析过程

11.1.1 数据描述

本案例分析基于某电商平台用户行为数据集(如有雷同纯属巧合),该数据集记录用户在该平台网站浏览商品产生的行为数据。数据集包含2017年11月25日至2017年12月3日约一百万随机用户的所有行为(包括单击、购买、加购物车、喜欢)。数据集大小情况为:用户数量约100万(987 994),商品数量约410万(4 162 024),商品类目数量9439,以及总的用户行为记录数量1亿条(100 150 807)。为了便于理解问题和提高数据处理速度,只选取数据集中的300万条记录进行数据分析。

11.1.2 用户行为分析过程

基于上述数据集,使用转化漏斗,对常见电商分析指标,包括转化率、PV、UV、复购率等进行分析,从时间维度和商品维度进行数据分析等,分析过程中使用Python进行数据导入与清洗,使用Pyecharts库进行数据可视化。分析内容大体如下。

(1) 整体用户的购物情况。

PV(总访问量)、日均访问量、UV(用户总数)、有购买行为的用户数量、用户的购物情况、复购率分别是多少?

(2) 用户行为转化漏斗。

单击-加购物车-收藏-购买各环节转化率如何? 购物车遗弃率是多少? 如何提高?

(3) 购买率高和购买率为0的人群有什么特征?

(4) 商品销售的一些情况。

11.2 数据清洗

视频讲解

数据清洗使用Python的Pandas来处理,效率会高很多。首先导入相关库,原始数据集在与程序同一路径下的data文件夹中。

11.2.1 导入数据并查看

确定好了原始数据中要处理300万行数据以后,导入数据分析的相关库,然后使用Pandas的read_csv()方法读取数据集,参数nrows=3000000就表示读取数据集中的300

万行用于后续的数据分析。代码如下。

```
#导入相关包
import numpy as np
import pandas as pd
import time
#导入原始数据
data = pd.read_csv(r'.\data\UserBehavior.csv', header
= None, index_col = None, nrows = 3000000)
#如果感觉读取时间过长可以加一个参数, nrows =
500000
data = data.iloc[:, :]
data
```

运行结果如图 11-1 所示。

	0	1	2	3	4
0	1	2268318	2520377	pv	1511544070
1	1	2333346	2520771	pv	1511561733
2	1	2576651	149192	pv	1511572885
3	1	3830808	4181361	pv	1511593493
4	1	4365585	2520377	pv	1511596146
...	...	...	...	...	...
2999995	218275	2772813	1577687	pv	1511968210
2999996	218275	4654492	1577687	pv	1511968268
2999997	218275	2772813	1577687	pv	1511968277
2999998	218275	1207527	1577687	pv	1511968370
2999999	218275	1525621	1577687	pv	1511968400

3000000 rows × 5 columns

图 11-1　原始数据的 300 万行记录

11.2.2　更改列名并显示前 100 行记录

从图 11-1 中发现，读取数据时并未指定列名称，这会对数据的理解带来一定问题。通过数据集的描述来看，5 个字段表示的内容分别是用户 ID、商品 ID、商品类目 ID、行为类型、时间戳。为了便于理解数据以及程序编写，对上述数据列进行更名。代码如下。

```
#更新列名
columns = ['User_Id','Item_Id','Category_Id',
'Behavior_type','Timestamp']
data.columns = columns
#观察数据集情况
data.head(100)
```

运行结果如图 11-2 所示。

	User_Id	Item_Id	Category_Id	Behavior_type	Timestamp
0	1	2268318	2520377	pv	1511544070
1	1	2333346	2520771	pv	1511561733
2	1	2576651	149192	pv	1511572885
3	1	3830808	4181361	pv	1511593493
4	1	4365585	2520377	pv	1511596146
...	...	...	...	...	...
95	100	1819306	1194311	pv	1511745401
96	100	4182583	1258177	pv	1511750991
97	100	2337874	1194311	pv	1511751022
98	100	3658601	2342116	pv	1511757958
99	100	5153036	2342116	pv	1511758581

100 rows × 5 columns

图 11-2　更改列名显示前 100 行数据

11.2.3　查看缺失值情况

数据列更名后，查看各个数据列的缺失值情况。代码如下。

```
#查看缺失值情况
data.isnull().sum()
#假如有的数据集里时间戳列有 1 个缺失值,可以查看缺失值列
# data[data.iloc[:,4].isnull()]
#假如有的数据集里时间戳列有 1 个缺失值,直接删除这一行.并重置索引
# data.dropna(axis = 0, inplace = True)
# data.reset_index(drop = True, inplace = True)
```

```
User_Id          0
Item_Id          0
Category_Id      0
Behavior_type    0
Timestamp        0
dtype: int64
```

图 11-3　各列缺失值情况

运行结果如图 11-3 所示。注意：这里只用到数据集的一部分，如果使用全部数据，存在缺失值的情况下，可以使用下面代码的注释内容进行缺失值查看、删除以及更改索引号。

使用的数据并不存在缺失值情况，接下来查看用户行为种类以及每个种类有多少行数据。代码如下。

```
#查看数据集中用户行为种类
data.iloc[:,3].unique()
#用户行为每个种类有多少数据
data.iloc[:,3].value_counts()
```

运行结果分别如图 11-4 和图 11-5 所示。

```
1  # 查看数据集中用户行为种类
2  data.iloc[:,3].unique()

array(['pv', 'fav', 'buy', 'cart'], dtype=object)
```

图 11-4　用户行为种类

```
1  # #用户行为每个种类有多少数据
2  data.iloc[:,3].value_counts()

pv      2685877
cart     167572
fav       86576
buy       59975
Name: Behavior_type, dtype: int64
```

图 11-5　各行为种类记录行数

11.2.4　时间戳列数据处理

图 11-2 中最后一列是时间戳数据，这在后续分析过程中使用很不方便，可以将其转换为日期时间数据，同时分成 Date 和 Time 两个数据列，然后将原数据中的时间戳列删除。代码如下。

```
#时间戳列转换为日期、时间数据.并把日期和时间分为两列
data.loc[:,'Timestamp'] = data['Timestamp'].apply(lambda x:time.strftime('%Y-%m-%d %H:%M:%S',time.localtime(x)))
data.loc[:,'Date'] = data['Timestamp'].apply(lambda x:x.split(' ')[0])
data.loc[:,'Time'] = data['Timestamp'].apply(lambda x:x.split(' ')[1])
#把时间戳列删除
data = data.drop(columns = 'Timestamp',axis = 1)
data
```

运行结果如图 11-6 所示。

	User_Id	Item_Id	Category_Id	Behavior_type	Date	Time
0	1	2268318	2520377	pv	2017-11-25	01:21:10
1	1	2333346	2520771	pv	2017-11-25	06:15:33
2	1	2576651	149192	pv	2017-11-25	09:21:25
3	1	3830808	4181361	pv	2017-11-25	15:04:53
4	1	4365585	2520377	pv	2017-11-25	15:49:06
...	...	...	...	...	...	...
2999995	218275	2772813	1577687	pv	2017-11-29	23:10:10
2999996	218275	4654492	1577687	pv	2017-11-29	23:11:08
2999997	218275	2772813	1577687	pv	2017-11-29	23:11:17
2999998	218275	1207527	1577687	pv	2017-11-29	23:12:50
2999999	218275	1525621	1577687	pv	2017-11-29	23:13:20

3000000 rows × 6 columns

图 11-6　时间戳列处理后的数据

11.2.5　数据日期区间清洗

数据集描述说明原始数据日期区间是 2017-11-25～2017-12-03，所以，这个时间区间外的数据认为是异常数据。先看日期小于 2017-11-25 的数据行列情况，程序代码和运行结果如图 11-7 所示；接下来查看日期小于 2017-11-25 的各天数据值统计，程序代码和运行结果如图 11-8 所示。

```
#原始数据日期区间为2017-11-25到2017-12-03，这个时间区间外认为是异常数据。查看一下具体情况
data[data['Date']<'2017-11-25'].shape
```

```
(1444, 6)
```

图 11-7　日期小于 2017-11-25 的数据行列情况

```
data[data['Date']<'2017-11-25']['Date'].value_counts()
```

```
2017-11-24    1184
2017-11-23     124
2017-11-22      37
2017-11-21      20
2017-11-19      15
2017-11-03      14
2017-11-20      10
2017-11-18       7
2017-11-17       7
2017-11-16       5
2017-11-14       5
2017-11-12       2
2017-11-11       2
2017-09-16       2
2017-07-03       2
2017-09-11       1
2017-11-10       1
2017-11-15       1
2017-11-06       1
2015-02-06       1
2017-11-13       1
2017-11-05       1
1970-01-01       1
Name: Date, dtype: int64
```

图 11-8　日期小于 2017-11-25 的各天数据值统计

接下来看一下日期大于 2017-12-03 的数据情况，代码和运行结果如图 11-9 和图 11-10 所示，发现大于 2017-12-03 的数据有 23 行。

```
data[data['Date']>'2017-12-03'].shape
```

```
(23, 6)
```

图 11-9　日期大于 2017-12-03 的数据行列情况

```
data[data['Date']>'2017-12-03']
```

	User_Id	Item_Id	Category_Id	Behavior_type	Date	Time
565093	109117	3259235	2667323	pv	2017-12-04	00:00:06
1046994	130701	740615	405755	pv	2018-08-28	08:30:35
1046995	130701	1781671	405755	pv	2018-08-28	08:30:45
1046996	130701	3609645	405755	pv	2018-08-28	08:31:23
1046997	130701	3265412	238434	pv	2018-08-28	08:33:05
1046998	130701	563703	238434	pv	2018-08-28	08:35:04
1046999	130701	3361802	238434	pv	2018-08-28	08:35:22
1047000	130701	2252691	405755	pv	2018-08-28	08:35:42
1047001	130701	1866775	3524510	pv	2018-08-28	08:36:54
1047002	130701	4162858	1275696	pv	2018-08-28	08:41:48
1047003	130701	2266760	1879194	pv	2018-08-28	08:44:11
1047004	130701	3540869	4690421	pv	2018-08-28	08:48:22
1047005	130701	4835183	2355072	pv	2018-08-28	08:48:32
1047006	130701	1475354	4099608	pv	2018-08-28	18:21:42
1047007	130701	4835183	2355072	pv	2018-08-28	18:22:59
1047008	130701	2394185	2355072	pv	2018-08-28	18:24:45
1047009	130701	4258929	1320530	pv	2018-08-28	18:27:12
1131766	134482	4499472	4756105	pv	2017-12-04	00:00:15
1131767	134482	1888101	4643350	pv	2017-12-04	00:01:01
2288896	186925	4280355	3607361	pv	2017-12-04	00:51:12
2844037	211281	161990	2644878	pv	2017-12-06	20:05:04
2844038	211281	708818	2644878	pv	2017-12-06	20:06:42

图 11-10　日期大于 2017-12-03 的数据情况

找到了日期不在2017-11-25～2017-12-03的数据后，将这些异常数据删除掉，然后查看是否存在重复数据，如果存在就将其删除掉，之后重置索引，将处理后的数据保存在与程序同路径的data目录下，文件命名为UserBehavior_Done. csv，如图11-11所示。

```
#时间区间外的日期数据删除
data=data[(data['Date']>='2017-11-25')&(data['Date']<='2017-12-03')]
```

```

#查看重复数据
data[data.duplicated()]

```

	User_Id	Item_Id	Category_Id	Behavior_type	Date	Time
2293745	18711	3324300	1464116	buy	2017-11-26	14:07:19

```
#删除重复数据
data = data.drop_duplicates(inplace=False)
# 此处要注意等号后面的data实际上是数据的一个切片，如果直接对数据进行替换则会报错
```

```
#重置索引
data.reset_index(drop=True,inplace=True)
```

```
#数据清洗完成，导出到本地
data.to_csv(r'.\data\UserBehavior_Done.csv',index=False)
```

图11-11　剔除异常数据与重复数据

至此，数据清洗工作已经完成，处理后的数据已经被保存在新的本地文件UserBehavior_Done. csv中，读者可以查看。

11.3　数据读入Pandas

视频讲解

数据清洗后就可以直接用于数据分析了，为了让读者清晰掌握数据分析流程，本步骤从保存的数据文件读取数据到Pandas。代码如下。

```
df = pd.read_csv(r'.\data\UserBehavior_Done.csv',encoding = 'gbk')
df.tail()
```

运行结果如图11-12所示。

	User_Id	Item_Id	Category_Id	Behavior_type	Date	Time
2998527	218275	2772813	1577687	pv	2017-11-29	23:10:10
2998528	218275	4654492	1577687	pv	2017-11-29	23:11:08
2998529	218275	2772813	1577687	pv	2017-11-29	23:11:17
2998530	218275	1207527	1577687	pv	2017-11-29	23:12:50
2998531	218275	1525621	1577687	pv	2017-11-29	23:13:20

图11-12　后五条数据

11.4　构建模型与分析问题

11.4.1　用户流量及购物情况

用户流量信息一般包括总访问量、日均访问量、用户总数、有购买行为的用户数量、用户购物情况以及复购率等。

1. pv（总访问量）

pv(总访问量)用于统计行为类型为 pv 的数据个数，命令如下，得到结果为 2 684 410 条记录。

```
# pv（总访问量）:2684410      # fav(喜欢): 86576
# cart(加购物车): 167572     # buy(购买): 59974
df[df['Behavior_type'] == 'pv']['Behavior_type'].count()
```

2. 日均访问量

按照 Date 字段分组统计行为类型为 pv 的数据个数。代码如下。

```
#日均访问量
df[df['Behavior_type'] == 'pv'].groupby('Date')[['Behavior_type']].count()
```

Date	Behavior_type
2017-11-25	278615
2017-11-26	285850
2017-11-27	267000
2017-11-28	265157
2017-11-29	271342
2017-11-30	280678
2017-12-01	294298
2017-12-02	370282
2017-12-03	371188

图 11-13　日均访问量

显示结果如图 11-13 所示。

3. 用户总数

即为统计 userbehavior_done 中用户的个数。代码如下。

```
# --用户总数:29178
len(df['User_Id'].unique())
```

显示结果是 29178。

4. 有购买行为的用户

在这些用户中，有购买行为的用户数量即 Behavior-type 取值为'buy'的用户。代码如下。

```
#有购买行为的用户数量:19902
len(df[df['Behavior_type'] == 'buy']['User_Id'].unique())
```

显示结果有 19 902 个。

5. 用户的购物情况

用户的购物情况可以对读入的数据做透视表。代码如下。

```
df_pivot = df.pivot_table(values = 'Item_Id', index = 'User_Id', columns = 'Behavior_type',
aggfunc = 'count', fill_value = 0)
df_pivot.head()
```

User_Id	buy	cart	fav	pv
1	0	0	0	55
13	0	4	0	7
19	0	1	0	74
21	0	1	6	329
100	8	0	6	84

图 11-14　用户的购物情况

显示结果如图 11-14 所示。

6. 复购率

复购率指产生两次或两次以上购买行为的用户占总购买用户的比例。首先查看购买数大于 1 次的用户数。代码如下。

```
df_buy1 = pd.DataFrame({'购买数大于 1 次':[sum(df_pivot['buy']>
1)]})
df_buy1
```

显示结果如图 11-15 所示。

通过这样的统计方法，就可以将大于 1 次的购买数和总购买数求出，二者相除并进行格式化输出，得到复购率为 65.94%。代码如下。

```
购买数大于1次 = sum(df_pivot['buy']>1)
总购买数 = sum(df_pivot['buy']>0)
复购率 = "{:.2%}".format(购买数大于1次/总购买数)
复购率
```

	购买数大于1次
0	13124

图 11-15　购买数大于1次的用户数

结果显示如下：

```
65.94%
```

11.4.2　用户行为转化漏斗

因为在购物环节中收藏和加购物车两个环节没有先后之分，所以可将这两个环节合并为购物环节的一步。最终得到用户购物行为各环节的转化率。在绘制转化漏斗之前，为了后续使用方便，可以先对数据进行透视表处理，得到各个行为的数量。代码如下。

```
df_behave_numbers = df.pivot_table(index='Behavior_type',values
='User_Id', aggfunc='count')
```

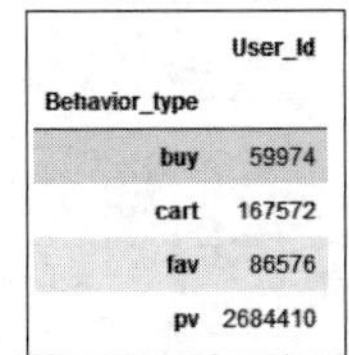

Behavior_type	User_Id
buy	59974
cart	167572
fav	86576
pv	2684410

图 11-16　用户行为数量

运行结果如图 11-16 所示。

接下来，可以分别计算 pv(点击率)、pv_to_favCart(点击转收藏率)、pv_to_buy(点击转购买率)。代码如下。

```
pv = df_behave_numbers.loc['pv']/df_behave_numbers.loc['pv']
pv_to_buy = df_behave_numbers.loc['buy']/df_behave_numbers.loc['pv']
#购买数/点击次数(收藏次数+加购数)/点击次数
pv_to_favCart = (df_behave_numbers.loc['cart']+df_behave_numbers.loc['fav'])/df_behave_
numbers.loc['pv']
pv              #点击率
pv_to_buy       #点击转购买率
pv_to_favCart   #点击转收藏率
```

注意：计算得到的结果是一个 Series，而不是具体数值，在使用的时候还要使用索引下标获取值。

有了这些数据，就可以绘制用户行为转化漏斗图。代码如下。

```
import pyecharts.options as opts
from pyecharts.charts import Funnel

x_data = ["点击", "收藏", "购买"]
y_data = [pv[0], pv_to_favCart[0], pv_to_buy[0]]
data = [[x_data[i], y_data[i]] for i in range(len(x_data))]
(
    Funnel(init_opts=opts.InitOpts())
    .add(
        series_name="",
        data_pair=data,
         tooltip_opts=opts.TooltipOpts(trigger="item", formatter="{a} <br/>{b} :
{c}%"),
        label_opts=opts.LabelOpts(is_show=True, position="inside"),
        itemstyle_opts=opts.ItemStyleOpts(border_color="#fff", border_width=1),
    )
```

```
    .set_global_opts(title_opts = opts.TitleOpts(title = "漏斗图"))
    .render_notebook()
)
```

运行结果如图 11-17 所示。

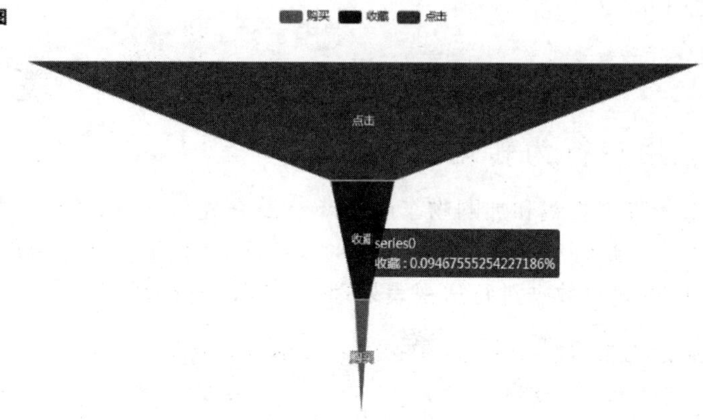

图 11-17 用户行为转化漏斗

11.4.3 购买率高低与人群特征

在购买人群中，购买率高低是不同的，这些人群有何特征，需要进一步分析。

1. 购买率高用户特征

分析购买率高的用户特征，可以对购买率和购买数进行降序排列，这里先按购买率倒序排列。代码如下。

```
df_pivot['购买率'] = df_pivot['buy']/df_pivot[df_pivot['pv']> 0]['pv']   #没设置成%
df_pivot.sort_values(by = '购买率',ascending = False)   #购买率高人群特征(按购买率倒序排列)
```

运行结果如图 11-18 所示。

接下来，按照购买数倒序排列。代码如下。

```
df_pivot.sort_values(by = 'buy',ascending = False)
```

运行结果如图 11-19 所示。

Behavior_type	buy	cart	fav	pv	购买率
User_id					
1005709	15	4	0	1	15.0
129771	10	5	2	1	10.0
202754	9	4	47	1	9.0
18858	8	15	7	1	8.0
100678	11	11	0	2	5.5
...	...	...	...	...	...
1004458	12	6	1	0	NaN
1005688	7	46	0	0	NaN
1005897	3	16	13	0	NaN
1009964	0	16	0	0	NaN
1017910	1	6	0	0	NaN

29178 rows × 5 columns

图 11-18 购买率倒序排列

Behavior_type	buy	cart	fav	pv	购买率
User_id					
107932	72	16	0	139	0.517986
122504	69	0	0	48	1.437500
128379	65	0	1	0	NaN
190873	61	0	0	0	NaN
1008380	57	28	0	127	0.448819
...	...	...	...	...	...
195151	0	0	0	33	0.000000
195153	0	3	2	41	0.000000
138003	0	6	0	30	0.000000
195210	0	4	0	17	0.000000
1	0	0	0	55	0.000000

29178 rows × 5 columns

图 11-19 购买数倒序排列

从结果可以看出，购买率有很多大于100%的情况，猜测这部分是因为数据取值区间的问题。一些用户之前已经把商品加入购物车，然后直接付款买了，所以没产生单击行为。不过实际情况如果属于异常数据，在数据清洗的时候，也可以把这些数据剔除再进行分析。不过从上面的数据也大致能看到，购买率高的用户单击率反而不怎么高，这些用户收藏数和加购物车的次数也很少，这部分用户应该属于理智型消费者，有明确的购物目标，属于缺啥买啥型，不容易被店家广告或促销吸引。

2. 购买率低用户特征

购买率低的用户特征，可以对购买数进行升序排列。代码如下。

```
df_pivot.sort_values(by = 'buy')
```

运行结果如图11-20所示。

Behavior_type	buy	cart	fav	pv	购买率
User_Id					
1	0	0	0	55	0.000000
160633	0	0	1	12	0.000000
160659	0	0	0	9	0.000000
160665	0	0	0	34	0.000000
160672	0	22	0	96	0.000000
...	...	...	...	...	...
1008380	57	28	0	127	0.448819
190873	61	0	0	0	NaN
128379	65	0	1	0	NaN
122504	69	0	0	48	1.437500
107932	72	16	0	139	0.517986

29178 rows × 5 columns

图11-20　购买数升序排列

从结果可以看出，购买数比较少的用户分为两类，一类是单击次数少的，一方面的原因是这类用户可能不太会购物或者不喜欢上网的用户，可以加以引导，另一方面是从商品的角度考虑，是否商品定价过高或设计不合理；第二类用户是单击率高、收藏或加购物车也多的用户，此类用户可能正为商家的促销活动做准备，下单欲望较少且自制力较强，思虑多或者不会支付，购物难度较大。

11.4.4　时间维度上了解用户行为习惯

视频讲解

接下来对用户行为习惯从时间维度加以分析了解，可以找出一天或一周中用户活跃的时段分布。由于原始数据中只包括日期，而不显示该日期是星期几，因此先在数据中增加一列“星期几”的数据。代码如下。

```
#转换成日期格式后,用.dt的day_name()函数转为英文星期
df['星期几'] = pd.to_datetime(df['Date']).dt.day_name()
df
```

运行结果如图11-21所示。

	User_Id	Item_Id	Category_Id	Behavior_type	Date	Time	星期几
0	1	2268318	2520377	pv	2017-11-25	01:21:10	Saturday
1	1	2333346	2520771	pv	2017-11-25	06:15:33	Saturday
2	1	2576651	149192	pv	2017-11-25	09:21:25	Saturday
3	1	3830808	4181361	pv	2017-11-25	15:04:53	Saturday
4	1	4365585	2520377	pv	2017-11-25	15:49:06	Saturday
...	...	...	...	...	...	...	...
2998527	218275	2772813	1577687	pv	2017-11-29	23:10:10	Wednesday
2998528	218275	4654492	1577687	pv	2017-11-29	23:11:08	Wednesday
2998529	218275	2772813	1577687	pv	2017-11-29	23:11:17	Wednesday
2998530	218275	1207527	1577687	pv	2017-11-29	23:12:50	Wednesday
2998531	218275	1525621	1577687	pv	2017-11-29	23:13:20	Wednesday

2998532 rows × 7 columns

图11-21　增加“星期几”数据列

1. 一天中用户的活跃时段分布

接下来，要查看一天中各时段用户的活跃情况，数据中的 Time 包括小时、分钟和秒，这里只用到小时，可以将数据切分出来，并在原数据中增加一个 hours 的数据列。代码如下。

```
#.str.split()拆分 Time 后,[0]取第 1 列,expand = True 直接将分列后的结果转换成 DataFrame
df['hours'] = df['Time'].str.split(':',1,expand = True)[0]
df
```

运行结果如图 11-22 所示。

	User_Id	Item_Id	Category_Id	Behavior_type	Date	Time	星期几	hours
0	1	2268318	2520377	pv	2017-11-25	01:21:10	Saturday	01
1	1	2333346	2520771	pv	2017-11-25	06:15:33	Saturday	06
2	1	2576651	149192	pv	2017-11-25	09:21:25	Saturday	09
3	1	3830808	4181361	pv	2017-11-25	15:04:53	Saturday	15
4	1	4365585	2520377	pv	2017-11-25	15:49:06	Saturday	15
...	...	...	...	...	...	...	...	...
2998527	218275	2772813	1577687	pv	2017-11-29	23:10:10	Wednesday	23
2998528	218275	4654492	1577687	pv	2017-11-29	23:11:08	Wednesday	23
2998529	218275	2772813	1577687	pv	2017-11-29	23:11:17	Wednesday	23
2998530	218275	1207527	1577687	pv	2017-11-29	23:12:50	Wednesday	23
2998531	218275	1525621	1577687	pv	2017-11-29	23:13:20	Wednesday	23

2998532 rows × 8 columns

图 11-22　增加 hours 数据列

接下来，对数据按 hours 做索引建立透视表，绘制一天内用户各时段活跃情况图。代码如下。

```
hours_pivot = df.pivot_table(values = 'Item_Id', index = 'hours', columns = 'Behavior_type',
aggfunc = 'count', margins = True)
from pyecharts.charts import Bar
from pyecharts import options as opts

x =  hours_pivot.index[: - 1].tolist()
y1 = hours_pivot.buy[: - 1].tolist()
y2 = hours_pivot.cart[: - 1].tolist()
y3 = hours_pivot.fav[: - 1].tolist()
y4 = hours_pivot.pv[: - 1].tolist()
bar = (Bar()
      .add_xaxis(x)
      .add_yaxis('购买数', y1)
      .add_yaxis('加购数', y2)
      .add_yaxis('收藏次数', y3)
      .add_yaxis('单击次数', y4)
      .set_global_opts(title_opts = opts.TitleOpts(title = '一天中用户活跃情况'),
                       xaxis_opts = opts.AxisOpts(name = '小时'))
      .set_series_opts(label_opts = opts.LabelOpts(is_show = False))
      )
bar.render_notebook()
```

运行结果如图 11-23 所示。

2. 一周中用户活跃时段分布

数据截取了 11-27 到 12-03 一个完整周内的数据。代码如下。

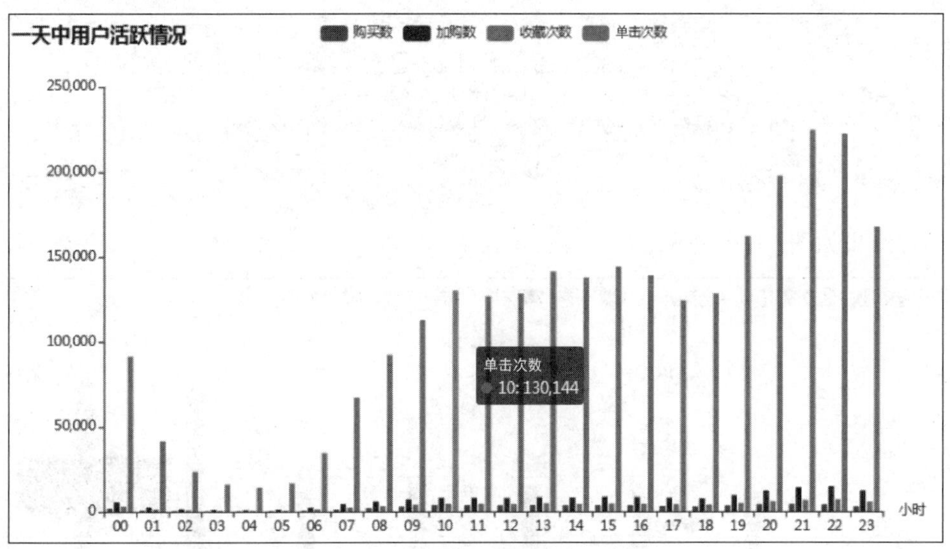

图 11-23　一天中用户的活跃时段分布

```
df3 = df[(df['Date']> = '2017-11-27')&(df['Date']< = '2017-12-03')]
```

然后，按照“星期几”列做数据透视表。代码如下。

```
week_pivot = df3.pivot_table(index = df3['星期几'],columns = 'Behavior_type', values = 'User_Id', aggfunc = 'count')
```

经过处理后本可以绘图，但由于“星期几”列显示的是英文，无论对其升序还是降序排列都不能符合我们从周一到周日的排列习惯，因此，这里对其进行调整，增加一列 day of week 来对应星期几的数字。代码如下。

```
week_pivot['day of week'] = np.array([5,1,6,7,4,2,3]).reshape(7,1)
week_pivot_new = week_pivot.sort_values(['day of week'],ascending = True)
week_pivot_new
```

运行结果如图 11-24 所示。

接下来，就可以绘制一周内用户的活跃情况图了。代码如下。

```
from pyecharts.charts import Bar
from pyecharts import options as opts

x =   week_pivot_new.index.tolist()
y1 = week_pivot_new.buy.tolist()
y2 = week_pivot_new.cart.tolist()
y3 = week_pivot_new.fav.tolist()
y4 = week_pivot_new.pv.tolist()
bar = (Bar()
       .add_xaxis(x)
       .add_yaxis('购买数',y1)
       .add_yaxis('加购数',y2)
       .add_yaxis('收藏次数',y3)
```

Behavior_type	buy	cart	fav	pv	day of week
星期几					
Monday	6717	16666	8605	267000	1
Tuesday	6357	16275	8602	265157	2
Wednesday	6661	16487	8816	271342	3
Thursday	6718	16909	8891	280678	4
Friday	6322	19094	9188	294298	5
Saturday	7543	23872	12038	370282	6
Sunday	7773	23842	12044	371188	7

图 11-24　增加 day of week 列并升序排列

```
        .add_yaxis('单击次数',y4)
        .set_global_opts(title_opts = opts.TitleOpts(title = '一周中用户活跃情况'),
                         xaxis_opts = opts.AxisOpts(name = '周'))
        .set_series_opts(label_opts = opts.LabelOpts(is_show = False))
        )
bar.render_notebook()
```

运行结果如图 11-25 所示。

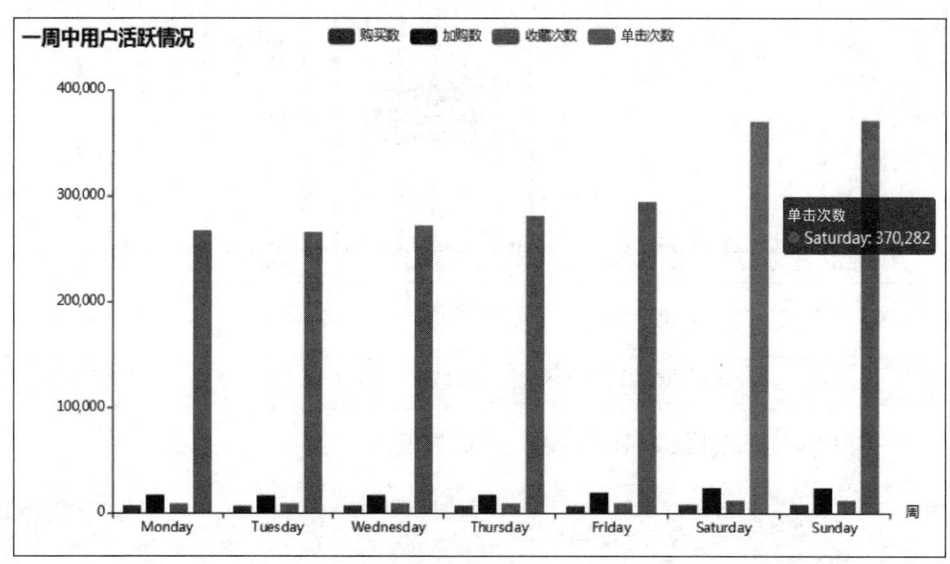

图 11-25　一周中用户的活跃时段分布

对全部数据查询结果发现(本案例中只包括 300 万条记录),每周用户活跃度较稳定,周末会有大幅度的提高,但从购买数来看,周五会有小幅下滑。

11.4.5　商品维度分析

以上是从用户角度进行的数据分析,接下来从商品的角度构建商品视图、品类视图、查询各品类商品种类数这 3 方面来讲述。

1. 商品视图

商品视图包括各个商品的点击量、加购物车、收藏及购买数,对透视表 pivot_table 进一步筛选,得到商品种类情况。代码如下。

```
#商品种类 804825
df_pivot_item = df.pivot_table(values = 'Category_Id',index = 'Item_Id', columns = 'Behavior_type',aggfunc = 'count',fill_value = 0)
df_pivot_item.sort_values(['pv'],ascending = False)
```

运行结果如图 11-26 所示。

2. 品类视图

对品类情况进行分析,包括各个品类单击、加购物车、收藏及购买数。代码如下。

```
#类目种类 6867
```

```
df_pivot_category = df.pivot_table(values = 'Item_Id', index = 'Category_Id', columns =
'Behavior_type',aggfunc = 'count',fill_value = 0)
df_pivot_category.sort_values(['pv'],ascending = False)
```

运行结果如图 11-27 所示。

3. 各品类商品种类数

各个品类下商品的种类汇总代码如下。

```
#每个类目下商品种类数
df.groupby('Category_Id')[['Item_Id']].count()
```

运行结果如图 11-28 所示。

Behavior_type	buy	cart	fav	pv
Item_Id				
812879	4	38	27	899
3845720	3	20	21	770
2032668	4	20	19	629
2331370	4	49	22	621
138964	3	28	16	586
...	...	...	...	...
283391	0	0	1	0
2185161	0	1	0	0
3341902	0	0	1	0
208914	0	1	0	0
2658560	0	1	0	0

804825 rows × 4 columns

图 11-26　商品情况

Behavior_type	buy	cart	fav	pv
Category_Id				
4756105	852	7041	4594	146838
4145813	1025	5336	3528	96730
2355072	376	3736	2594	95105
3607361	392	3231	2002	89417
982926	716	4718	2720	84051
...	...	...	...	...
3253859	0	0	1	0
1124773	0	1	0	0
5050206	0	1	0	0
4096072	1	0	0	0
4656341	0	1	0	0

6867 rows × 4 columns

图 11-27　品类情况

	Item_Id
Category_Id	
2171	44
2410	23
3579	12
4907	5
5064	713
...	...
5155437	2
5156420	58
5157813	1
5158474	43
5161669	49

6867 rows × 1 columns

图 11-28　各品类下商品种类数

这里商品和类目都只能看到 ID,没有名称能比较直观地看出结果,篇幅限制,这里不再对此部分进行详细分析。下面提出几个分析的维度:①畅销商品的用户行为情况,指导商家选品,优化产品结构。②畅销商品的分析中,从用户购物路径数据进行对比,找到不同产品间的差异,进而发现好的优化方案,不断优化商品,进而提高转化率。③对畅销类目进行分析,查看转化率的平均情况。而在具体类目中,某些商品是否低于类目平均转化率?原因是什么?可以优化的策略又是什么?④一些商品收藏数很高,加购物车数很高,为何购买转化率很低?是竞争对手开展了营销活动还是自身商品的价格定得太高?

11.4.6 分析总结

通过上述分析,总结出以下三点结论建议。

(1) 总体转化率只有 2.23%,用户单击后收藏加购物车的转化率为 9.47%,需要提高用户的购买意愿,可通过活动促销、精准营销等方式。

(2) 购买率高且点击量少的用户属于理智型购物者,有明确购物目标,受促销和广告影响少;而购买率低的用户可以认为是等待型或克制型群体,下单欲望较小且自制力较强,购物难度较大。

(3) 大部分用户的主要活跃时间在 10～23 时,在 20～22 时达到一天内的顶峰。每周用户活跃度比较平稳,周末显著升高。可以根据用户的活跃时间精准推送商家的折扣优惠或促销活动,提高购买率。

第12章 电商平台大数据消费分析

12.1 案例背景与目标

视频讲解

随着移动互联网时代的到来，传统零售从业者逐渐地从传统平台转向电商平台。电商平台通过实时推广吸引消费者关注商品，以达到延长产品生命周期的目的。精准定位消费者的需求和偏好是电商营销策略定制的重点和难点。随着大数据分析技术日趋成熟，各种消费平台竞争也越来越激烈。通过分析消费者的历史消费数据，企业可以实现用户画像的构建，准确地定位产品的目标客户群，最大限度地获得目标客户，实现精准营销。

本案例分析的目标：首先，通过对海量的结构化数据和非结构化文本数据的深度分析和挖掘，构建全方位的客户标签体系；其次，基于客户标签体系，从基本信息、消费能力、行为习惯等多个维度对客户进行精准画像；最后，计算客户商品兴趣度排行榜，从而支持精准目标客户筛选。

12.2 数据集描述

本案例使用的数据集为某移动支付平台的10万条脱敏交易流水数据，交易时间跨度为5年，每个客户有多条交易流水，每条交易流水记录了客户ID、交易金额、交易附言和交易时间四个字段。数据集字段描述如表12-1所示。

表12-1 数据集字段描述

英文名称	中文名称	备注
user_id	客户ID	客户唯一标识
payment	交易金额	正为支出，负为收入
describe	交易附言	对此项交易的文字描述
unix_time	交易时间	UNIX时间戳

12.3 数据导入与描述统计分析

12.3.1 导入数据

将数据从CSV文档导入，变成Pandas的DataFrame结构并显示前五行数据。代码如下。

```
import csv
import pandas as pd
with open(r'.\data\flow_data.csv',encoding = 'utf-8') as fp:
    data = csv.reader(fp)
    data = pd.DataFrame(list(data),columns = ['user_id','payment','describe','unix_time'])
print(data.head())
```

运行结果如图 12-1 所示。

```
    user_id payment                                         describe   unix_time
0   2996945  -50000                跨行转账,转跨行转账,转出账号:622150391000  1497522514
1   7577921   27600  购物-充值:平台云服务购买,业务交易号:D201411088070747  1510068976
2  22005785    3900  支付-充值:平台云服务购买,业务交易号:D201411068047655  1509866886
3   7577921    8800  购物-充值:平台云服务购买,业务交易号:D201410297959967  1509199032
4   7577921   27600  购物-充值:平台云服务购买,业务交易号:D201410297959483  1509194940
```

图 12-1 前五行数据

12.3.2 数据描述统计分析

导入数据后,数据行列信息以及数据空值情况就可以获取了。代码如下。

```
import pandas as pd
#查看数据形状
rows, cols = data.shape
print("数据共有 %s 行,有 %s 列." % (rows, cols))
#查看数据的前五行
head = data.head()
print('\n',head)
#查看数据的基本情况
data.info(null_counts = True)
```

运行结果如图 12-2 所示。

```
数据共有 100000 行，有 4 列。

    user_id payment                                         describe   unix_time
0   2996945  -50000                跨行转账,转跨行转账,转出账号:622150391000  1497522514
1   7577921   27600  购物-充值:平台云服务购买,业务交易号:D201411088070747  1510068976
2  22005785    3900  支付-充值:平台云服务购买,业务交易号:D201411068047655  1509866886
3   7577921    8800  购物-充值:平台云服务购买,业务交易号:D201410297959967  1509199032
4   7577921   27600  购物-充值:平台云服务购买,业务交易号:D201410297959483  1509194940
<class 'pandas.core.frame.DataFrame'>
RangeIndex: 100000 entries, 0 to 99999
Data columns (total 4 columns):
 #   Column     Non-Null Count   Dtype
---  ------     --------------   -----
 0   user_id    100000 non-null  object
 1   payment    100000 non-null  object
 2   describe   100000 non-null  object
 3   unix_time  100000 non-null  object
dtypes: object(4)
memory usage: 3.1+ MB
```

图 12-2 数据描述统计

查询客户总数情况可以使用下面的代码。

```
import pandas as pd
#计算客户个数
user_num = len(data['user_id'].unique())
print("客户总数为:",user_num)
#计算客户交易次数
user_counts = data['user_id'].value_counts()
print("每个客户的交易次数为:\n",user_counts)
```

运行结果如图 12-3 所示。

```
客户总数为：1681
每个客户的交易次数为：
 22005785    2316
26556482    1872
13480101    1746
16368171    1614
33126125    1399
             ...
10701210       1
12521063       1
26216818       1
26079687       1
2119426        1
Name: user_id, Length: 1681, dtype: int64
```

图 12-3　客户总数情况

视频讲解

12.4　数据清洗：异常值检测与处理

数据清洗中，异常值的检测和处理是后续客户交易行为分析的前提，本案例针对交易时间异常、交易金额异常、附言缺失、时间戳处理、量纲以及重复数据等进行处理。

12.4.1　交易时间异常值检测

交易时间数据列 unix_time 是一个时间戳数据，是由 10 位数字表示的。首先，写一个正则表达式定义满足要求的格式；然后，运用字符串匹配正则表达式，将异常值显示出来，同时统计各异常值的个数。代码如下。

```
import pandas as pd
#书写正则表达式
pattern = '^\d{10}$'
#筛选异常值
outlier = data[~data['unix_time'].str.match(pattern)]
print(outlier)
#统计不同类型的异常值及其数量
outlier_counts = outlier['unix_time'].value_counts()
print(outlier_counts)
```

运行结果如图 12-4 所示，发现存在数据为 0 的 74 个异常值。

```
        user_id payment      describe unix_time
99923   6729440   -4540          None         0
99924   8295922   27800          None         0
99925  13480101  -34000          None         0
99926  13480101    -400          None         0
99927  14829800    5782          None         0
...         ...     ...           ...       ...
99995  13480101  -15193  用户13887857         0
99996  13480101   -1377  用户13887857         0
99997  13480101   -2321  用户13887857         0
99998  13480101   -1292  用户13887857         0
99999  13480101   -2989  用户13887857         0

[74 rows x 4 columns]
0    74
Name: unix_time, dtype: int64
```

图 12-4　异常值检测结果

12.4.2　交易时间异常值处理

当发现交易时间异常值时，需要对其进行适当处理，这里由于异常数据量比较小，可以将其删除。如果有的异常值是多了空格则要进行修改，即将空格去掉。代码如下。

```
import pandas as pd
#去掉交易时间为 0 的行
data = data.loc[data['unix_time']! = 0]
#加入存在异常值需要填补为正常值的情况,参考下面两行代码
# data.loc[data['unix_time'] == '14 3264000','unix_time'] = 1473264000
# print(data.loc[data['unix_time'] == '14 3264000'])
print(data.loc[data['unix_time'] == 0])
```

运行结果如图 12-5 所示。

```
Empty DataFrame
Columns: [user_id, payment, describe, unix_time]
Index: []
```

图 12-5　去掉交易时间异常值

12.4.3　交易金额异常值处理

交易金额异常值查询与处理代码如下。

```
import pandas as pd
#查看交易金额为'\N'的行数
print("交易金额异常的记录共有 %s 行." % (len(data[data['payment'] == '\\N'])))
#去除交易金额为'\N'的行
data = data[data['payment']! = '\\N']
print(data[data['payment'] == '\\N'])
```

运行结果如图 12-6 所示,不存在交易金额的异常值。

```
交易金额异常的记录共有0行。
Empty DataFrame
Columns: [user_id, payment, describe, unix_time]
Index: []
```

图 12-6　交易金额异常值情况

12.4.4　交易附言缺失处理

查看是否存在交易附言缺失的情况。代码如下。

```
import pandas as pd
#筛选 describe 中附言为空的行
describe_null =   data[data['describe'].isnull()]
print("交易附言为空的行共有 %s 条." %   len(describe_null))
print(describe_null.head())
```

运行结果如图 12-7 所示,不存在交易附言缺失的情况。

```
交易附言为空的行共有0条。
Empty DataFrame
Columns: [user_id, payment, describe, unix_time]
Index: []
```

图 12-7　交易附言缺失情况

12.4.5 时间格式和时区转换

时间戳数据记录的是以1970年1月1日0时为计时起点时间，先将其转换为秒，然后调整时区为东八区，并显示前五行数据。代码如下。

```
import pandas as pd
#时间格式转换
data['pay_time'] = pd.to_datetime(data['unix_time'],unit = 's')
#时区转换
data['pay_time'] = data['pay_time'] + pd.Timedelta(hours = 8)
print(data.head(5))
```

运行结果如图12-8所示。

```
    user_id payment                                   describe    unix_time  \
0   2996945  -50000         跨行转账,转跨行转账,转出账号:622150391000  1497522514
1   7577921   27600  购物-充值:平台云服务购买,业务交易号:D201411088070747   1510068976
2  22005785    3900  支付-充值:平台云服务购买,业务交易号:D201411068047655   1509866886
3   7577921    8800  购物-充值:平台云服务购买,业务交易号:D201410297959967   1509199032
4   7577921   27600  购物-充值:平台云服务购买,业务交易号:D201410297959483   1509194940

             pay_time
0 2017-06-15 18:28:34
1 2017-11-07 23:36:16
2 2017-11-05 15:28:06
3 2017-10-28 21:57:12
4 2017-10-28 20:49:00
```

图12-8 时间、时区格式转换

12.4.6 量纲转换

数据中的payment单位为分，而日常习惯的单位是元，因此，需将该字段的量纲进行转换。代码如下。

```
import pandas as pd
#将 payment 列标准化：分变元
data['payment'] = data['payment'].astype("float32")
data['payment'] = data['payment']/100
# data.info()
print(data.head())
```

运行结果如图12-9所示。

```
    user_id  payment                                   describe    unix_time  \
0   2996945   -500.0        跨行转账,转跨行转账,转出账号:622150391000  1497522514
1   7577921    276.0  购物-充值:平台云服务购买,业务交易号:D201411088070747  1510068976
2  22005785     39.0  支付-充值:平台云服务购买,业务交易号:D201411068047655  1509866886
3   7577921     88.0  购物-充值:平台云服务购买,业务交易号:D201410297959967  1509199032
4   7577921    276.0  购物-充值:平台云服务购买,业务交易号:D201410297959483  1509194940

             pay_time
0 2017-06-15 18:28:34
1 2017-11-07 23:36:16
2 2017-11-05 15:28:06
3 2017-10-28 21:57:12
4 2017-10-28 20:49:00
```

图12-9 量纲转换

12.4.7 重复数据处理

查看是否存在重复的数据，如果存在就将重复数据行删除，只保留一行。代码如下。

```
import pandas as pd
#检测重复值
duplicate_values = data[data.duplicated()]
print("重复数据有%s行." % len(duplicate_values))
#去掉重复值
data.drop_duplicates(inplace=True)
print("处理之后,交易记录变为%s行." % len(data))
```

运行结果如图 12-10 所示，发现存在 2700 行重复数据，将其剔除后剩余 97 300 行数据。

```
重复数据有2700行。
处理之后，交易记录变为97 300行。
```

图 12-10　剔除重复行数据

12.5 客户交易行为分析

视频讲解

至此，数据清洗工作完成，包括异常值检测与处理、时间格式转换、量纲转换等，接下来就可以对数据进行更为细致的分析，包括交易次数随时间变化情况、交易金额随时间变化情况、交易次数分布可视化、客户流入流出次数及金额、交易附言处理及词云图等。

12.5.1 交易次数随时间变化分析

交易次数随时间的变化情况。代码如下。

```
import pandas as pd
import matplotlib.pyplot as plt
plt.rcParams['font.sans-serif'] = ['SimHei']       #用来正常显示中文标签
plt.rcParams['axes.unicode_minus'] = False         #用来正常显示负号
fig = plt.figure(figsize=(12, 6))
#绘制折线图
data = data[data['pay_time']>'2017-1-1']
data['pay_time'].dt.date.value_counts().plot()
#设置图形标题
plt.title('不同时间的交易次数分布')
#设置y轴标签
plt.ylabel('交易次数')
#设置x轴标签
plt.xlabel('时间(年)')
plt.show()
```

运行结果如图 12-11 所示，这里只显示了 2017 年以后的情况，之前的数据基本很少。可以发现交易次数主要集中在 2017—2018 年。

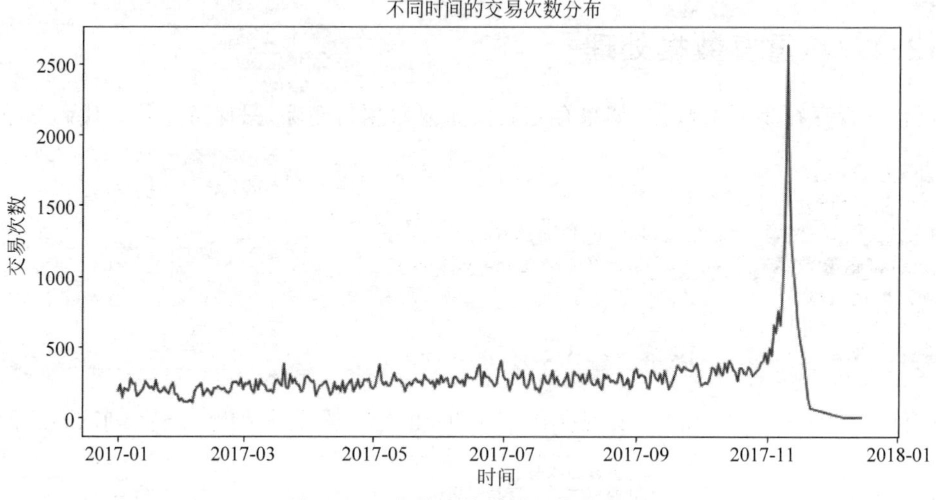

图 12-11　交易次数随时间变化情况

12.5.2　交易金额随时间变化分析

交易金额有正有负，分析交易金额随时间变化情况，要将交易金额取绝对值，按照交易时间的日期进行分组统计汇总，进而得到交易金额随时间的变化情况。代码如下。

```
import pandas as pd
import matplotlib.pyplot as plt
fig = plt.figure(figsize = (12,6))
#绘制折线图
abs(data['payment']).groupby(data['pay_time'].dt.date).sum().plot()
#设置图形标题
plt.title('不同时间的交易金额分布')
#设置 y 轴标签
plt.ylabel('交易金额')
#设置 x 轴标签
plt.xlabel('时间')
plt.show()
```

运行结果如图 12-12 所示，趋势与交易次数随时间变化情况一致。

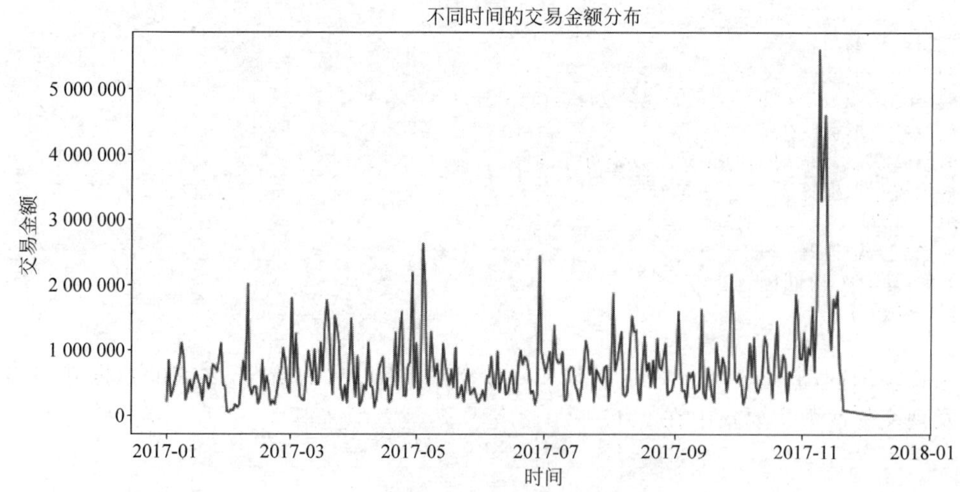

图 12-12　交易金额随时间变化情况

12.5.3 交易有效时段限定

从交易次数和交易金额随时间变化情况可以发现,交易主要集中在2016年下半年到2017年,这部分数据是分析的主体,因此要将交易有效时段进行限定,限定后剩余97 062行数据。代码如下。

```
import pandas as pd
#时间限定
data = data[(data['pay_time']< = pd.Timestamp(2017,12,31))&(data['pay_time']> = pd.Timestamp
(2016,7,1)) ]
print(data.shape)
```

12.5.4 每天24小时交易次数的分布

一天当中哪个时间节点发生的交易次数最多,哪个时间节点交易发生的次数最少,这个问题往往对于商家而言是有必要了解的。一方面可以反映消费的集中时段,另一方面也可以反映各时点客户在线的情况。代码如下。

```
import pandas as pd
import matplotlib.pyplot as plt
fig = plt.figure(figsize = (8,6))
#绘制条形图
data['pay_time'].dt.hour.value_counts().sort_index().plot.bar(color = 'orange',rot = 360)
#设置图形标题
plt.title('每天 24 小时的交易次数分布')
#设置 x 轴标签
plt.xlabel('小时')
#设置 y 轴标签
plt.ylabel('交易次数')
plt.show()
```

运行结果如图12-13所示,可以发现一天当中凌晨1～7时的交易次数是比较少的。其

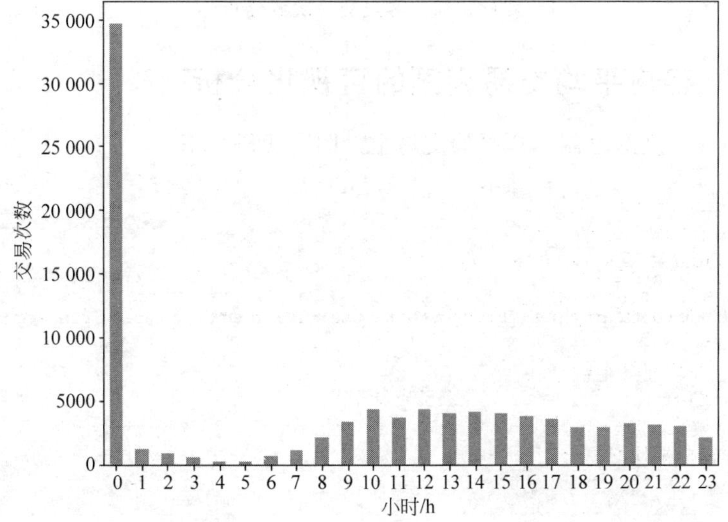

图12-13 每天24小时交易次数分布

中，凌晨4、5时的交易次数最少，因为大部分人都在这个时间段睡觉。交易次数较多的时间段，主要是上午8时到晚间23时，但交易次数最多的时段是午夜12时。这极大可能是商家特定的零点活动降价，消费者集中消费导致的情况，如国内的“双11”“双12”“618”等活动。

12.5.5 客户交易次数的可视化分析

客户的交易次数情况，通过交易分布可以发现。代码如下。

```
import seaborn as sns
import matplotlib.pyplot as plt
fig = plt.figure(figsize = (16, 5))
#绘制核密度图
sns.kdeplot(data.user_id.value_counts(), shade = True, legend = False)
#设置x,y轴标签
plt.xlabel('交易次数')
plt.ylabel('频率')
#设置图的标题
plt.title('客户交易次数分布')
plt.show()
```

运行结果如图12-14所示，这里引入了Seaborn库，利用库中的kdeplot()来绘制核密度图显示每位顾客交易次数统计。

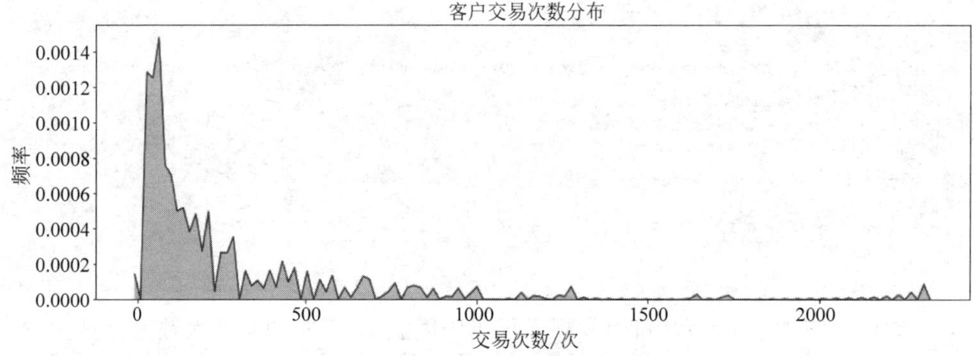

图12-14　客户交易次数分布

12.5.6 客户平均交易金额的可视化分析

同样，使用核密度图绘制客户平均交易金额图。代码如下。

```
import seaborn as sns
import matplotlib.pyplot as plt
fig = plt.figure(figsize = (16, 5))
#绘制核密度图
sns.kdeplot(abs(data.payment).groupby(data.user_id).mean(), shade = True, legend = False)
#设置x,y轴标签
plt.xlabel('平均交易金额')
plt.ylabel('频率')
#设置图的标题
plt.title('客户平均交易金额的分布')
plt.show()
```

运行结果如图 12-15 所示。

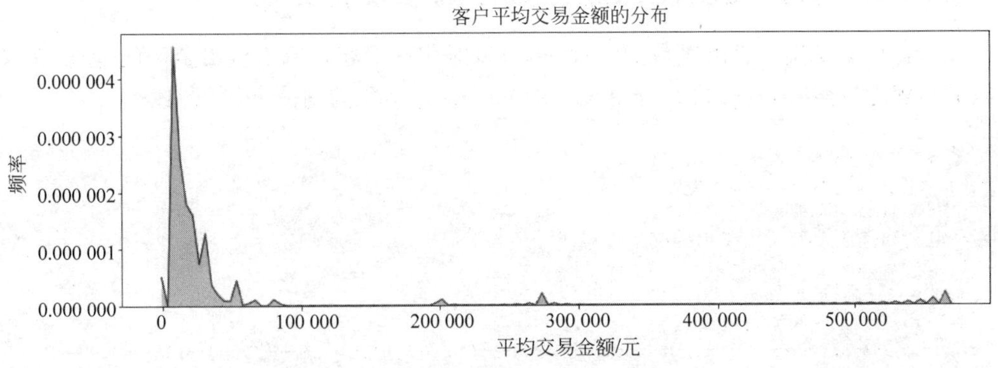

图 12-15 客户平均交易金额分布

12.5.7 客户交易流入流出次数的可视化分析

客户的交易金额有正有负，根据 payment 字段的取值将交易分为流入和流出，绘制出客户交易流入流出次数可视化图。代码如下。

```
import pandas as pd
import matplotlib.pyplot as plt
import seaborn as sns
fig,[ax1,ax2] = plt.subplots(1,2,figsize=(16, 5))
#定义和选取金额流入流出的交易记录
input_payment = data[data['payment']<0]
output_payment = data[data['payment']>0]
#计算每个客户的流入流出次数
input_payment_count = input_payment['user_id'].value_counts()
output_payment_count = output_payment['user_id'].value_counts()
#绘制直方图
sns.distplot(input_payment_count,ax=ax1,axlabel='用户 ID')
sns.distplot(output_payment_count,ax=ax2,axlabel='用户 ID')
#设置标题
ax1.set_title('客户交易的流入次数分布')
ax2.set_title('客户交易的流出次数分布')
```

运行结果如图 12-16 所示。

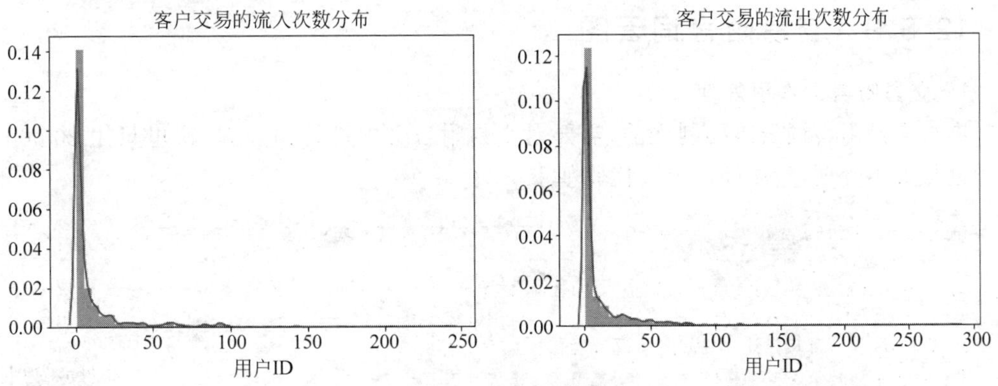

图 12-16 客户交易流入流出次数分布

12.5.8 客户交易流入流出金额的可视化分析

有了客户交易流入流出次数的统计后，可以对比一下客户流入流出金额的情况，定义流入流出金额为按照 user_id 进行分组统计的 payment 字段的均值。代码如下。

```
import pandas as pd
import matplotlib.pyplot as plt
import seaborn as sns
#定义和选取金额流入流出的交易记录
input_payment = data[data['payment'] < 0]
output_payment = data[data['payment'] > 0]
#计算每个客户的流入流出金额
input_payment_amount = input_payment.groupby('user_id')['payment'].mean()
output_payment_amount = output_payment.groupby('user_id')['payment'].mean()
fig,[ax1,ax2] = plt.subplots(1,2,figsize=(16, 5))
#绘制直方图
sns.distplot(input_payment_amount,ax=ax1,axlabel='金额(/元)')
sns.distplot(output_payment_amount,ax=ax2,axlabel='金额(/元)')
#设置标题
ax1.set_title('客户交易的平均流入金额分布')
ax2.set_title('客户交易的平均流出金额分布')
plt.show()
```

运行结果如图 12-17 所示。

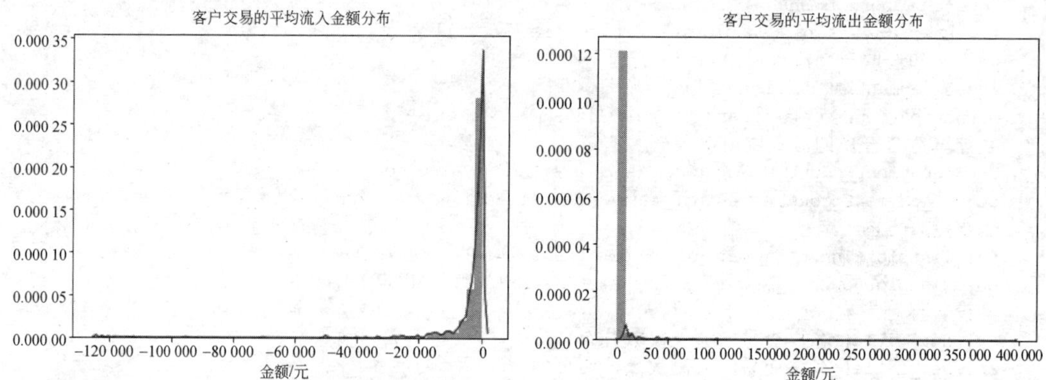

图 12-17 客户交易流入流出金额

12.5.9 交易附言词云图

1. 交易附言文本预处理

进行交易附言词云图绘制之前，需要对交易附言文本进行预处理，这里只用 20 000 条记录进行文本分词，过滤停用词。代码如下。

```
import pandas as pd
import jieba
data = data.sample(20000,random_state = 22)                                  #数据采样
data['describe_cutted'] = data['describe'].apply(lambda x:' '.join(jieba.cut(x)))  #文本分词
stopwords = ['以','让','用','不仅','而且']
def del_stopwords(words):                                                     #过滤停用词
    output = ''
```

```
    for word in words:
        if word not in stopwords:
            output + = word
    return output
data['describe_cutted'] = data['describe_cutted'].apply(del_stopwords)
print(data.head(10))
```

分词后的前十条记录结果如图 12-18 所示。

```
                  pay_time                                describe_cutted
81834 2017-03-11 13:23:47                                                充值
41918 2017-08-12 10:37:24                                转账 支取 省 运管 （ 核算 ）
89707 2017-02-02 02:28:51                                            充值 退回
70251 2017-04-29 13:30:48                                                充值
6336  2017-11-11 21:58:49                                      转账 余额 宝 支付
43069 2017-08-08 00:00:00                                                移动
27625 2017-09-30 11:08:23         您 于 2014 - 11 - 0104 : 50 : 51 删除 了 此笔 交易
61460 2017-06-02 14:46:42                          淘粉 吧 摇奖 - 献花 也 得 集分宝
11535 2017-11-09 00:00:00                                      某 支付 网络 还款
50175 2017-07-12 21:02:12 购物 - 【 1 折网 】 USB 充电 线 小米 华为 三星 安卓 手机 数据线 连接线 特价
```

图 12-18　分词后的前十条记录

2. 交易附言词云图绘制

预处理好交易附言后，就可以绘制词云图了。代码如下。

```
import numpy as np
import matplotlib.pyplot as plt
from PIL import Image
from WordCloud import WordCloud, ImageColorGenerator
data = data.sample(20000,random_state = 22)           # 数据采样,这里的随机种子与上面一致
describe_document = " ".join(data['describe_cutted']) # 文本拼接
fig = plt.figure(figsize=(20,10))
background_Image = np.array(Image.open(r"./picture/苹果.jpg"))
# 创建词云对象
WordCloud = WordCloud(background_color = 'white', font_path = r'./ttf/simkai.ttf', mask =
background_Image, scale = 2, collocations = False, random_state = 30)
# font_path= simkai.ttf'可以加入其他字体,注意该字体是否支持中文
# 生成词云
WordCloud.generate(describe_document)
image_colors = ImageColorGenerator(background_Image)
plt.imshow(WordCloud, interpolation = "bilinear")       # 双线性插值
plt.axis("off")
plt.show()
```

运行结果如图 12-19 所示。

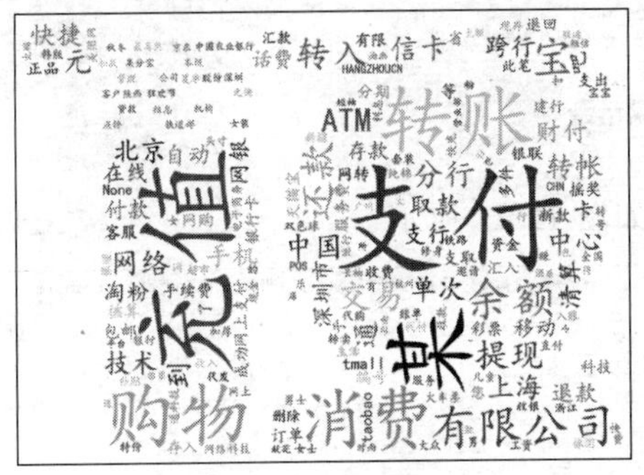

图 12-19　交易附言词云图

交易附言关键词可以使用下面的代码获取。

```
import jieba
import jieba.analyse as analyse
tags = analyse.extract_tags(describe_document,topK = 50,withWeight = True)    #提取关键词
for tag in tags:
    print(tag)                                                                #输出关键词
```

12.6 客户标签画像

12.6.1 事实类标签

1. 个人交易次数和交易总额

按照 user_id 进行分组查看相应的交易次数和交易总额。代码如下。

```
import pandas as pd
user_features = pd.DataFrame(index = data["user_id"].unique())
user_features['total_transactions_cnt'] = data.groupby('user_id').size()  #计算客户交易次数
user_features['total_transactions_amt'] = abs(data.payment).groupby(data['user_id']).sum()
#计算客户的交易总金额
print(user_features.head())                                               #显示前五行数据
```

运行结果如图 12-20 所示。

	total_transactions_cnt	total_transactions_amt
1486107	85	78949.210938
22005785	499	166497.234375
4940478	216	256998.515625
26556482	343	480690.531250
21403071	52	6690.020020

图 12-20　交易次数与交易金额

2. 转账次数和转账金额

提取描述中包含转账行为的记录，按照 user_id 分组得到客户的转账次数、转账总金额以及平均金额。代码如下。

```
import pandas as pd
transfer = data[data['describe'].str.contains('转账')]                    #提取包含转账行为的记录
user_features["transfer_cnt"] = transfer.groupby('user_id').size()  #计算客户的转账次数
user_features["transfer_amt"] = abs(transfer.payment).groupby(transfer['user_id']).sum()
#计算客户的转账总金额
user_features["transfer_mean"] = abs(transfer.payment).groupby(transfer['user_id']).mean()
#计算客户的转账平均金额
print(user_features.head())
```

运行结果显示前五行如图 12-21 所示。

	total_transactions_cnt	total_transactions_amt	transfer_cnt \
1486107	85	78949.210938	2.0
22005785	499	166497.234375	34.0
4940478	216	256998.515625	30.0
26556482	343	480690.531250	89.0
21403071	52	6690.020020	1.0

	transfer_amt	transfer_mean
1486107	5608.000000	2804.000000
22005785	42523.031250	1250.677368
4940478	64039.578125	2134.652588
26556482	147210.562500	1654.051270
21403071	619.419983	619.419983

图 12-21　交易次数、交易总额、交易平均额

12.6.2　规则类标签

1. 有无高端消费

查看客户有无高端消费。代码如下。

```
import pandas as pd
threshold = user_features['max_consume_amt'].quantile(0.75)    #计算阈值
def func(x):
    if x > threshold:
        return 1
    else:
        return 0
#判定有无高端消费
user_features["high_consumption"] = user_features['max_consume_amt'].apply(func)
user_features["high_consumption"] = user_features['max_consume_amt'].apply(lambda x:1 if x >
threshold else 0)                                                #用 lambda 更高效
print(user_features.head())
```

运行结果如图 12-22 所示。

```
          total_transactions_cnt  total_transactions_amt  transfer_cnt  \
1486107                       85            78949.210938           2.0
22005785                     499           166497.234375          34.0
4940478                      216           256998.515625          30.0
26556482                     343           480690.531250          89.0
21403071                      52             6690.020020           1.0

          transfer_amt  transfer_mean  max_consume_amt  consume_order_ratio  \
1486107    5608.000000    2804.000000           9000.0             0.447059
22005785  42523.031250    1250.677368           4180.0             0.428858
4940478   64039.578125    2134.652588          20000.0             0.388889
26556482 147210.562500    1654.051270          10000.0             0.390671
21403071    619.419983     619.419983           2000.0             0.576923

          business_travel_cnt  business_travel_amt  business_travel_avg_amt  \
1486107                   NaN                  NaN                      NaN
22005785                  2.0                342.0                  171.000
4940478                   4.0                516.5                  129.125
26556482                  4.0                248.0                   62.000
21403071                  1.0                  2.0                    2.000

          public_pay_amt  high_consumption
1486107        36.400002                 1
22005785             NaN                 1
4940478        47.340000                 1
26556482             NaN                 1
21403071             NaN                 0
```

图 12-22　高端消费情况

2. 是否休眠客户

查看用户当前是否处于休眠状态。代码如下。

```
import pandas as pd
threshold = user_features['total_transactions_cnt'].quantile(0.25) #计算阈值
#判定是否休眠
user_features['sleep_customers'] = user_features['total_transactions_cnt'].apply(lambda x:1
if x < threshold else 0)
print(user_features.head())
```

运行结果如图 12-23 所示。

3. 近度、频度、值度

计算 RFM 模型中的近度、频度以及值度。代码如下。

```
         total_transactions_cnt  total_transactions_amt  transfer_cnt  \
1486107                      85            78949.210938           2.0
22005785                    499           166497.234375          34.0
4940478                     216           256998.515625          30.0
26556482                    343           480690.531250          89.0
21403071                     52             6690.020020           1.0

           transfer_amt  transfer_mean  max_consume_amt  consume_order_ratio  \
1486107     5608.000000    2804.000000           9000.0             0.447059
22005785   42523.031250    1250.677368           4180.0             0.428858
4940478    64039.578125    2134.652588          20000.0             0.388889
26556482  147210.562500    1654.051270          10000.0             0.390671
21403071     619.419983     619.419983           2000.0             0.576923

          business_travel_cnt  business_travel_amt  business_travel_avg_amt  \
1486107                   NaN                  NaN                      NaN
22005785                  2.0                342.0                  171.000
4940478                   4.0                516.5                  129.125
26556482                  4.0                248.0                   62.000
21403071                  1.0                  2.0                    2.000

          public_pay_amt  high_consumption  sleep_customers
1486107        36.400002                 1                0
22005785             NaN                 1                0
4940478        47.340000                 1                0
26556482             NaN                 1                0
21403071             NaN                 0                0
```

图 12-23　用户休眠情况

```
import pandas as pd
#计算 RFM
user_features[['recency','frequency','monetary']] = consume.groupby('user_id').agg({'distance':
'min','user_id':'size','payment':'sum'})
print(user_features.head())
```

4. RFM 总分

计算 RFM 模型总分。代码如下。

```
import pandas as pd
#等频离散化
user_features['R_score'] = pd.qcut(user_features['recency'],4,labels = False,duplicates = 'drop')
user_features['F_score'] = pd.qcut(user_features['frequency'],4,labels = False,duplicates = 'drop')
user_features['M_score'] = pd.qcut(user_features['monetary'],4,labels = False,duplicates = 'drop')
#上面的三句要注意分组和标签对应数值
user_features[['R_score','F_score','M_score']] = user_features[['R_score','F_score','M_score'
]].fillna(1)                                          #填充缺失值
user_features['Total_Score'] = user_features.R_score.astype('int') + user_features.F_score.
astype ('int') + user_features.M_score.astype('int')#计算总得分
print(user_features.head())
```

运行结果如图 12-24 所示。

5. RFM 可视化分析

对 RFM 模型的三个指标进行可视化分析。代码如下。

```
import matplotlib.pyplot as plt
fig,[ax1,ax2,ax3] = plt.subplots(1,3,figsize = (16,4))
#绘制条形图
user_features.groupby('Total_Score')['recency'].mean().plot(kind = 'bar',colormap = 'Blues_r',
ax = ax1,rot = 360)
user_features.groupby('Total_Score')['frequency'].mean().plot(kind = 'bar',colormap = 'Blues_r',ax =
ax2,rot = 360)
user_features.groupby('Total_Score')['monetary'].mean().plot(kind = 'bar',colormap = 'Blues_r',ax =
ax3,rot = 360)
#设置 y 轴标签
```

```
         total_transactions_cnt  total_transactions_amt  transfer_cnt  \
22005785                    499           166497.234375          34.0
5505925                      30             2748.500000           NaN
4940478                     216           256998.515625          30.0
15607870                      5             2760.000000           NaN
24484580                     48            52990.621094           2.0

         transfer_amt  transfer_mean  max_consume_amt  consume_order_ratio  \
22005785  42523.031250    1250.677368       4180.00000             0.428858
5505925            NaN            NaN       1410.48999             1.000000
4940478   64039.578125    2134.652588      20000.00000             0.388889
15607870           NaN            NaN        700.00000             0.800000
24484580   1661.699951     830.849976       6700.00000             0.541667

         business_travel_cnt  business_travel_amt  business_travel_avg_amt  \
22005785                 2.0                342.0                  171.000
5505925                  NaN                  NaN                      NaN
4940478                  4.0                516.5                  129.125
15607870                 NaN                  NaN                      NaN
24484580                 NaN                  NaN                      NaN

         public_pay_amt  high_consumption  sleep_customers    recency  \
22005785            NaN                 1                0  48.993021
5505925             NaN                 0                0  47.000000
4940478           47.34                 1                0  51.009190
15607870            NaN                 0                0  48.348484
24484580         500.00                 1                0  49.227315

         frequency      monetary  R_score  F_score  M_score  Total_Score
22005785     214.0  21999.810547      1.0      2.0      3.0            6
5505925       30.0   2748.500000      0.0      2.0      2.0            4
4940478       84.0  65131.269531      1.0      2.0      3.0            6
15607870       4.0   2141.000000      1.0      1.0      2.0            4
24484580      26.0  30186.560547      1.0      2.0      3.0            6
```

图 12-24　RFM 模型总分

```
ax1.set_ylabel('recency')
ax2.set_ylabel('frequency')
ax3.set_ylabel('monetary')
ax1.set_xlabel('总分')
ax2.set_xlabel('总分')
ax3.set_xlabel('总分')
#自动调整子图间距
plt.tight_layout()
plt.show()
```

运行结果如图 12-25 所示。

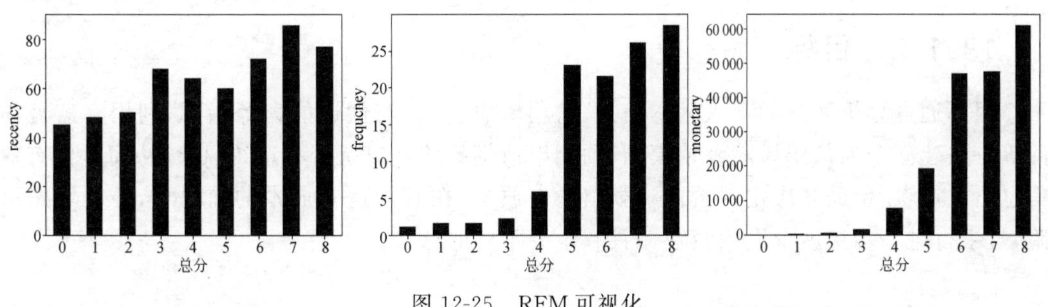

图 12-25　RFM 可视化

有了 RFM 模型相关指标的数值，结合可视化图展示，就可以对不同类别等级的客户进行区分，进而制定不同的营销策略以增加客户的忠诚度，同时为企业带来更多的经济效益。

第13章 银行客户信用风险评估

视频讲解

13.1 项目背景与目标

13.1.1 项目背景

信用风险是商业银行长期以来面临的主要风险。个人消费信贷业务成为我国商业银行新的利润增长点,而个人信用风险管理手段的落后成为制约个人消费信贷产业发展的瓶颈。传统方法中,大部分银行主要依靠信贷审批人员经验来决定是否放贷,个人喜好对评估结果影响很大,而且随着业务量的大幅上升,人员相对不足,造成审批时间长、效率低、成本高等诸多问题。随着移动互联网技术、智能设备的普及、大数据技术的提高,这一状况正在改变。消费分期信贷业务经过长期的开展,积累了大量的用户以及数据,但仍面临业务规模难以扩大、坏账率较高等问题。通常的特点包括“授信额度小”“授信时间要求快”“人群分散”等,其评估指标多且冗杂,对风险控制要求较高。为了使风控流程简单、风险控制成本处于较低水平的同时,保证风险控制的效果,可以采用大数据分析的方法。大数据分析能够基于大量多种来源的数据,自动构建个人信用风险评估体系,对我国商业银行发展,特别是消费信贷业务的发展意义重大。

13.1.2 目标

银行通过分析客户的个人基本信息、信用历史、消费与偿还能力等指标,利用有监督学习等方法建立个人信用风险评估模型,预测申请贷款的客户是否有违约风险,从而提供有效信息给决策者,帮助其决定是否向贷款申请人放贷,在减少运营成本的前提下,降低坏账风险,对银行进一步扩展个人信贷业务具有十分重要的意义。

13.2 客户数据探索与预处理

视频讲解

13.2.1 数据集介绍

本项目包含一份某银行客户的脱敏数据集,一共包含 32 个字段,记录了每位客户的个人信息、信用历史、偿债能力和消费能力等。这 32 个字段信息来源于公安、银行、互联网金融平台、运营商和法院等渠道,观察期为 2016 年 6 月 30 日—2017 年 6 月 30 日。表现期为 2017 年 7 月 1 日—2018 年 6 月 30 日。根据客户在表现期内是否有连续 90 天以上逾期行为定义预测特征 Default，其取值为 0(未违约)和 1(违约)。具体的客户数据集字段及归类指标如表 13-1 所示。

表 13-1　数据集描述

指标类别	字段名称
个人基本信息	三要素验证、城市级别、文化程度、婚姻状况、身份验证、性别、民族、年龄、开卡时间、在网时长
偿债能力	年取现笔数均值、年有取现笔数记录月数、年取现金额均值、年有取现金额记录月数、总取现金额、总取现笔数
信用历史	有无逾期记录、黑名单信息查询记录、法院失信传唤记录、有无犯罪记录
消费能力	年消费笔数均值、年有消费笔数记录月数、年消费金额均值、年有消费金额记录月数、月最大消费金额、网上消费金额、网上消费笔数、公共事业缴费金额、公共事业缴费笔数、年无消费周数占比、总消费金额、总消费笔数

13.2.2　数据导入与格式转换

在本项目中，数据存在 MySQL 中，首先从 MySQL 数据库中导入数据，在这个步骤中需要用到 pymysql 模块。下面提供的是导出数据所需要的参数信息。注意：本书提供的是 SQL 文件，需要个人在 MySQL 数据库中执行即可得到数据。在 MySQL 数据库中，数据表的字段及类型如图 13-1 所示(注意数据库中的字段名称是英文的，表达的是表 13-1 内的各字段)。

host：127.0.0.1 意味着是本机

port：3306　　端口号

user：root　　用户名

password：wang　密码

db：bankrisk　　存放数据的数据库名称

Field	Type
CityId	char(7) NOT NULL
Han	bigint(15) NOT NULL
age	float(11,1) NOT NULL
card_age	bigint(15) NOT NULL
cashAmt_mean	float(11,1) NOT NULL
cashAmt_non_null_months	bigint(15) NOT NULL
cashCnt_mean	float(11,1) NOT NULL
cashCnt_non_null_months	bigint(15) NOT NULL
cashTotalAmt	bigint(15) NOT NULL
cashTotalCnt	bigint(15) NOT NULL
education	char(7) NOT NULL
idVerify	char(7) NOT NULL
inCourt	bigint(15) NOT NULL
isBlackList	bigint(15) NOT NULL
isCrime	bigint(15) NOT NULL
isDue	bigint(15) NOT NULL
maritalStatus	char(7) NOT NULL
monthCardLargeAmt	bigint(15) NOT NULL
netLength	char(7) NOT NULL
noTransWeekPre	float(11,2) NOT NULL
onlineTransAmt	float(11,1) NOT NULL
onlineTransCnt	float(11,1) NOT NULL
publicPayAmt	float(11,1) NOT NULL
publicPayCnt	float(11,1) NOT NULL
sex	char(7) NOT NULL
threeVerify	char(7) NOT NULL
transAmt_mean	float(11,1) NOT NULL
transAmt_non_null_months	bigint(15) NOT NULL
transCnt_mean	float(11,1) NOT NULL
transCnt_non_null_months	bigint(15) NOT NULL
transTotalAmt	bigint(15) NOT NULL
transTotalCnt	bigint(15) NOT NULL
Default1	float(11,1) NOT NULL

图 13-1　info 表结构

1. 数据导入

有了数据库连接参数后，在 Jupyter Notebook 中运行下面的代码即可导入数据。

```
import pymysql
connection = pymysql.connect(
    host = 'localhost',
    port = 3306, user = 'root',
    passwd = 'wang',
    db = 'bankrisk',
    charset = 'utf8mb4',
    cursorclass = pymysql.cursors.DictCursor)
try:
    with connection.cursor() as cursor:
        sql = "select * from info"
        cursor.execute(sql)
        all_data = cursor.fetchall()
finally:
```

```
    connection.close()
print(all_data[:2])         #查看数据前两个元素
```

运行结果如图 13-2 所示。

```
[{'CityId': '一线城市', 'Han': 0, 'age': 38.0, 'card_age': 2, 'cashAmt_mean': 0.0, 'cashAmt_non_null_months': 0, 'cashCnt_mean': 0.0,
'cashCnt_non_null_months': 0, 'cashTotalAmt': 0, 'cashTotalCnt': 0, 'education': '小学', 'idVerify': '不一致', 'inCourt': 0, 'isBlackLi
st': 0, 'isCrime': 0, 'isDue': 0, 'maritalStatus': '已婚', 'monthCardLargeAmt': 0, 'netLength': '无效', 'noTransWeekPre': 0.87, 'online
TransAmt': -7710.0, 'onlineTransCnt': 2.0, 'publicPayAmt': 0.0, 'publicPayCnt': 0.0, 'sex': '女', 'threeVerify': '不一致', 'transAmt_me
an': 0.0, 'transAmt_non_null_months': 2, 'transCnt_mean': 0.0, 'transCnt_non_null_months': 2, 'transTotalAmt': 0, 'transTotalCnt': 0,
'Default1': 0.0}, {'CityId': '一线城市', 'Han': 0, 'age': 39.0, 'card_age': 19, 'cashAmt_mean': 0.0, 'cashAmt_non_null_months': 0, 'cas
hCnt_mean': 0.0, 'cashCnt_non_null_months': 0, 'cashTotalAmt': 0, 'cashTotalCnt': 0, 'education': '小学', 'idVerify': '不一致', 'inCour
t': 0, 'isBlackList': 0, 'isCrime': 0, 'isDue': 0, 'maritalStatus': '未婚', 'monthCardLargeAmt': 400, 'netLength': '0-6个月', 'noTransW
eekPre': 0.87, 'onlineTransAmt': 700.0, 'onlineTransCnt': 3.0, 'publicPayAmt': 0.0, 'publicPayCnt': 0.0, 'sex': '男', 'threeVerify':
'一致', 'transAmt_mean': 180.0, 'transAmt_non_null_months': 5, 'transCnt_mean': 1.0, 'transCnt_non_null_months': 5, 'transTotalAmt': 90
0, 'transTotalCnt': 5, 'Default1': 0.0}]
```

图 13-2　读入数据的前两个元素

2. 格式转换

成功导入数据之后，利用 Pandas 库进行数据预处理，目前的数据是以外层列表、内层字典形式存储的，所以需要先将其转换为 Pandas 内置的 DataFrame 对象，再进行后续操作。将上一步导入的列表形式的数据（已命名为 all_data）转换为 DataFrame 的形式，并保存在变量 data 中。代码如下。

```
import pandas as pd
#将列表转换为 DataFrame
data = pd.DataFrame(all_data)
data.shape
```

结果显示为(47335, 33)，表明共有 47 335 行、33 列数据，这 33 列数据对应的是 32 个属性以及一个标签列 Default。

视频讲解

13.2.3　探索性数据分析

首先，了解一下数据集的基本信息，接着利用绘图库如 Matplotlib、Seaborn 等，进行一系列的可视化操作，探究各字段与是否违约（Default）之间的关系，进而更加深入地了解业务场景。

然后，对数据进行预处理，如文化程度（education）、婚姻状况（maritalStatus）、在网时长（netLength）等字段存在数据缺失的问题，根据字段的类型与意义需要采取不同的缺失值处理方式，同时对异常值进行检测并进行相应的处理。

数据集基本信息：info()函数可以了解数据集的基本情况，describe()函数可以查看数据集的基本统计信息。

缺失值处理：依据不同字段的类型与意义采用不同的处理方式，如缺失值过多的字段直接删除、使用均值或众数对缺失值进行插补等。

异常值处理：先通过盒图检测异常值，再根据字段的意义并结合实际的业务场景对异常值进行处理。

最后，对数据进行进一步的预处理，如数值编码、独热编码等。

数值编码：对于城市级别（CityId）这类字段，需要先将字符映射为数字，进行数值编码。

独热编码：部分字段进行数值编码后，如城市级别（CityId），其取值之间是无序的，为之后的建模考虑，将其进行独热编码。

1. 查看数据集基本情况

调用 info()函数来查看数据 data 的基本情况，其中包括数据的尺寸、变量的名称和类型及有无缺失值、数据占用的内存等。数据集包含 47 337 条数据，33 个分段，有字符型、整型、浮点型 3 种指向类型，且其中 6 个相互存在的缺失值，分别是：是否违约(Default)、婚姻状况(maritalStatus)、教育程度(education)、身份验证(idVerify)、性别(sex)、三要素验证(threeVerify)。print(data. info()) 输出结果如图 13-3 所示。

```
0   CityId                     47335 non-null  object
1   Han                        47335 non-null  int64
2   age                        47335 non-null  float64
3   card_age                   47335 non-null  int64
4   cashAmt_mean               47335 non-null  float64
5   cashAmt_non_null_months    47335 non-null  int64
6   cashCnt_mean               47335 non-null  float64
7   cashCnt_non_null_months    47335 non-null  int64
8   cashTotalAmt               47335 non-null  int64
9   cashTotalCnt               47335 non-null  int64
10  education                  47335 non-null  object
11  idVerify                   47335 non-null  object
12  inCourt                    47335 non-null  int64
13  isBlackList                47335 non-null  int64
14  isCrime                    47335 non-null  int64
15  isDue                      47335 non-null  int64
16  maritalStatus              47335 non-null  object
17  monthCardLargeAmt          47335 non-null  int64
18  netLength                  47335 non-null  object
19  noTransWeekPre             47335 non-null  float64
20  onlineTransAmt             47335 non-null  float64
21  onlineTransCnt             47335 non-null  float64
22  publicPayAmt               47335 non-null  float64
23  publicPayCnt               47335 non-null  float64
24  sex                        47335 non-null  object
25  threeVerify                47335 non-null  object
26  transAmt_mean              47335 non-null  float64
27  transAmt_non_null_months   47335 non-null  int64
28  transCnt_mean              47335 non-null  float64
29  transCnt_non_null_months   47335 non-null  int64
30  transTotalAmt              47335 non-null  int64
31  transTotalCnt              47335 non-null  int64
32  Default                    47335 non-null  float64
dtypes: float64(11), int64(15), object(7)
memory usage: 11.9+ MB
None
```

图 13-3　数据集信息

2. 查看数据的基本统计信息

通过查看前五行和数据的基本情况，判断出部分特征如教育程度、身份验证等明显存在缺失值，在网时长、三要素验证等特征需要数值化，网上消费金额和公共事业缴费金额存在小于 0 的数值等情况。接下来查看数据的基本统计信息，如均值、标准差、中位数、四分位数、最大最小值等。使用 describe()函数查看数值型特征的基本统计信息，输出一个 DataFrame，包含各个特征的均值、标准差、中位数、四分位数、最大值与最小值等。describe()函数还可以查看数据的基本统计信息，设置参数 include='all'将结果赋予 data_des。从最大值(max)中可以看到，部分金额相关特征的最大值数目较大，如总取现金额(cashTotalAmt)、月最大消费金额(monthCardLargeAmt)、网上消费金额(onlineTransAmt)、公共事业缴费金额(publicPayAmt)、总消费金额(transTotalAmt)。从最小值(min)中可以看到，除网上消费金额(onlineTransAmt)和公共事业缴费金额(publicPayAmt)存在小于 0 的数值，其他特征最小值皆为 0。在平均值(mean)以及最大值、最小值中可以看到，客户最小年龄为 19 岁，最大为 62 岁，平均年龄为 35 岁。从标准差(std)中可以看到，月最大消费金额(monthCardLargeAmt)、网上消费金额(onlineTransAmt)、公共事业缴费金额(publicPayAmt)、总消费金额(transTotalAmt)等特征的标准差较大，数额较分散。代码如下。

```
import pandas as pd
#使用describe()函数查看数据整体的基本统计信息
data_des = data.describe(include = 'all')
print(data_des)
```

运行结果如图 13-4 所示。

3. 是否违约特征分析

前面几步中，通过 head()、info()和 describe()等函数展示了数据的基本信息，在探索性数据分析中，还可以通过画图的方式展示变量的取值分布以及变量间的相互联系。在这个项目中，“是否违约”作为预测特征，违约人数与未违约人数的分布比例对模型预测至关重要，若分布不均则会对模型的预测效果产生影响。下面通过绘制柱状图的方式展现预测特征的分布情况：Pandas 中的 plot()函数可以绘制各种图形，设置参数 kind='bar'可以绘制柱状图，下面利用 plot()函数绘制预测特征的柱状图，展示其分布情况。

```
       CityId          Han          age    card_age  cashAmt_mean  \
count   47335  47335.000000  47335.000000  47335.000000  47335.000000
unique      3           NaN          NaN         NaN           NaN
top      二线城市          NaN          NaN         NaN           NaN
freq    19323           NaN          NaN         NaN           NaN
mean      NaN      0.038428    35.553945   24.921327   1471.637144
std       NaN      0.192230     8.194843   17.027244   2892.177933
min       NaN      0.000000    19.000000    0.000000      0.000000
25%       NaN      0.000000    29.000000   12.000000      0.000000
50%       NaN      0.000000    34.000000   22.000000    460.000000
75%       NaN      0.000000    41.000000   33.000000   1820.250000
max       NaN      1.000000    62.000000   86.000000  72633.300000

        cashAmt_non_null_months  cashCnt_mean  cashCnt_non_null_months  \
count              47335.000000  47335.000000             47335.000000
unique                      NaN           NaN                      NaN
top                         NaN           NaN                      NaN
freq                        NaN           NaN                      NaN
mean                   2.114038      1.188717                 2.125827
std                    2.597206      1.364431                 2.605928
min                    0.000000      0.000000                 0.000000
25%                    0.000000      0.000000                 0.000000
50%                    1.000000      1.000000                 1.000000
75%                    3.000000      1.900000                 3.000000
max                   12.000000     29.300000                12.000000

        cashTotalAmt  cashTotalCnt  ...  publicPayCnt    sex  threeVerify  \
count   47335.000000  47335.000000  ...  47335.000000  47335        47335
unique           NaN           NaN  ...           NaN      3            3
top              NaN           NaN  ...           NaN      男           一致
freq             NaN           NaN  ...           NaN  26530        34511
mean     6109.034140      5.212211  ...      7.538692    NaN          NaN
std     18030.632308      9.762268  ...     25.852247    NaN          NaN
min         0.000000      0.000000  ...      0.000000    NaN          NaN
25%         0.000000      0.000000  ...      0.000000    NaN          NaN
```

图 13-4　数据基本统计信息

调用 Pandas 库中的 plot()函数绘制柱状图，查看预测特征的取值分布情况，设置 x 轴刻度标签旋转 40°。设置柱形名称分别为'未违约'，'违约'，'NaN'。设置 x 轴标签为'是否违约'，y 轴标签为'客户数量'。设置标题为“违约与未违约数量分布图”，字体大小为 13。由图得到此数据集中未违约的人数相对违约人数比例并不均衡，未违约的人数比违约人数要多很多，这对建模效果会造成一些影响。代码如下。

```
import pandas as pd
import matplotlib.pyplot as plt
fig = plt.figure(figsize=(8,6))
#绘制柱状图,查看违约关系的取值分布情况
data['Default'].value_counts(dropna=False).plot(kind='bar',rot=40) #不去除 nan 值,x 轴标签
                                                                   #旋转 40°
#在柱形上方显示计数
counts = data['Default'].value_counts(dropna=False).values
for index, item in zip([0,1,2], counts):
    plt.text(index, item, item, ha="center", va= "bottom", fontsize=12)
#设置柱形名称
plt.xticks([0,1,2],['未违约','违约','NaN'])
#设置 x、y 轴标签
plt.xlabel("是否违约")
plt.ylabel("客户数量")
#设置标题以及字体大小
plt.title("违约与未违约数量分布图",size=13)
#设置中文显示
plt.rcParams['font.sans-serif'] = ['SimHei']
plt.rcParams['font.family'] = ['sans-serif']
plt.show()
```

运行结果如图 13-5 所示。

4. 城市级别与是否违约间的关系

接下来看一看不同城市级别(CityId)的客户群中违约的情况，利用 Seaborn 库中的

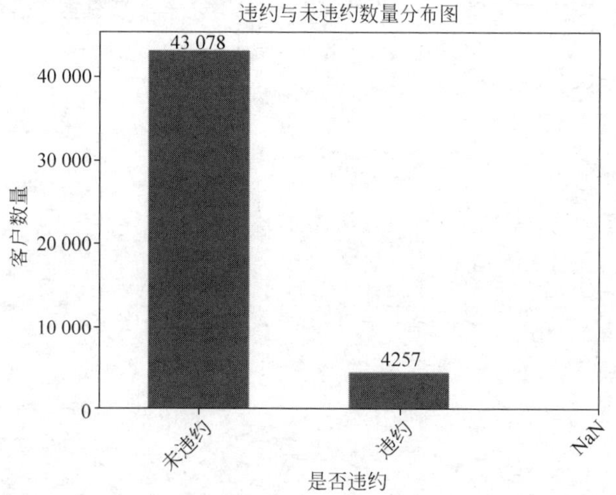

图 13-5 是否违约特征

countplot()和 barplot()函数绘制两个图形。第一个图形绘制不同城市级别下不同违约情况数量分布柱状图,第二个图形绘制不同城市级别违约率分布柱状图。调用 Seaborn 库中的 countplot()函数在画布 ax1 中绘制柱状图,设置参数 hue='Default',按是否违约进行分类,查看不同城市级别的客户群中的违约分布情况。不同城市级别客户群体的违约率计算方法已给出,请使用 Seaborn 中的 barplot()函数在画布 ax2 中绘制违约率的柱状图。设置 ax1、ax2 中的柱形名称分别为'一线城市','二线城市','其他'。设置 ax1 中的图例名称为'未违约','违约'。设置 ax1、ax2 的标题名称分别为'不同城市级别下不同违约情况数量分布柱状图','不同城市级别违约率分布柱状图',字体大小均为 13。设置 ax1 中 x、y 轴标签为'CityId','客户人数',ax2 中 x、y 轴标签为'CityId','违约率'。从绘制出的图形中可以看到,二线城市的违约人数和违约率较一线城市和其他城市要高。代码如下。

```
import seaborn as sns
import matplotlib.pyplot as plt
fig,[ax1,ax2] = plt.subplots(1,2,figsize = (16,6))
#对 CityId 列的类别设定顺序
data['CityId'] = data['CityId'].astype('category')
data['CityId'] = data['CityId'].cat.set_categories(['一线城市', '二线城市', '其他'],ordered
= True)
#绘制柱状图,查看不同城市级别不同违约情况的取值分布情况
sns.countplot(x = 'CityId', hue = 'Default', data = data, ax = ax1)
#将具体的计数值显示在柱形上方
counts = data['Default'].groupby(data['CityId']).value_counts().values
count1 = counts[[0, 2, 4]]
count2 = counts[[1, 3, 5]]
for index, item1, item2 in zip([0,1,2], count1, count2):
    ax1.text(index - 0.2, item1 + 0.05, '%.0f' % item1, ha = "center", va = "bottom",fontsize = 12)
    ax1.text(index + 0.2, item2 + 0.05, '%.0f' % item2, ha = "center", va = "bottom",fontsize = 12)
#绘制柱状图查看违约率分布
cityid_rate = data.groupby('CityId')['Default'].sum() / data.groupby('CityId')['Default'].count()
sns.barplot(x = [0, 1, 2], y = cityid_rate, ax = ax2)
#将具体的计数值显示在柱形上方
for index, item in zip([0,1,2], cityid_rate):
    ax2.text(index, item, '%.3f' % item, ha = "center", va = "bottom",fontsize = 12)
```

```
#设置柱形名称
ax1.set_xticklabels(['一线城市', '二线城市', '其他'])
ax2.set_xticklabels(['一线城市', '二线城市', '其他'])
#设置图例名称
ax1.legend(['未违约','违约'])
#设置标题以及字体大小
ax1.set_title("不同城市级别下不同违约情况数量分布柱状图",size = 13)
ax2.set_title("不同城市级别违约率分布柱状图",size = 13)
#设置 x、y 轴标签
ax1.set_xlabel("城市 ID")
ax1.set_ylabel("客户人数")
ax2.set_xlabel("城市 ID")
ax2.set_ylabel("违约率")
#显示汉语标注
plt.rcParams['font.sans-serif'] = ['SimHei']
plt.rcParams['font.family'] = ['sans-serif']
plt.show()
```

运行结果如图 13-6 所示。

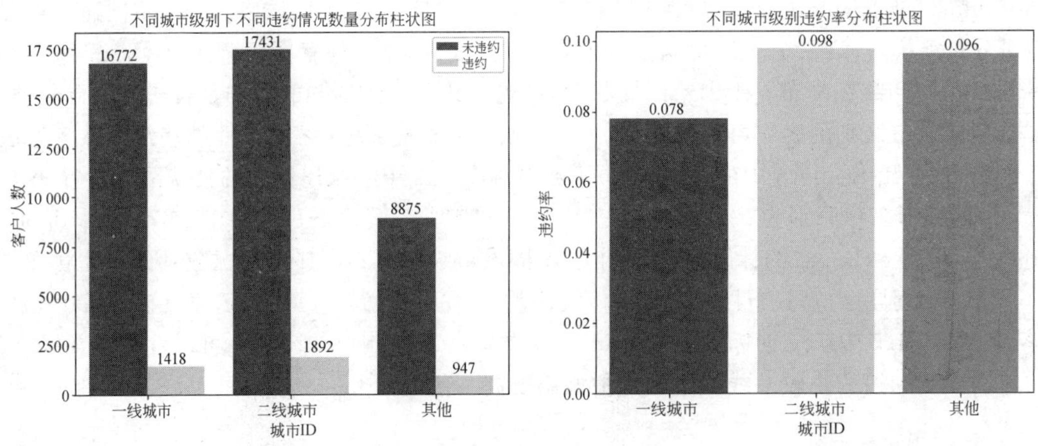

图 13-6　城市级别与是否违约关系

5. 文化程度与是否违约间的关系

接下来看一看不同文化程度(education)的客户群中的违约情况，绘制下面两个图形：第一个图形绘制不同文化程度下不同违约情况数量分布柱状图，第二个图形绘制不同文化程度下违约率分布柱状图。代码如下。

```
import seaborn as sns
import matplotlib.pyplot as plt
fig,[ax1,ax2] = plt.subplots(1,2,figsize = (16,6))
#对 education 列的类别设定顺序
data['education'] = data['education'].astype('category')
data['education'] = data['education'].cat.set_categories(['小学', '初中', '高中', '本科以上'],
ordered = True)
#绘制柱状图，查看不同文化程度下不同违约情况的取值分布情况
sns.countplot(x = 'education', hue = 'Default', data = data, ax = ax1)
#将具体的计数值显示在柱形上方
counts = data['Default'].groupby(data['education']).value_counts().values
count1 = counts[[0, 2, 4,6]]
```

```
count2 = counts[[1, 3, 5,7]]
for index, item1, item2 in zip([0,1,2,3], count1, count2):
    ax1.text(index - 0.2, item1 + 0.05, '%.0f' % item1, ha="center", va= "bottom",fontsize=12)
    ax1.text(index + 0.2, item2 + 0.05, '%.0f' % item2, ha="center", va= "bottom",fontsize=12)
#绘制柱状图查看违约率分布
education_rate = data.groupby('education')['Default'].sum()/data.groupby('education')
['Default'].count()
sns.barplot(x=[0,1,2,3],y=education_rate.values,ax=ax2)
#将具体的计数值显示在柱形上方
for index, item in zip([0,1,2,3], education_rate):
     ax2.text(index, item, '%.2f' % item, ha="center", va= "bottom",fontsize=12)
#设置柱形名称
ax1.set_xticklabels(['小学', '初中', '高中', '本科以上'])
ax2.set_xticklabels(['小学', '初中', '高中', '本科以上'])
#设置图例名称
ax1.legend(['未违约','违约'])
#设置标题以及字体大小
ax1.set_title("不同文化程度下不同违约情况数量分布柱状图",size=13)
ax2.set_title("不同文化程度下违约率分布柱状图",size=13)
#设置 x、y 轴标签
ax1.set_xlabel("教育")
ax1.set_ylabel("客户人数")
ax2.set_xlabel("教育")
ax2.set_ylabel("违约率")
#显示汉语标注
plt.rcParams['font.sans-serif'] = ['SimHei']
plt.rcParams['font.family'] = ['sans-serif']
plt.show()
```

运行结果如图 13-7 所示。

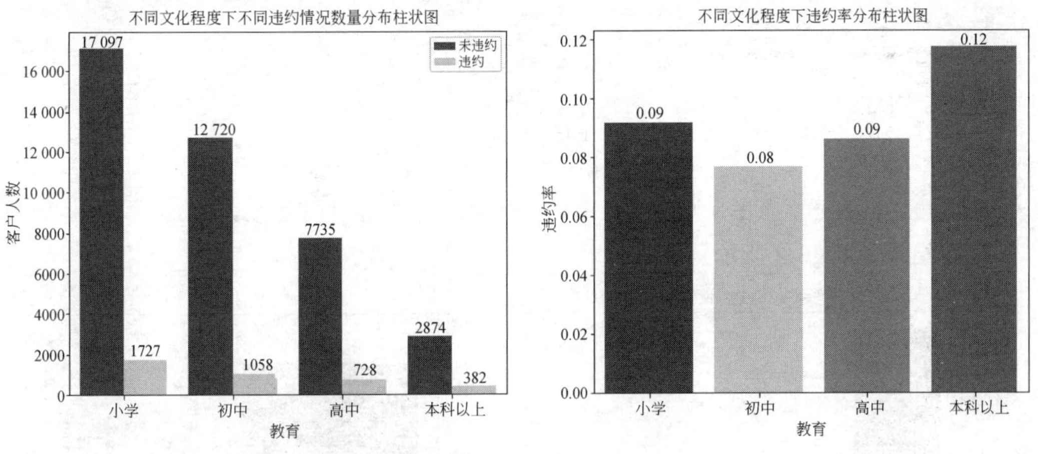

图 13-7 文化程度与是否违约关系

6. 三要素验证与是否违约间的关系

接下来看一看不同三要素验证(threeVerify)的客户群中的违约情况,绘制两个图形:第一个图形绘制不同三要素验证下不同违约情况数量分布柱状图,第二个图形绘制不同三要素验证下违约率分布柱状图。代码如下。

```
import seaborn as sns
```

```
import matplotlib.pyplot as plt
fig,[ax1,ax2] = plt.subplots(1,2,figsize = (16,6))
#对 threeVerify 列的类别设定顺序
data['threeVerify'] = data['threeVerify'].astype('category')
data['threeVerify'] = data['threeVerify'].cat.set_categories(['一致','不一致'],ordered = True)
#绘柱状图,查看不同三要素验证情况下违约情况取值分布情况
sns.countplot(x = 'threeVerify', hue = 'Default', data = data, ax = ax1)
#将具体的计数值显示在柱形上方
counts = data['Default'].groupby(data['threeVerify']).value_counts().values
count1 = counts[[0, 2]]
count2 = counts[[1, 3]]
for index, item1, item2 in zip([0,1,2,3], count1, count2):
    ax1.text(index - 0.2, item1 + 0.05, '%.0f' % item1, ha = "center", va = "bottom",fontsize = 12)
    ax1.text(index + 0.2, item2 + 0.05, '%.0f' % item2, ha = "center", va = "bottom",fontsize = 12)
#绘制柱状图查看违约率分布
threeVerify_rate = data.groupby('threeVerify')['Default'].sum()/ data.groupby('threeVerify')
['Default'].count()
sns.barplot(x = [0,1],y = threeVerify_rate.values,ax = ax2)
#将具体的计数值显示在柱形上方
for index, item in zip([0,1], threeVerify_rate):
    ax2.text(index, item, '%.2f' % item, ha = "center", va = "bottom",fontsize = 12)
#设置柱形名称
ax1.set_xticklabels(['一致','不一致'])
ax2.set_xticklabels(['一致','不一致'])
#设置图例名称
ax1.legend(['未违约','违约'])
#设置标题以及字体大小
ax1.set_title("不同三要素验证下不同违约情况数量分布柱状图",size = 13)
ax2.set_title("不同三要素验证下违约率分布柱状图",size = 13)
#设置 x、y 轴标签
ax1.set_xlabel("三要素验证")
ax1.set_ylabel("客户人数")
ax2.set_xlabel("三要素验证")
ax2.set_ylabel("违约率")
#显示汉语标注
plt.rcParams['font.sans-serif'] = ['SimHei']
plt.rcParams['font.family'] = ['sans-serif']
plt.show()
```

运行结果如图 13-8 所示。

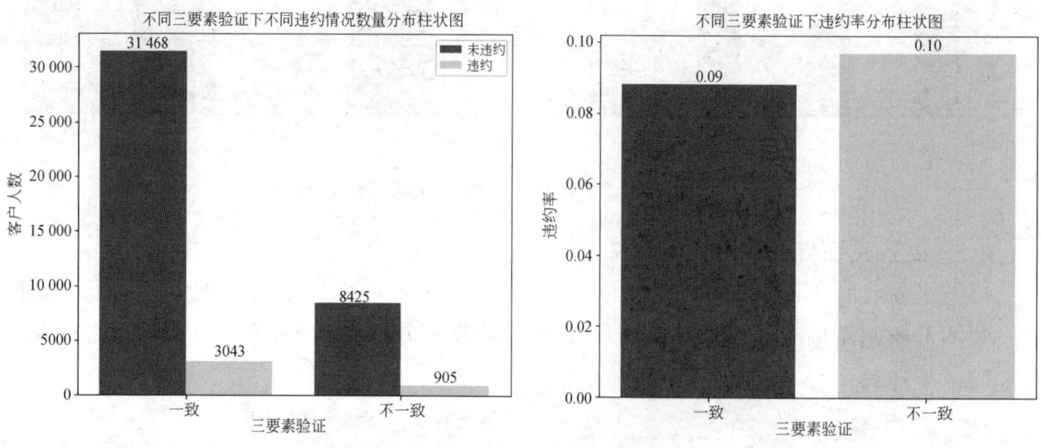

图 13-8　不同三要素验证违约情况

7. 婚姻状况与是否违约的关系

下面看一看不同婚姻状况(maritalStatus)的客户群中的违约情况,绘制两个图形:第一个图形绘制不同婚姻状况下不同违约情况数量分布柱状图,第二个图形绘制不同婚姻状况下违约率分布柱状图。代码如下。

```
import seaborn as sns
import matplotlib.pyplot as plt
fig,[ax1,ax2] = plt.subplots(1,2,figsize=(16,6))
#对 maritalStatus 列的类别设定顺序
data['maritalStatus'] = data['maritalStatus'].astype('category')
data['maritalStatus'] = data['maritalStatus'].cat.set_categories(['未婚','已婚'],ordered=True)
#绘制柱状图,查看不同婚姻状况下不同违约情况的数量分布
sns.countplot(x='maritalStatus', hue='Default', data=data, ax=ax1)
#将具体的计数值显示在柱形上方
counts=data['Default'].groupby(data['maritalStatus']).value_counts().values
count1 = counts[[0, 2]]
count2 = counts[[1, 3]]
for index, item1, item2 in zip([0,1,2,3], count1, count2):
    ax1.text(index-0.2,item1 + 0.05, '%.0f' % item1, ha="center", va= "bottom",fontsize=12)
    ax1.text(index+0.2,item2+ 0.05, '%.0f' % item2, ha="center", va= "bottom",fontsize=12)
#绘制柱状图查看违约率分布
maritalStatus_ rate = data. groupby ( ' maritalStatus ' ) [ ' Default ' ]. sum ( )/data. groupby
('maritalStatus')['Default'].count()
sns.barplot(x=[0,1],y=maritalStatus_rate.values,ax=ax2)
#将具体的计数值显示在柱形上方
for index, item in zip([0,1], maritalStatus_rate):
    ax2.text(index, item, '%.2f' % item, ha="center", va= "bottom",fontsize=12)
#设置柱形名称
ax1.set_xticklabels(['未婚','已婚'])
ax2.set_xticklabels(['未婚','已婚'])
#设置图例名称
ax1.legend(['未违约','违约'])
#设置标题以及字体大小
ax1.set_title("不同婚姻状况下不同违约情况数量分布柱状图",size=13)
ax2.set_title("不同婚姻状况下违约率分布柱状图",size=13)
#设置 x、y 轴标签
ax1.set_xlabel("婚姻状况")
ax1.set_ylabel("客户人数")
ax2.set_xlabel("婚姻状况")
ax2.set_ylabel("违约率")
#显示汉语标注
plt.rcParams['font.sans-serif']=['SimHei']
plt.rcParams['font.family']=['sans-serif']
plt.show()
```

运行结果如图 13-9 所示。

8. 在网时长与是否违约的关系

不同在网时长(netLength)的客户群中的违约情况,绘制下面两个图形:第一个图形绘制不同在网时长下不同违约情况数量分布柱状图,第二个图形绘制不同在网时长下违约率分布柱状图。代码如下。

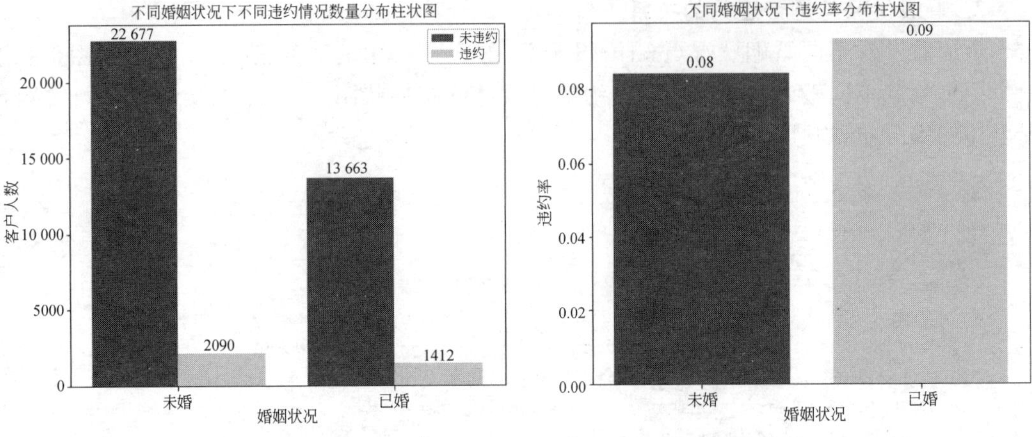

图 13-9　不同婚姻状况违约情况

```
import seaborn as sns
import matplotlib.pyplot as plt
fig,[ax1,ax2] = plt.subplots(1,2,figsize=(16,6))
#对 netLength 列的类别设定顺序
data['netLength'] = data['netLength'].astype('category')
data['netLength'] = data['netLength'].cat.set_categories(['0-6 个月','6-12 个月','12-24 个月',
'24 个月以上','无效'],ordered=True)
#绘制柱状图,查看不同在网时长在不同违约情况下的取值分布
sns.countplot(x='netLength', hue='Default', data=data, ax=ax1)
#将具体的计数值显示在柱形上方
counts=data['Default'].groupby(data['netLength']).value_counts().values
count1 = counts[[0,2,4,6,8]]
count2 = counts[[1,3,5,7,9]]
#将具体的计数值显示在柱形上方
for index, item1, item2 in zip([0,1,2,3,4], count1, count2):
    ax1.text(index-0.2, item1 + 0.05, '%.0f' % item1, ha="center", va= "bottom",fontsize=12)
    ax1.text(index+0.2, item2 + 0.05, '%.0f' % item2, ha="center", va= "bottom",fontsize=12)
#绘制柱状图查看违约率分布
netLength_rate=data.groupby('netLength')['Default'].sum()/data.groupby('netLength')['Default'].
count()
sns.barplot(x=[0,1,2,3,4],y=netLength_rate.values,ax=ax2)
#将具体的计数值显示在柱形上方
for index, item in zip([0,1,2,3,4], netLength_rate):
    ax2.text(index, item, '%.2f' % item, ha="center", va= "bottom",fontsize=12)
#设置柱形名称
ax1.set_xticklabels(['0-6 个月','6-12 个月','12-24 个月','24 个月以上','无效'])
ax2.set_xticklabels(['0-6 个月','6-12 个月','12-24 个月','24 个月以上','无效'])
#设置图例名称
ax1.legend(['未违约','违约'])
#设置标题以及字体大小
ax1.set_title("不同在网时长下不同违约情况数量分布柱状图",size=13)
ax2.set_title("不同在网时长下违约率分布柱状图",size=13)
#设置 x、y 轴标签
ax1.set_xlabel("在网时长")
ax1.set_ylabel("客户人数")
ax2.set_xlabel("在网时长")
ax2.set_ylabel("违约率")
#显示汉语标注
plt.rcParams['font.sans-serif']=['SimHei']
```

```
plt.rcParams['font.family'] = ['sans-serif']
plt.show()
```

运行结果如图 13-10 所示。

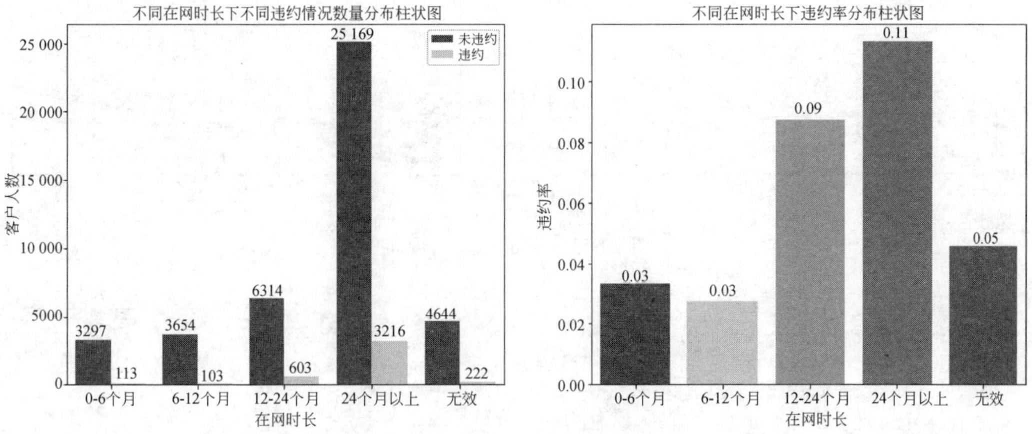

图 13-10　不同在网时长违约情况

9. 总消费金额的分布

下面对连续性特征的分布情况进行查看。首先，查看总消费金额的分布情况；然后，查看总消费笔数 transTotalCnt 和总消费金额 transTotalAmt 的关系。Seaborn 库中的 kdeplot()函数可以绘制"核密度图"，用来估计数据的密度函数，从而展现数据样本本身的分布特征，kdeplot()函数语法为：kdeplot(data, shade=False, ax=None)，其中，data 表示输入数据；shade 是布尔型，如果为 True，则在 KDE 曲线下方的区域中着色；ax 如果提供，则在此 ax 上绘图。Seaborn 库中的 regplot()函数可以绘制"回归关系图"，用来展现数据之间的回归关系，regplot()函数语法为：regplot(x, y, data=None, ax=None)，其中，x 和 y 表示输入变量，如果为字符串，则表示为列名，对应 data 中的某一列。下面利用 kdeplot()函数绘制总消费金额的"核密度图"，展示其分布情况，利用 regplot()函数绘制总消费笔数和总消费金额两特征的回归关系图。已建立画布 ax1 和 ax2，设置图像大小 figsize 为(16,5)，设置 subplots()函数中参数为(1,2)，表示两画图呈一行两列。总消费金额分布代码如下。

```
import seaborn as sns
import matplotlib.pyplot as plt
#建立画布 ax1 和 ax2,及设置图像大小,设置 subplots()函数中参数为(1,2)表示两画图呈一行两列
fig, [ax1,ax2] = plt.subplots(1, 2, figsize = (16, 5))
#在画布 ax1 中画出总消费金额的核密度图
sns.kdeplot(data = data['transTotalAmt'],shade = True,ax = ax1,label = '消费总金额')
#在画布 ax2 中画出总消费笔数和总消费金额的回归关系图
x,y = pd.Series(data['transTotalCnt'],name = '总消费数量'),pd.Series(data['transTotalAmt'],
name = '总消费金额')
sns.regplot(x,y,data = data,ax = ax2)
```

运行结果如图 13-11 所示。

10. 年龄和开卡时长分布

在全体客户中，年龄和开卡时长是连续性特征，其分布是否满足一个正态分布呢？可以画出直方图以及核密度估计曲线来验证这个猜想。代码如下。

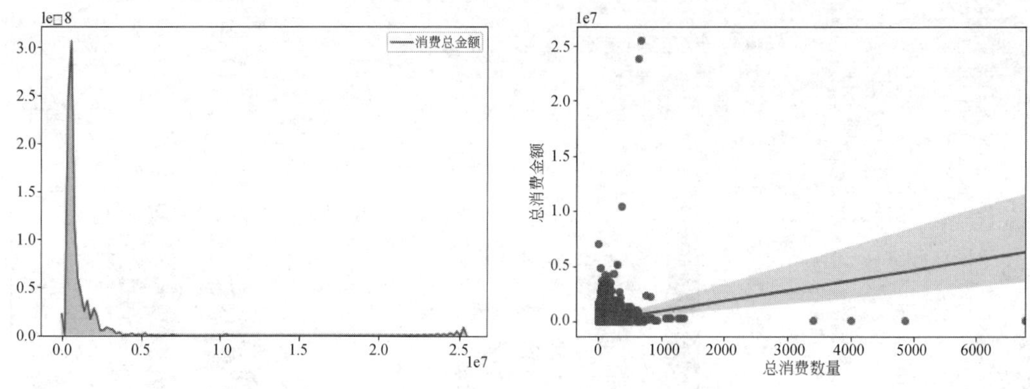

图 13-11　总消费金额分布

```
import seaborn as sns
import matplotlib.pyplot as plt
#建立画布 ax1 和 ax2,及设置图像大小,设置 subplots()函数中参数为(1,2)表示一行两列
fig,[ax1,ax2] = plt.subplots(1,2,figsize = (16,6))
#在画布 ax1 中绘制年龄的直方图,颜色为红色
sns.distplot(a = data['age'],color = 'red',kde = True,ax = ax1,axlabel = '年龄')
#在画布 ax2 中绘制开卡时长的直方图,颜色为默认值
sns.distplot(a = data['card_age'],kde = True,ax = ax2,axlabel = '开卡时长')
#在画布 ax1、ax2 中设置标题
ax1.set_title("年龄分布")
ax2.set_title("开卡时长分布")
#显示汉语标注
plt.rcParams['font.sans-serif'] = ['SimHei']
plt.rcParams['font.family'] = ['sans-serif']
```

运行结果如图 13-12 所示。

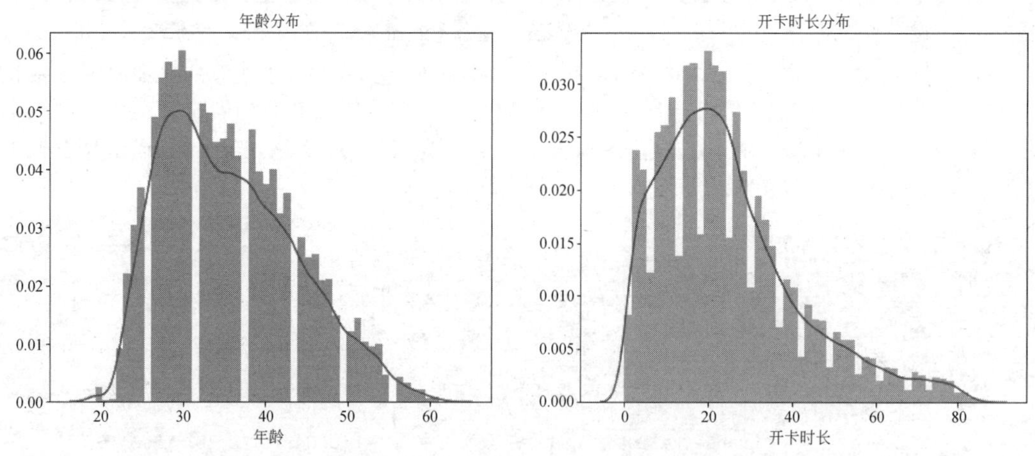

图 13-12　年龄和开卡时长分布

11. 总取现笔数与总取现金额的关系

下面对总取现金额的分布情况，以及总取现笔数(cashTotalCnt)与总取现金额(cashTotalAmt)的关系进行查看。利用 kdeplot()函数绘制总取现金额的核密度估计曲线，展示其分布情况。同时利用 regplot()函数绘制总取现笔数和总取现金额两特征的线性回归关系图。代码如下。

```
import seaborn as sns
import matplotlib.pyplot as plt
#建立画布 ax1 和 ax2,及设置图像大小,设置 subplots()函数中参数为(1,2)表示两画图呈一行两列
fig, [ax1,ax2] = plt.subplots(1, 2, figsize=(16, 5))
#在画布 ax1 中画出总取现金额的核密度图
sns.kdeplot(data=data['cashTotalAmt'],shade=True,ax=ax1,label='总取现金额')

#在画布 ax2 中画出总取现笔数和总取现金额的回归关系图
x,y=pd.Series(data['cashTotalCnt'],name='总取现笔数'),pd.Series(data['cashTotalAmt'], name
='总取现金额')
sns.regplot(x,y,data=data,ax=ax2)
```

运行结果如图 13-13 所示。

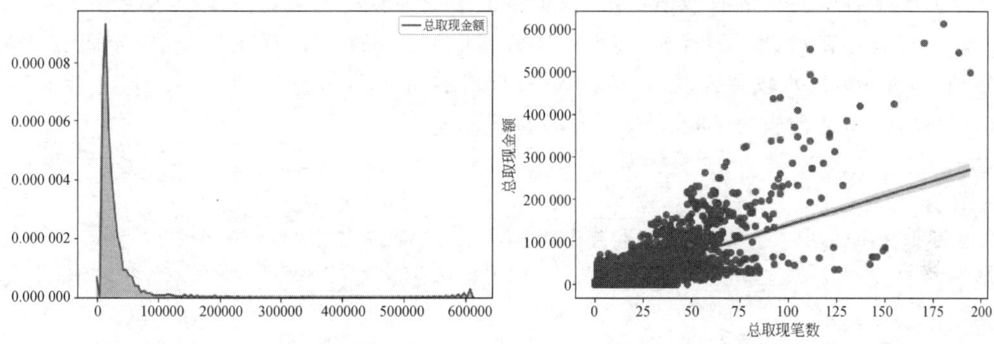

图 13-13　总取现笔数与总取现金额的关系

12. 网上消费金额与笔数的关系

对网上消费金额(onlineTransAmt)的分布情况,以及网上消费笔数(onlineTransCnt)和网上消费金额(onlineTransAmt)的关系进行查看。利用 kdeplot()函数绘制网上消费金额的核密度估计曲线,展示其分布情况。代码如下。

```
import seaborn as sns
import matplotlib.pyplot as plt
#建立画布 ax1 和 ax2,及设置图像大小,设置 subplots()函数中参数为(1,2)表示两画图呈一行两列
fig, [ax1,ax2] = plt.subplots(1, 2, figsize=(16, 5))
#在画布 ax1 中画出网上消费金额的核密度估计曲线
sns.kdeplot(data=data['onlineTransAmt'],shade=True,ax=ax1,label='网上消费金额')
#在画布 ax2 中画出网上消费笔数和网上消费金额的回归关系图
x,y=pd.Series(data['onlineTransCnt'],name='网上消费笔数'),pd.Series(data ['onlineTransAmt'],
name='网上消费金额')
sns.regplot(x,y,data=data,ax=ax2)
```

运行结果如图 13-14 所示。

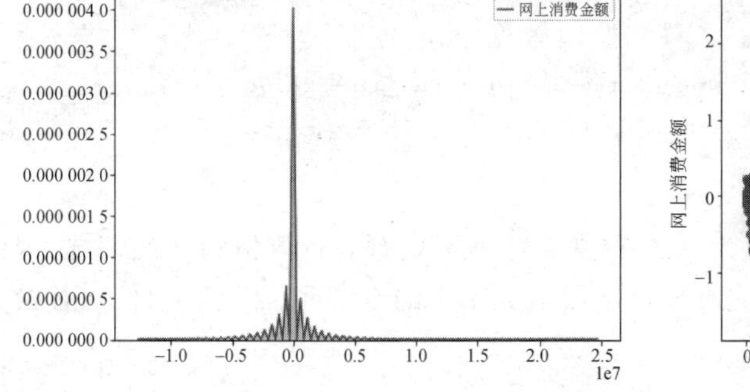

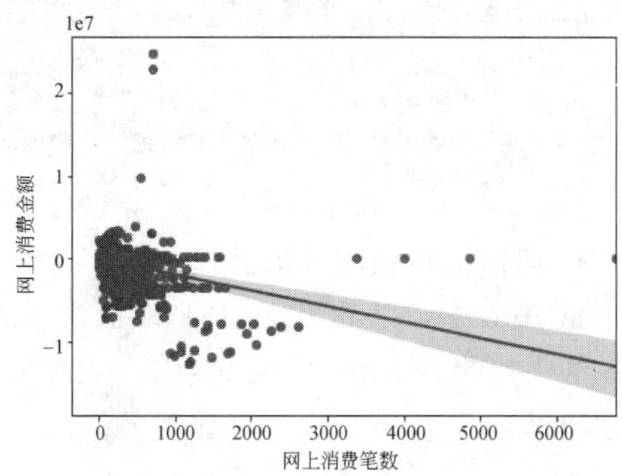

图 13-14　网上消费金额与笔数的关系

13.2.4 数据预处理

1. 查看存在缺失值的特征

对数据的基本信息和特征之间的联系有所了解之后，下面对数据进行预处理。

视频讲解

首先查看哪些字段存在缺失值。先用 isnull()函数判断是否为缺失值，返回布尔结果，是缺失值即为 True，不是缺失值即为 False。然后用 sum()函数计算 True 的个数。sort_values()函数可以将 Series 变量中的元素进行排序，函数语法为：sort_values(axis=0, ascending=True)，其中，axis 表示选择按行排序或者按列排序，0 表示按行排序，1 表示按列排序；ascending 表示选择升降序，True 表示按升序排列，False 则为降序。count()用于计算数据集中各个特征的有效值数量(各个特征中不为 0 的行数)。

通过查看存在缺失值的特征，初步可知数据集中有 6 个字段存在缺失值，分别是：婚姻状况(maritalStatus)、教育程度(education)、身份验证(idVerify)、性别(sex)、三要素验证(threeVerify)和是否违约(Default)。代码如下。

```
#计算特征缺失值个数
na_counts = data.isnull().sum()
#将 na_counts 取大于 0 的部分进行降序排序 aa
missing_value = na_counts[na_counts > 0].sort_values(ascending = False)
#查看存在缺失值的特征
print(missing_value)
```

```
maritalStatus    7493
threeVerify      3494
education        3014
dtype: int64
```

图 13-15　存在缺失值特征

运行结果如图 13-15 所示。

2. 离散型特征的缺失值处理

在前面已经了解了数据中有 3 个字段存在缺失值，且均为离散型变量，如图 13-15 所示。对 maritalStatus、threeVerify 和 education 字段，缺失数据占有一定的比重，删除后对整体数据影响较大，所以需要进行缺失值填补。可以将缺失值看作一种额外的取值，含义为未知。因此以婚姻状况为例，取值存在三种情况：未婚、已婚、未知。对 maritalStatus、threeVerify 和 education 字段，将缺失值全部填充为未知。代码如下。

```
import pandas as pd
#缺失值处理
filling_columns = ['maritalStatus','threeVerify','education']
for column in filling_columns:
    data[column] = data[column].cat.add_categories(['未知'])    #没有这一行数据会引发
#ValueError: fill value must be in categories
for column in filling_columns:
    data[column].fillna('未知',inplace = True)                  #其他缺失值填充为'未知'
#查看存在缺失值的特征
na_counts = data.isnull().sum()
missing_value = na_counts[na_counts > 0].sort_values(ascending = False)
print(missing_value)
```

3. 离散型特征的异常处理

isCrime 字段表示有无犯罪，取值为 0 或 1，查看数据发现有 6 行取值为 2 的情况，因此需将这些行的 isCrime 字段变为 1。先查看该字段值大于 1 的有哪些，然后将取值 2 替换为 0。代码如下。

```
print(data[data['isCrime'] > 1]['isCrime'])
#查看每个列分类状况 可以看出有些列值异常
import pandas as pd
data['isCrime'] = data['isCrime'].replace(2,0)
#查看处理后的数据情况
print(data['isCrime'].value_counts())
```

4. 连续型特征的取值

(1) 查看连续型特征的取值。

查看连续型特征取值情况，将所有连续型特征列名保存在 continuous_columns 中。代码如下。

```
continuous_columns = ['age','cashTotalAmt','cashTotalCnt','monthCardLargeAmt','onlineTransAmt',
'onlineTransCnt','publicPayAmt','publicPayCnt','transTotalAmt','transTotalCnt','transCnt_non_null
_months','transAmt_mean','transAmt_non_null_months','cashCnt_mean','cashCnt_non_null_months',
'cashAmt_mean','cashAmt_non_null_months','card_age']
#查看数据各连续型特征的最小值
data_con_min = data[continuous_columns].min()
print(data_con_min)
```

(2) 网上消费金额异常值检测与处理。

从原始数据中筛选出网上消费金额小于 0 时，网上消费金额和网上消费笔数这两列如果存在异常值，则将网上消费笔数为 0 时的网上消费金额皆修改为 0。另外，筛选出网上消费金额在 2 千万以下的数据样本，更新 data。代码如下。

```
online_trans = data[data['onlineTransAmt'] < 0][['onlineTransAmt','onlineTransCnt']]
print(online_trans)
#将网上消费笔数为 0 时的网上消费金额皆修改为 0
data.loc[data['onlineTransCnt'] == 0,'onlineTransAmt'] = 0
#查看修正后网上消费笔数为 0 时，网上消费金额与网上消费笔数
online_after = data[data["onlineTransCnt"]  == 0 ][["onlineTransAmt","onlineTransCnt"]]
print(online_after)
#筛选出网上消费金额在 2 千万以下的数据样本，更新 data
# data[data['onlineTransAmt']>= 2.0e+07]
data = data[data['onlineTransAmt']< 2.0e+07]
print(data.head())
```

(3) 公共事业缴费金额异常值检测与处理。

接下来对公共事业缴费金额的异常值进行检测和处理。公共事业缴费笔数(publicPayCnt)和公共事业缴费金额(publicPayAmt)是两个相关联的字段，这里重点分析这两个字段上的异常值。查看公共事业缴费金额小于 0 的数据中，公共事业缴费笔数和公共事业缴费金额这两列。查看结果发现公共事业缴费金额存在负值，与之前的分析相同，这应该是正常的情况，源于银行卡消费支出和存款转账等不同的业务方向。公共事业缴费金额为负值时，大部分支出笔数不为 0，这里出现部分公共事业缴费金额为负值，公共事业缴费笔数却为 0 的情况，需要进一步分析。代码如下。

```
#从原始数据中筛选出公共事业缴费金额小于 0 时，公共事业缴费笔数和公共事业缴费金额这两列
public_pay = data[data['publicPayAmt']< 0][["publicPayCnt","publicPayAmt"]]
print(public_pay)
```

针对公共事业缴费笔数为0,公共事业缴费金额为负值的情况,取出这两列数据,发现公共事业缴费笔数为0,部分公共事业缴费金额为−0.000 364、−0.000 241等负数,这明显不符合业务逻辑,应该将这些公共事业缴费金额均修正为0。代码如下。

```
#将公共事业缴费笔数为0时的公共事业缴费金额皆修改为0(直接在原始数据上进行修改)
data.loc[data['publicPayCnt'] == 0,'publicPayAmt'] = 0
#查看修正后的,公共事业缴费笔数为0时的公共事业缴费金额与公共事业缴费笔数
public_after = data[data["publicPayCnt"]  ==  0][["publicPayAmt","publicPayCnt"]]
print(public_after)
```

(4) 公共事业缴费盒图绘制与异常处理。

对公共事业缴费金额的异常值进行处理后,通过绘制盒图的方式来查看公共事业缴费金额的数据大致分布,调用Seaborn库中的boxplot()函数绘制盒图,参数orient='v'表示竖向展示。可以看到公共事业缴费金额中部分负值额度相对较大,其绝对值大于400万,需要查看这些客户的具体数据。代码如下。

```
import seaborn as sns
import matplotlib.pyplot as plt
fig,ax = plt.subplots(figsize=(8,6))
#绘制盒图查看公共事业缴费金额数据分布
x=pd.Series(data['publicPayAmt'],name='公共事业缴费金额(元)')
sns.boxplot(x,ax=ax,orient='v')
plt.title('公共事业缴费金额数据分布')
```

运行结果如图13-16所示。针对上一步检测到的公共事业缴费金额中部分负值额度绝对值大于400万的情况,查看公共事业缴费笔数,发现为66～141笔不等。按照业务逻辑,每笔金额较大的情况也可能是存在的,于是这些值选择保留。

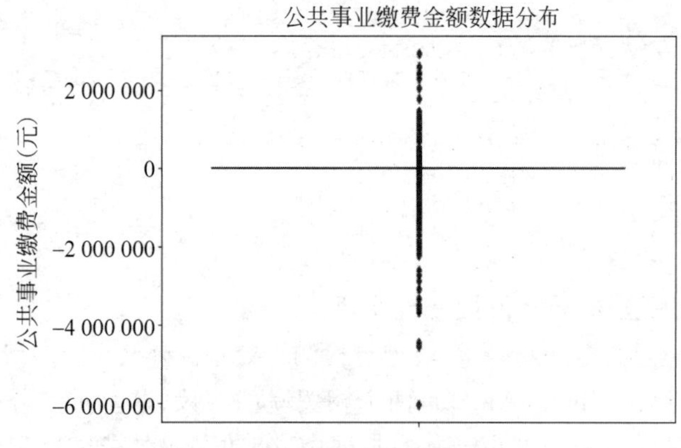

图13-16　公共事业缴费盒图

(5) 总消费金额异常值检测与处理。

接下来对总消费金额的异常值进行检测和处理,总消费笔数和总消费金额是两个相关联的字段,重点分析这两个字段上的异常值,查看总消费笔数为0的数据中,总消费笔数和总消费金额两列数据情况,发现当总消费笔数为0时,总消费金额也为0,可见总消费金额特征中暂时无类似异常值。代码如下。

```
#从原始数据中筛选出总消费笔数等于0时,总消费笔数和总消费金额这两列
```

```
transTotal = data[data["transTotalCnt"] == 0][["transTotalCnt","transTotalAmt"]]
print(transTotal)
```

绘制总消费金额盒图,发现一部分值相对较大,远高于其他客户消费金额,有三个客户总消费金额在1000万以上,同时总消费笔数为378～678。其他消费情况,如网上消费金额、网上消费笔数、月最大消费金额等也属于正常范围。客户存在这种情况也是有可能的,因此选择将其保留。

(6) 总取现金额异常值检测与处理。

查询总取现笔数为0时,总取现金额也为0,可见总取现金额特征中暂时无类似异常值。绘制盒图未发现异常值。代码如下。

```
#筛选出总取现笔数为0时,总取现笔数和总取现金额这两列
cashTotal = data[data["cashTotalCnt"] == 0][["cashTotalCnt","cashTotalAmt"]]
print(cashTotal)
#绘制总取现金额盒图
import seaborn as sns
import matplotlib.pyplot as plt
fig,ax = plt.subplots(figsize=(8,6))
#绘制盒图,查看总取现金额数据分布
x=pd.Series(data['cashTotalAmt'],name='总取现金额(元)')
sns.boxplot(x,ax=ax,orient='v')
plt.title('总取现金额数据分布')
```

(7) 月最大消费金额异常值检测。

绘制盒图发现月最大消费金额,部分数值大于200万,远高于其他客户,需要查看这些数据。代码如下。

```
import seaborn as sns
import matplotlib.pyplot as plt
fig,ax = plt.subplots(figsize=(8,6))
#绘制盒图,查看月最大消费金额数据分布
x=pd.Series(data['monthCardLargeAmt'],name='月最大消费金额(元)')
sns.boxplot(x,ax=ax,orient='v')
plt.title('月最大消费金额数据分布')
```

运行结果如图13-17所示。结果显示这两个客户最大消费金额分别是210万和290万,总消费金额分别为1044万和706万。此外,综合考量客户其他消费情况行为,如网上消费金额、网上消费笔数、月最大消费金额,客户存在这种情况也是可能的,于是同样将其保留。

(8) 总消费笔数。

绘制总消费笔数盒图,发现有一部分相对较大,大于6000,远高于其他客户消费笔数,要查看一下这些客户具体数据。代码如下。

```
import seaborn as sns
import matplotlib.pyplot as plt
fig,ax = plt.subplots(figsize=(8,6))
#绘制盒图,查看总消费笔数数据分布
x=pd.Series(data['transTotalCnt'],name='总消费笔数(笔)')
sns.boxplot(x,ax=ax,orient='v')
plt.title('总消费笔数数据分布')
```

运行结果如图 13-18 所示。

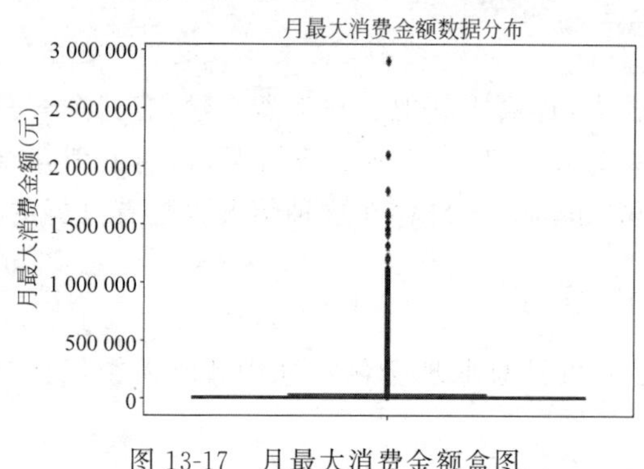

图 13-17　月最大消费金额盒图

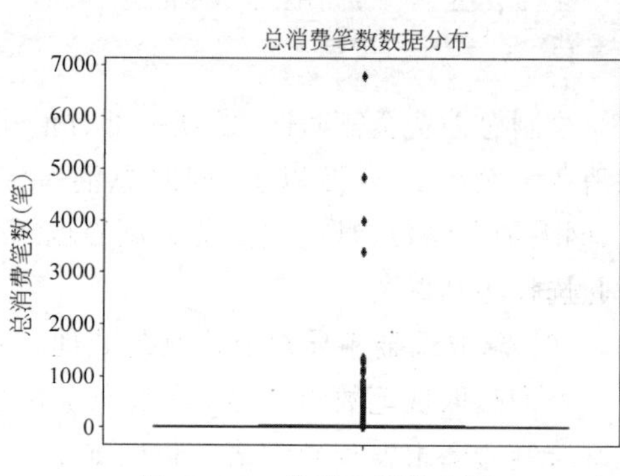

图 13-18　总消费笔数盒图

数据显示此客户总消费笔数为 6789 笔，同时其总消费金额为 10 万元左右，月最大消费金额为 4 万元左右，那么去掉最大消费后普通消费中平均每笔消费 10 元。而此客户总取现金额仅为 500 元，总取现笔数为 4 笔。由此推测该客户可能是刷单账户，且由于此账户和其他个人客户数据差别较大，选择将其删除。代码如下。

```
#从 data 中筛选总消费笔数小于 6000 的值，赋值给 data
data = data[data['transTotalCnt'] < 6000]
print(data.head())
```

（9）数字编码。

前面的步骤中已经分别对离散型和连续型的特征进行了缺失值和异常值的处理。但是客户样本中很多离散型特征的取值仍为中文，如婚姻状况取值为未婚、已婚、未知。在建立回归模型前，要对这些值进行数字编码，将中文类别映射为对应的数字。与此同时，教育程度、性别、城市、在网时长、三要素验证、身份验证等都进行数字编码。代码如下。

```
import numpy as np
import pandas as pd
data["maritalStatus"] = data["maritalStatus"].map({"未知":0,"未婚":1,"已婚":2})
data['education'] = data['education'].map({"未知":0,"小学":1,"初中":2,"高中":3,"本科以上":4})
data['idVerify'] = data['idVerify'].map({"未知":0,"一致":1,"不一致":2})
data['threeVerify'] = data['threeVerify'].map({"未知":0,"一致":1,"不一致":2})
data["netLength"] = data['netLength'].map({"无效":0,"0-6 个月":1,"6-12 个月":2,"12-24 个月":3,"24 个月以上":4})
data["sex"] = data['sex'].map({"未知":0,"男":1,"女":2})
data["CityId"] = data['CityId'].map({"一线城市":1,"二线城市":2,"其他":3})
print(data.head())
```

（10）One-Hot 编码。

数字编码给离散型特征取值引入了原本不存在的次序关系，如已婚映射数字 2，是未婚映射数字 1 的两倍。为了解决这个问题，可以采用 One-Hot 编码将包含 K 个取值的离散型字段转换成 K 个取值为 0 或 1 的二元特征。这样婚姻状况就转换为 3 个二元字段。其他字段也采用同样的处理方式。代码如下。

```
import numpy as np
import pandas as pd
```

```
data = pd.get_dummies(data = data,columns = ['maritalStatus','education','idVerify','
threeVerify','Han','netLength','sex','CityId'])
print(data.columns)
```

13.3　信用评估指标体系构建

13.3.1　建立信用评估指标体系

视频讲解

数据经过详细预处理后，接下来通过建立指标体系对不同的字段进行分类，为下一步建模做准备。参照国际信息用评分指标体系来建立本案例信用评估指标体系，分为个人信息、信用历史、偿债能力、消费能力四大指标类。为了更详细地刻画客户的信用信息，可以根据已有指标来建立一些新的指标，如不良记录、平均每笔取现金额等，具体如图 13-19 所示，其中加粗的指标为需要新构建的指标。

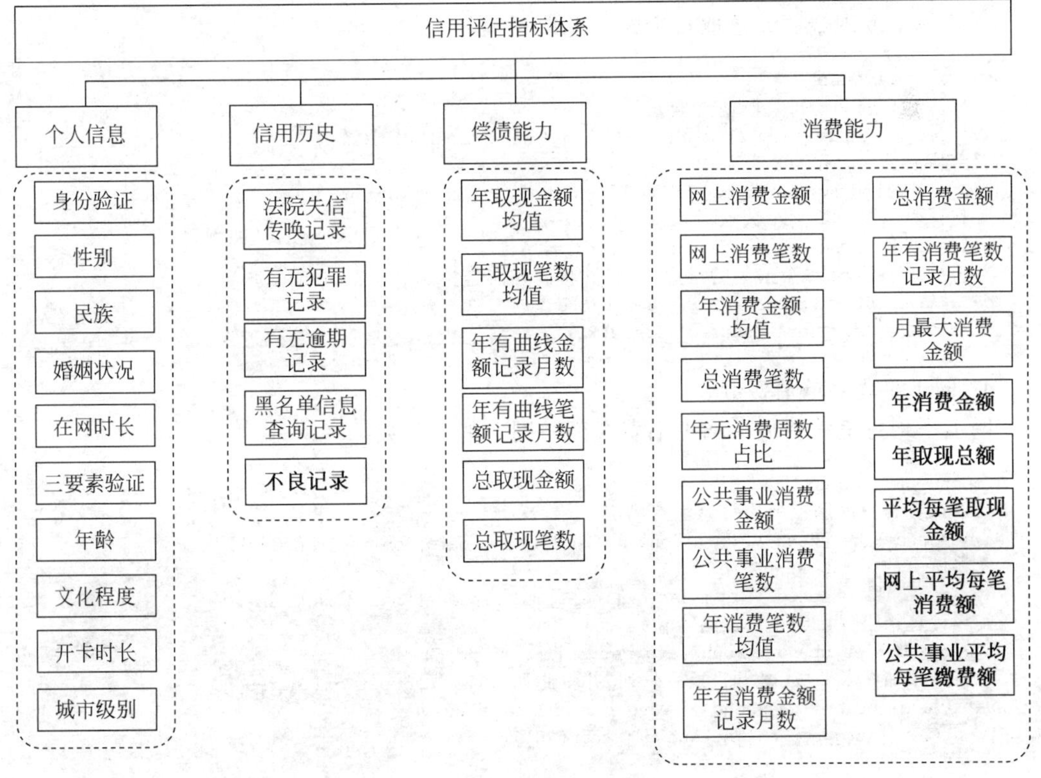

图 13-19　信用评估指标体系

13.3.2　各新建指标定义及实现代码

1. 年消费总额

年消费总额=年消费笔数均值×年消费金额均值

```
#计算客户年消费总额
trans_total = data['transCnt_mean'] * data['transAmt_mean']
```

```
#将计算结果保留到小数点后六位
trans_total = round(trans_total,6)
#将结果加在 data 数据集中的最后一列,并将此列命名为 trans_total
data['trans_total'] = trans_total
print(data['trans_total'].head(20))
```

2. 年取现总额

年取现总额＝年取现笔数均值×年取现金额均值

```
#计算客户年取现总额
total_withdraw = data['cashCnt_mean'] * data['cashAmt_mean']
#将计算结果保留到小数点后六位
total_withdraw = round(total_withdraw,6)
#将结果加在 data 数据集的最后一列,并将此列命名为 total_withdraw
data['total_withdraw'] = total_withdraw
print(data['total_withdraw'].head(20))
```

3. 平均每笔取现金额

平均每笔取现金额＝总取现金额÷总取现笔数

```
import numpy as np
#计算客户的平均每笔取现金额
avg_per_withdraw = data['cashTotalAmt'] / data['cashTotalCnt']
#将所有的 inf 和 NaN 变为 0
avg_per_withdraw = avg_per_withdraw.replace([np.inf,np.nan],0)
#将计算结果保留到小数点后六位
avg_per_withdraw = round(avg_per_withdraw,6)
#将结果加在 data 数据集的最后一列,并将此列命名为 avg_per_withdraw
data['avg_per_withdraw'] = avg_per_withdraw
print(data['avg_per_withdraw'].head(20))
```

4. 网上平均每笔消费额

网上平均每笔消费额＝网上消费金额÷网上消费笔数

```
import numpy as np
#请计算客户的网上平均每笔消费额
avg_per_online_spend = data['onlineTransAmt'] / data['onlineTransCnt']
#将所有的 inf 和 NaN 变为 0
avg_per_online_spend = avg_per_online_spend.replace([np.inf,np.nan],0)
#将计算结果保留到小数点后六位
avg_per_online_spend = round(avg_per_online_spend,6)
#将结果加在 data 数据集的最后一列,并将此列命名为 avg_per_online_spend
data['avg_per_online_spend'] = avg_per_online_spend
print(data['avg_per_online_spend'].head(20))
```

5. 公共事业平均每笔缴费额

公共事业平均每笔缴费额＝公共事业缴费金额÷公共事业缴费笔数

```
import numpy as np
#请计算客户的公共事业平均每笔缴费额
avg_per_public_spend = data['publicPayAmt'] / data['publicPayCnt']
#将所有的 inf 和 NaN 变为 0
avg_per_public_spend = avg_per_public_spend.replace([np.inf,np.nan],0)
#将计算结果保留到小数点后六位
avg_per_public_spend = round(avg_per_public_spend,6)
```

```
#将结果加在 data 数据集的最后一列,并将此列命名为 avg_per_public_spend
data['avg_per_public_spend'] = avg_per_public_spend
print(data['avg_per_public_spend'].head(20))
```

6. 不良记录

不良记录=法院失信传唤记录+有无逾期记录+有无犯罪记录+黑名单借口记录

```
#计算客户的不良记录分数
bad_record = data['inCourt'] + data['isDue'] + data['isCrime'] + data['isBlackList']
#将计算结果加在 data 数据集的最后一列,并将此列命名为 bad_record
data['bad_record'] = bad_record
print(data['bad_record'].head(20))
```

13.4 风控模型构建与应用

13.4.1 风控模型构建

视频讲解

对数据进行缺失值检测与处理、异常值检测与处理之后,可视化查看各特征分布以及特征间关系,接下来可以基于信用指标体系构建风控模型。模型的构建流程包括以下 3 部分。首先是将客户数据集进行训练集和测试集划分;其次使用逻辑回归建立风控模型;最后进行逻辑回归模型效果评估、逻辑回归参数调优、模型应用固化。

1. 对训练集和测试集进行划分

如图 13-5 所示,数据集中包括 43 078 个未违约样本和 4257 个违约样本,违约客户远小于未违约客户,为了更客观地构建风控模型,应该尽量使得训练集和测试集中违约客户的比例相一致。因此需要使用分层采样的方法来进行训练集和测试集的划分。具体划分过程包括分层、随机划分和合并,如图 13-20 所示。

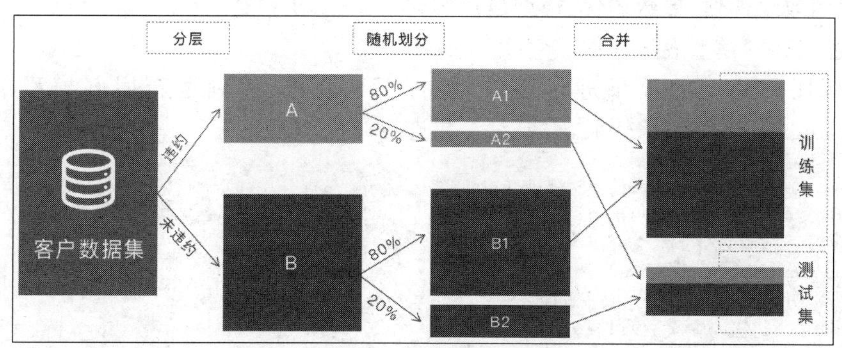

图 13-20 分层采样划分示意图

代码如下。

```
from sklearn.model_selection import train_test_split
#筛选 data 中的 Default 列的值,赋予变量 y
y = data['Default'].values
#筛选除去 Default 列的其他列的值,赋予变量 x
x = data.drop(['Default'], axis = 1).values
#使用 train_test_split()方法,将 x、y 划分成训练集和测试集
```

```
x_train, x_test, y_train, y_test = train_test_split(x,y,test_size = 0.2,random_state = 33,
stratify = y)
#查看划分后的 x_train 与 x_test 的长度
len_x_train = len(x_train)
len_x_test = len(x_test)
print('x_train length: %d, x_test length: %d' % (len_x_train,len_x_test))
#查看分层采样后的训练集中违约客户人数的占比
train_ratio = y_train.sum()/len(y_train)
print(train_ratio)
#查看分层采样后的测试集中违约客户人数的占比
test_ratio = y_test.sum()/len(y_test)
print(test_ratio)
```

结果显示训练样本为 37 865，测试样本为 9467。

2. 使用逻辑回归建立风控模型

对于信用违约问题来说，可以将其看成一个分类问题，逻辑回归模型可以将回归结果映射到 0～1，判断违约风险，进而将其划到违约类或者未违约类。除了逻辑回归模型以外，对分类问题还可以使用随机森林模型，读者可以自己尝试编写执行。

代码如下。

```
from sklearn.linear_model import LogisticRegression
#调用模型，新建模型对象
lr = LogisticRegression()
#带入训练集 x_train, y_train 进行训练
lr.fit(x_train,y_train)
#对训练好的 lr 模型调用 predict()方法，代入测试集 x_test 进行预测
y_predict = lr.predict(x_test)
#查看模型预测结果
print(y_predict[:10])
print(len(y_predict))
```

3. 模型效果评估、参数调优、模型应用固化

(1) 逻辑回归模型效果评估。

对逻辑回归模型的效果进行评估，运行下述代码，得到逻辑回归模型准确率为 0.653 721 467 016 247 2，比较低，需要对参数进行调优。

```
from sklearn.metrics import roc_auc_score
y_predict_proba = lr.predict_proba(x_test)
#查看概率估计前十行
print(y_predict_proba[:10])
#取目标分数为正类(1)的概率估计
y_predict = y_predict_proba[:,1]
#利用 roc_auc_score()查看模型效果
test_auc = roc_auc_score(y_test,y_predict)
print('逻辑回归模型 test_auc:',test_auc)
```

(2) 逻辑回归参数调优。

调优代码如下。

```
from sklearn.metrics import roc_auc_score
from sklearn.linear_model import LogisticRegression
#建立一个 LogisticRegression 对象，命名为 lr
```

```
lr = LogisticRegression(C = 0.6,class_weight = 'balanced',penalty = 'l2')
#对 lr 对象调用 fit()方法,带入训练集 x_train, y_train 进行训练
lr.fit(x_train,y_train)
#对训练好的 lr 模型调用 predict_proba()方法
y_predict = lr.predict_proba(x_test)[:,1]
#调用 roc_auc_score()方法
test_auc = roc_auc_score(y_test,y_predict)
print('逻辑回归模型 test auc:')
print(test_auc)
```

参数调优后逻辑回归模型准确率达到 0.766 190 330 453 985 7,较调优前有较大提升,但仍较低。

(3) 模型应用固化——使用标准化数据提升模型效果。

部分数据,特别是金额相关的数据,其取值跨度较大并且值相对分散,标准差较大,这对于模型预测会产生影响,因此需要对数据进行标准化处理,将全部数据按比例缩放,使之落在一个小的特定区间,从而消除奇异样本数据导致的不良影响,代码如下。

```
continuous_columns = ['age','cashTotalAmt','cashTotalCnt','monthCardLargeAmt','onlineTransAmt',
'onlineTransCnt','publicPayAmt','publicPayCnt','transTotalAmt','transTotalCnt','transCnt_non_
null_months','transAmt_mean','transAmt_non_null_months','cashCnt_mean','cashCnt_non_null_
months','cashAmt_mean','cashAmt_non_null_months','card_age','trans_total','total_withdraw',
'avg_per_withdraw','avg_per_online_spend','avg_per_public_spend','bad_record','transCnt_mean',
'noTransWeekPre']
#对 data 中所有连续型的列进行 Z-score 标准化
data[continuous_columns] = data[continuous_columns].apply(lambda x:(x - x.mean())/x.std())
#查看标准化后的数据的均值和标准差,以 cashAmt_mean 为例
print('cashAmt_mean 标准化后的均值: ',data['cashAmt_mean'].mean())
print('cashAmt_mean 标准化后的标准差: ',data['cashAmt_mean'].std())
#查看标准化后对模型的效果提升
y = data['Default'].values
x = data.drop(['Default'], axis = 1).values
x_train, x_test, y_train, y_test = train_test_split(x, y, test_size = 0.2,random_state = 33,
stratify = y)
from sklearn.metrics import roc_auc_score
from sklearn.linear_model import LogisticRegression
lr = LogisticRegression(penalty = 'l1',C = 0.6,class_weight = 'balanced')
lr.fit(x_train, y_train)
#查看模型预测结果
y_predict = lr.predict_proba(x_test)[:,1]
auc_score = roc_auc_score(y_test,y_predict)
print('score:',auc_score)
```

运行结果显示模型准确率达到 0.877 429 415 609 141 9,有了较显著的提升。

13.4.2 风控模型应用

视频讲解

模型实际应用于预测前,需要得到逻辑回归的各指标系数,明确各指标的重要性。代码如下。

```
from sklearn.linear_model import LogisticRegression
lr_clf = LogisticRegression(penalty = 'l2',C = 0.6, random_state = 55)
lr_clf.fit(x_train, y_train)
#查看逻辑回归各项指标系数
coefficient = lr_clf.coef_
```

```
#取出指标系数,并对其求绝对值 importance = abs(coefficient)
#通过图形的方式直观展现前八名的重要指标
index = data.drop('Default', axis = 1).columns
feature_importance = pd.DataFrame(importance.T, index = index).sort_values(by = 0, ascending = True)
#查看指标重要度
print(feature_importance)
#水平条形图绘制
feature_importance.tail(8).plot(kind = 'barh', title = 'Feature Importances', figsize = (8, 6), legend = False)
plt.show()
```

通过运行结果可以查看各指标的重要度系数,在具体应用时只需要带入样本数据就可以预测出客户信用违约的风险程度,进而对客户的业务申请进行决策处理,本案例只探讨数据分析问题,不对后续决策进行深入研究。

参考文献

[1] 吴卿. Python 编程从入门到精通[M]. 北京：人民邮电出版社，2020.

[2] 黑马程序员. 数据分析思维与可视化[M]. 北京：清华大学出版社，2019.

[3] 董付国. Python 程序设计实用教程[M]. 北京：北京邮电大学出版社，2020.

[4] 王世波. 数据库系统应用教程[M]. 3 版. 北京：清华大学出版社，2018.

图书资源支持

感谢您一直以来对清华版图书的支持和爱护。为了配合本书的使用，本书提供配套的资源，有需求的读者请扫描下方的“书圈”微信公众号二维码，在图书专区下载，也可以拨打电话或发送电子邮件咨询。

如果您在使用本书的过程中遇到了什么问题，或者有相关图书出版计划，也请您发邮件告诉我们，以便我们更好地为您服务。

我们的联系方式：

地　　址：北京市海淀区双清路学研大厦 A 座 714

邮　　编：100084

电　　话：010-83470236　010-83470237

客服邮箱：2301891038@qq.com

QQ：2301891038（请写明您的单位和姓名）

资源下载：关注公众号“书圈”下载配套资源。

资源下载、样书申请

书圈

图书案例

清华计算机学堂

观看课程直播